U0206786

中共山东省委党校（山东行政学院）科研支撑项目成果

地方政府水环境网络化治理模式研究

郑鑫 著

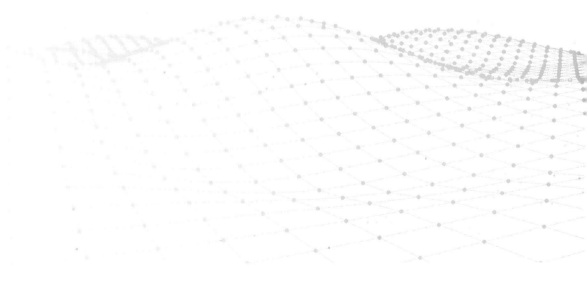

中国社会科学出版社

图书在版编目（CIP）数据

地方政府水环境网络化治理模式研究/郑鑫著 . —北京：
中国社会科学出版社，2024.3
　ISBN 978-7-5227-3099-8

　Ⅰ.①地…　Ⅱ.①郑…　Ⅲ.①地方政府—水环境—综合
治理—研究—中国　Ⅳ.①X143

中国国家版本馆 CIP 数据核字（2024）第 012916 号

出　版　人	赵剑英
责任编辑	李庆红
责任校对	冯英爽
责任印制	王　超

出　　版	中国社会科学出版社
社　　址	北京鼓楼西大街甲 158 号
邮　　编	100720
网　　址	http://www.csspw.cn
发 行 部	010-84083685
门 市 部	010-84029450
经　　销	新华书店及其他书店

印　　刷	北京君升印刷有限公司
装　　订	廊坊市广阳区广增装订厂
版　　次	2024 年 3 月第 1 版
印　　次	2024 年 3 月第 1 次印刷

开　　本	710×1000　1/16
印　　张	16
字　　数	262 千字
定　　价	86.00 元

前　言

党的十八大以来，党和国家围绕生态文明建设先后提出了"生态优先、绿色发展""美丽中国""生态环境治理体系和治理能力现代化""人与自然和谐共生的现代化"等指导理念，并作出一系列战略部署。在国家和社会的共同关注下，地方政府逐步推进生态文明治理实践。具体到水环境治理领域，地方政府在运用传统环境管制工具的同时，还注重与社会多元主体共同开展水环境保护或整治工作。由此，地方政府与社会力量通过协商互动共同提供水环境服务或项目，即水环境网络化治理，成为一种实践。

通常而言，水环境网络化治理模式具备资源整合、低成本运作、专业化供给、长效互动等优势，能够缓解地方政府在开展环境治理时所面临的财力资源、人力资源以及环保设施生产技能不足等问题，并由此成为地方政府解决复杂水环境治理问题的现实选择。然而，水环境网络化治理实践并非必然形成良好的治理结果。部分失败的治理活动依然存在，而这不仅会带来财政资源浪费、公共利益受损等问题，还直接影响地方政府的公信力。这一现象形成了本书的研究问题。即同一水环境网络化治理模式为何会产生不尽相同的治理结果？在分析该问题时，需要首先回答中国水环境领域存在哪些类型的网络化治理实践？

围绕水环境网络化治理实践，现有文献主要形成结构观、行为观、情景观、整合观四种分析路径。这些视角在丰富网络化治理研究视角的同时，各面临一定的局限性。结构观强调网络结构对治理网络中行动者行为的约束作用，但存在分析的静态化问题。行为观关注网络管理者的行动策略，但缺乏对制度情景影响网络管理者行为的考量。情景观关注微观情景要素影响治理过程的路径，但该分析路径往往难以捕捉到影响治理过程的核心要素。整合观可以看作在认识到前述单一分析视角局限性后的尝试，但现有的整合分析逻辑尚缺乏对诸如结构、行动、情景等视角的综合考虑。

鉴于此，本书将结构与过程分析路径进行有机结合，试图形成分析中国水环境网络化治理实践的分析框架。具体而言，立足中国的治理情景，对政策网络理论、网络管理理论、"以行动者为中心的制度主义"理论框架进行本土化修正和整合。在此基础上，形成理解中国水环境网络化治理实践的"网络结构—管理过程"分析框架。该框架由制度环境、网络结构、管理过程和治理结果四个要素组成，其核心逻辑为制度情景约束着网络结构，网络结构与管理过程相互作用，共同塑造着治理结果。

相较于其他对网络化治理模式的划分，本书依据主导型机制的差异性区分了行政主导型、市场主导型和协商主导型三种网络化治理模式。行政主导型网络化治理模式以双河长实践为代表；市场主导型网络化治理模式以项目共治实践为代表；协商主导型网络化治理模式则表现为地方政府与环保组织通过协商互动解决环境问题的过程。在明确三种网络化治理模式表现形式的基础上，分别对其做出多案例比较分析。通过研究，得出以下结论。

第一，中国水环境网络化治理实践呈现出对行政、市场和协商三种机制的组合性运用过程。具体表现为，协商机制与行政机制组合发挥作用，或行政、市场和协商三种机制共同发挥作用这两种情形。

第二，水环境网络化治理模式面临着潜在的张力，这意味着，治理网络形成后并非总是走向令人满意的结果。分别而言，双河长治理网络面临着民间河长的志愿性与行为动力、官方河长的主导性与选择性回应张力。在项目共治网络中，存在公共服务的公共性与社会力量的逐利性、平等协商与地方政府的强势地位张力。在协商共治网络中，存在协商的平等关系与地方政府的强势主导惯习张力。

第三，网络结构通过资源依赖关系、核心边缘关系影响着地方政府的管理策略。具体而言，网络行动者间的资源依赖越趋向于对称，核心边缘关系越趋向于对等，地方政府实施网络管理行为的动力则越强。而当地方政府实施的网络管理动力越强时，其越倾向于采用单向或组合这类积极的管理策略。

第四，同一种网络化治理模式中，相较于模糊策略，地方政府越是采取单向策略或组合策略，越会取得更好的治理结果。而相较于单向策略，地方政府越是采用组合策略，越会带来更好的治理结果。

　　长期以来，笔者致力于开展环境领域的多元共治实践研究。本书便是依据"网络结构—管理过程"分析框架来揭示中国水环境网络化治理实践发生、发展的内在机理的一种尝试。不可否认，本书中还存在诸多不足之处。对此，还需要在长期的调研中发现新问题、补充新知识，以更全面、更系统地理解中国水环境网络化治理实践。在此过程中，为地方政府完善水环境治理实践指明方向，进而推动地方政府更好地回应环境治理任务的艰巨性与公众对美好环境追求之间的矛盾。

目　　录

第一章 绪论

第一节 研究背景

一 中国水环境形势的严峻性

生态文明建设是"关系人民福祉、关乎民族未来的长远大计"[1]，应摆在更加突出的战略位置。党的十八大以来，党和国家对生态文明建设作出一系列部署。在任务层面，党的二十大明确提出，"到二〇三五年，广泛形成绿色生产生活方式，碳排放达峰后稳中有降，生态环境根本好转，美丽中国目标基本实现"[2] 的工作安排。在战略层面，把生态文明建设纳入中国社会主义事业"五位一体"的总体布局和"四个全面"战略布局，把人与自然和谐共生纳入新时代坚持和发展中国特色社会主义的基本方略。在体制层面，改革"自然资源和生态环境管理体制"[3]，推进生态文明体制改革，逐步构建"党委领导、政府主导、企业主体、社会组织和公众共同参与的现代环境治理体系"[4]。在机制层面，组建生态环境部，实行省以下环保机构垂直管理。在制度层面，面向地方党政机关

① 《坚定不移沿着中国特色社会主义道路前进 为全面建成小康社会而奋斗——在中国共产党第十八次全国代表大会上的报告》，新华社，2012 年 11 月 17 日，http://www.gov.cn/ldhd/2012-11/17/content_2268826.htm.

② 《高举中国特色社会主义伟大旗帜 为全面建设社会主义现代化国家而团结奋斗——在中国共产党第二十次全国代表大会上的报告》，新华社，2022 年 10 月 25 日，https://www.gov.cn/xinwen/2022-10/25/content_ 5721685.htm.

③ 《中共中央关于深化党和国家机构改革的决定》，新华社，2018 年 3 月 4 日，http://www.gov.cn/xinwen/2018-03/04/content_5270704.htm.

④ 中共中央办公厅、国务院办公厅印发《关于构建现代环境治理体系的指导意见》，中华人民共和国中央人民政府网，2020 年 3 月 3 日，http://www.gov.cn/zhengce/2020-03/03/content_5486380.htm.

建立并完善中央生态环境保护督察制度、环境保护一票否决制、生态环境保护"党政同责、一岗双责"制度、生态环境损害责任追究机制等；针对企事业单位，完善排污许可制度、环境影响评价制度、重点污染物排放总量控制制度、总量控制、环境标准制度、生态环境损害赔偿制度等。与此同时，中国不断加强生态环境立法，修订完成《中华人民共和国环境保护法》，并在大气、土壤、水、湿地等领域制定和修订了专门的污染防治与环境保护法律，初步形成了生态环保法律体系。

作为生态环境建设的重要组成部分，水环境治理已进入中央与地方政府的议事日程，这既是实现绿色可持续发展的客观需要，又是回应人民群众对优质生态产品需求的必然选择。水环境治理是一项复杂的系统工程，它涉及水源保护、污水处理、水生态修复、小流域治理、流域水系综合整治等多个领域。为统筹推进水环境治理工作，国务院及相关部委主管单位相继出台了《水污染防治行动计划》（以下简称"水十条"）《城市黑臭水体整治工作指南》《关于全面推行河长制的意见》《关于印发城镇污水处理提质增效三年行动方案（2019—2021 年）》《关于推进污水资源化利用的指导意见》等政策文件。其中，作为纲领性文件的"水十条"明确提出"到 2020 年，长江、黄河、珠江、松花江、淮河、海河、辽河等七大重点流域水质优良（达到或优于Ⅲ类）比例总体达到 70% 以上……到 2030 年，全国七大重点流域水质优良比例总体达到 75% 以上"①的工作指标。同时，"水十条"从污染物排放、经济结构转型、水资源保护、科技支撑、市场运作、执法监管等方面提出了具体的工作方案。

在制度供给不断完善的背景下，中国地方政府有序推进水环境管理工作，并取得一定成效。据《2021 中国生态环境状况公报》统计，"全国地表水监测的 3632 个国考断面中，Ⅰ—Ⅲ类水质断面（点位）占 84.9%，比 2020 年上升 1.5 个百分点；劣Ⅴ类占 1.2%"，"中国七大流域和浙闽片河流、西北诸河、西南诸河主要江河监测的 3117 个国考断面中，Ⅰ—Ⅲ类水质断面占 87%，比 2020 年上升 2.1 个百分点；劣Ⅴ类占 0.9%，比 2020 年下降 0.8 个百分点"。

总体而言，中国水环境质量的多项指标较往年有所改进，水环境质

---

① 《国务院关于印发水污染防治行动计划的通知》，中华人民共和国中央人民政府网，2015 年 4 月 2 日，http：//www.gov.cn/zhengce/content/2015-04/16/content_9613.htm.

量呈现改善趋势。但不可否认，水环境管理的复杂性和长期性并未发生实质变化，水环境保护工作仍任重而道远，这是源于对以下两方面的现实考量。第一，从总体上看，全国层面的水环境形势依然严峻。据《2021 中国生态环境状况公报》统计，开展水质监测的 210 个重要湖泊（水库）中，劣 V 类占 5.2%，与 2020 年持平；全国七大流域水生态监测的 701 个点位中，中等状态占 40.8%，较差及很差状态占 19.1%。而据《全球环境绩效指数报告》分析，2020 年与 2022 年中国环境绩效在 180 个国家中分别居第 120 位、第 160 位，仍处于较为靠后的位置。其中，水资源领域得分相对较低。第二，从区域上看，水环境整治的进度存在较大地区差异。2020 年上半年，上海、江苏、浙江等省市的劣 V 类断面数量达到计划目标，而"湖北省 I—III 类断面数量，辽宁、山东、陕西 3 省劣 V 类断面数量与年度目标还有差距"①，部分省份如安徽、山西、内蒙古、云南等存在断面水质恶化的态势。黑臭水体治理工作也面临相似的情况。2020 年 1—9 月，中国部分省市如重庆、浙江、上海已经完成城市黑臭水体治理任务。而山西、黑龙江、广东等 15 省（区）部分城市黑臭水体消除比例低于 90%，治理进度滞后。② 此外，山西、吉林、黑龙江、福建、山东、湖南、广东、海南、贵州这些省份还出现城市水体返黑返臭问题。

二　地方政府水环境整治的偏差

中国环境治理工具主要包括三种。命令管制型工具，如环境规划制度、"三同时"制度、环境影响评价、排污许可制度、环境保护目标责任制等。市场激励型工具，如排污权交易、环境保护税、使用者收费、环境补贴等。社会型工具是政社合作在环保领域的应用，如政府购买服务、政府与社会资本合作等，其运作过程表现出地方政府与社会力量共同监督或整治水环境的特征。

当前，地方政府在运用命令管制型与市场激励型工具开展水环境整治时，也注重对社会型工具的应用。这是基于两方面的现实考量：其一，水环境整治的长期性、复杂性与地方政府的行政监管资源、治理技能之

---

① 生态环境部：《全国水环境形势总体改善但不平衡》，全国能源信息平台，2020 年 8 月 19 日，https://baijiahao.baidu.com/s? id = 1675441405687374371&wfr = spider&for = pc.

② 《关于 2020 年 1—9 月水环境目标任务完成情况的函》，生态环境部办公厅，2020 年 10 月 30 日，https://www.mee.gov.cn/xxgk2018/xxgk/xxgk06/202010/t20201030_805695.html.

间存在张力。而社会力量能够通过开展广泛监督或提供专业整治技能来缓解这一张力。其二，对社会型工具的运用是落实党和国家提出的"社会治理共同体"理念的现实选择。党的十九届四中全会提出，"完善党委领导、政府负责、民主协商、社会协同、公众参与、法治保障、科技支撑的社会治理体系，建设人人有责、人人尽责、人人享有的社会治理共同体"①。在水环境整治方面，构建社会治理共同体表现为形塑地方政府与社会力量共同开展水环境整治的治理网络，并通过完善制度机制推动治理网络的有效、持续运作。

对地方水环境整治实践的观察发现，部分地区地方政府运用环境治理工具推动当地水环境质量持续向好，部分地区地方政府则未有效开展水环境治理工作，导致其仍面临繁重的整治任务。对于后者，本书将其称为"地方政府的整治偏差"现象。这种偏差通常源于地方政府在运用多种环境治理工具时，习惯以传统的强势主导角色来应对多主体间的互动过程，而对于地方政府的强势主导惯习可以从以下几方面做出理解。

第一，社会公众的意见尚未在实质上进入决策环节。这导致政策内容更多体现出地方官员的主张，而非政策受众的意愿。以厕所改革为例，农村厕改是农村人居环境整治的重点工作，其整治效果影响着农村生活污水的处理水平。部分地方政府在缺乏对厕改意愿、厕改方式充分调研的情况下，"一刀切"地执行政策。这导致新安置的厕所出现不好用、不能用，甚至长期闲置的问题。第二，社会组织对地方政府决策的影响力较小。社会组织通常以政府购买服务的方式参与水环境治理。在此过程中，部分地区地方政府将社会组织视为其自身的附属组织，并以主导者或领导者的身份来塑造社会组织的治理行为。此时，社会组织多依附于地方政府的权力展开行动，而这会带来社会工作的专业性被逐步消解的后果②。第三，环保企业对地方政府行为的影响有限。在水环境整治中，环保企业多是通过政府购买服务、政府和社会资本合作的方式参与其中。然而，部分地区地方政府并未将环保企业看作独立的、平等的合作主体，

---

① 《中共中央关于坚持和完善中国特色社会主义制度推进国家治理体系和治理能力现代化若干重大问题的决定》，新华社，2019年11月5日，http://www.gov.cn/zhengce/2019-11/05/content_5449023.htm?ivk_sa=1024320u。

② 朱健刚、陈安娜：《嵌入中的专业社会工作与街区权力关系——对一个政府购买服务项目的个案分析》，《社会学研究》2013年第4期。

而是以领导者姿态来单方主导合作过程。对此,有学者认为,这与地方政府"一直遵循信奉的科层治理逻辑密切相关"①。总之,由地方政府主导惯习导致的整治偏差与公众对更美好的生态环境需求间存在现实矛盾,这使得地方政府面临更加紧迫的整治任务。

综上,在面对中国严峻的水环境形势下、在地方政府的水环境整治偏差下,地方水环境网络化治理模式研究成为一项重要的时代课题。这既是对中国当下水环境整治实践中遇到的现实问题与困境的回应,又是推动中国生态环境治理体系与治理能力现代化建设的客观需要。

第二节 研究问题与研究意义

一 研究问题

当前,网络化治理模式被广泛地应用于中国水环境整治工作中,体现为地方政府通过与污染企业、环保企业、社会组织、社会公众等多元主体间的协商互动,构建起水环境治理网络,并依托这一治理网络开展水环境整治的过程。观察治理活动发现,相同的水环境网络化治理实践并不必然产生同一治理结果。对此,除去各地面临的整治任务有所差异外,哪些要素在根本上塑造着水环境网络化治理结果? 这是本书所关注的核心问题。而对于该问题的分析,需首先厘清中国水环境领域存有哪些网络化治理模式。由此,形成本书的两个研究问题。第一,中国水环境整治中,存在哪些网络化治理模式? 第二,同一种网络化治理模式为何产生不尽相同的治理结果?

本书在对中国水环境网络化治理模式做出类型划分的基础上,依次对不同模式之下影响网络化治理结果的要素予以分析,其目的在于挖掘不同网络化治理模式背后的共性影响要素。鉴于不同网络化治理模式有其各自的优势与困境,本书不涉及对最优治理模式的评判,这也体现出对寻找最优治理(one best way)和治理万能药(panacea)的研究范式的反思。② 需要说明的是,本书关注的是省级行政区划之下的水环境网络化

---

① 丁琼:《PPP 模式中地方政府的角色偏差及纠正》,《人民论坛》2018 年第 22 期。
② 李文钊:《理解治理多样性:一种国家治理的新科学》,《北京行政学院学报》2016 年第 6 期。

治理实践，即对省内的某一河流或河段而非跨省之间的河流进行分析。

二 概念界定

（一）网络化治理

网络化治理最初是由西方学者戈德史密斯和艾格斯（Goldsmith & Eggers）提出，是指"政府的工作不太依赖传统意义上的公共雇员，而是更多地依赖各种伙伴关系、协议和同盟所组成的网络来从事并完成公共事业"①。他们进一步指出，网络化治理模式下的政府（或称网络化政府）具备高水平的公私合作以及充沛的网络管理能力等特征，其核心职责为协调各类资源以创造公共价值。Kettl 关注到"政府行为日益依赖于非政府的合作伙伴，他们或是通过非政府组织来提供公共服务，或是通过签订私人契约来生产重要的公共产品"，同时，"伴随网络重要性的不断提升，政府官员已经将网络纳入政府部门的改革运动之中，以期对提供公共服务的大型、复杂网络给予支持"②。罗茨（Rhodes）将网络化治理一词界定为自组织网络。他指出，自组织的网络化治理模式具备以下四个特征：组织间存在资源上的相互依赖性；基于资源交换和目标协调的需要，网络成员间存在持续互动；过程博弈根植于信任，并通过网络行动者协商一致的博弈规则加以管理；组织具有显著程度的自治特征。③国内学者对于网络化治理的研究基本沿袭戈德史密斯和艾格斯的学术传统，提出网络化治理是"为实现与增进公共利益，政府部门和非政府部门（私营部门、第三部门或公民个人）等众多公共行动主体彼此合作，在相互依存的环境中分享公共权力，共同管理公共事务的过程"④。

与主流文献一致，本书中"网络化治理"是指为实现公共利益与公共价值，地方政府与政府部门以外的行动者如企业、社会组织、公众等，在协商互动的基础上，通过共同行动提供公共服务的过程。网络化治理具备两个基本特征：第一，行动者间存在资源相互依赖关系。现实情景中，单一行动者所拥有的资源是有限的。为实现自身目标，行动者间需

---

① ［美］斯蒂芬·戈德史密斯、威廉·艾格斯：《网络化治理——公共部门的新形态》，孙迎春译，北京大学出版社 2008 年版，第 6 页。

② Kettl Donald F. ed. , *The Global Public Management Revolution*，2_{nd} edn，DC：the Brookings Institution，2005，p. 6.

③ Rhodes Rod A. W. ed. , *Policy Network Analysis*，*The Oxford Handbook of Public Policy*，Oxford：Oxford University Press，2006，pp. 423-440.

④ 陈振明：《公共管理学》，中国人民大学出版社 2005 年版，第 82 页。

通过相互合作来获取其他行动者所拥有的资源，这些资源包括"权威、资金、正当性、信息与组织能力"等①。网络化治理正是在"资源分散持有和相互依赖的基础之上"②形成的。第二，行动者间存在协商互动。网络化治理过程中，政府部门与非政府行动者共同对公共问题进行沟通、协商，以推动行动者形成共同认知与价值判断，进而提升行动者间的合作协力。

（二）网络管理

网络一经形成，便需要进行管理，这是源于网络化治理并不必然走向成功的事实。③综合西方学者的研究，网络管理既可以是通过激活、指导等策略，促成行动者间的互动与共同调节，以更好地实现政策目标的过程；也可以指向通过调节对某一问题持有不同偏好的行动者行为，从而共同解决治理停滞或"阻塞"问题的有益尝试。

本书中的"网络管理"是指在面对网络化治理中的潜在问题或现实困境时，地方政府通过管理行为或策略来影响治理实践的过程。网络管理既可以发生在治理网络形成之初，也可以出现在多主体间面临互动困境时。而之所以将地方政府看作网络管理者，则是源于《中华人民共和国环境保护法》第六条"地方各级人民政府应当对本行政区域的环境质量负责"的这一法律条规。

三 研究意义

网络化治理理论起源于西方，后经西方学者的不断发展而得到逐步完善，并成为公共管理领域的重要理论。当前，尽管网络化治理的界定视角存在差异，但基本认可网络化治理是政府部门与非政府行动者在协商互动的基础上，通过共同行动提供公共服务的过程。

作为一项"舶来品"，网络化治理理论受到国内学者的关注。部分学者因过于强调网络化治理理论中非政府行动者的自组织属性，而简单得

---

① Rhodes Rod A. W. ed., *Beyond Westminster and Whitehall: The Sub-central Goverments of Britain*, Routledge, 1988, pp. 90-91.

② 参见以下文献：蒋永甫《网络化治理：一种资源依赖的视角》，《学习论坛》2012年第8期；陈剩勇、于兰兰《网络化治理：一种新的公共治理模式》，《政治学研究》2012年第2期；龙献忠、蒲文芳《基于网络治理视角的社会管理创新》，《湖南社会科学》2013年第6期。

③ Provan Keith G and Patrick Kenis, "Modes of Network Governance: Structure, Management, and Effectiveness", *Journal of Public Administration Research and Theory*, Vol. 18, No. 2, 2008, pp. 229-252.

出该模式不适用于中国的结论。但也有学者观察到，网络化治理实践真实存在于中国的治理情景之下。在水环境领域，地方政府通过双河长机制、政府购买公共服务、政府与社会资本合作、政府与社会组织协商等多种形式，探索形成了囊括非政府行动者在内的多种水环境治理网络。针对这些网络化治理活动，国内学者依据相关理论作出剖析。这部分研究在加深对中国水环境领域网络化治理实践认知的同时，因重视对治理过程的描述、缺乏对治理过程的全面解释，而导致相关研究的深度有待强化。

鉴于此，本书研究改变了传统的将"制度—结构"分析与"行为—过程"分析对立起来的做法，探索性地将二者加以整合，形成分析中国水环境网络化治理实践的"网络结构—管理过程"分析框架。继而通过聚焦中国水环境领域的网络化治理实践，在动态观察、描述政府部门与非政府行动者间的互动过程的基础上，深入挖掘影响治理过程的多重要素及其内在作用机理，以期形成对中国网络化治理实践的整体把握。对中国水环境网络化治理模式的分析，一方面，为西方网络化治理理论的发展贡献中国治理实践，进而有助于推动网络化治理研究体系的不断完善；另一方面，为提升中国地方水环境网络化治理效能、推进地方政府生态环境治理体系与治理能力现代化建设指明方向。故本书具有较高的理论意义与实践价值。

第三节　研究方法与结构安排

一　研究方法

研究方法是揭示研究问题的工具，其与研究问题的匹配性与否直接影响研究结论的可信度。当前，国内环境网络化治理研究多采用单案例研究方法，这在为我们呈现翔实的过程分析的同时，往往面临研究过程与结论的严谨性质疑。为提升中国水环境网络化治理研究的准确性，本书综合运用多案例研究、比较研究、叙事分析等研究方法。

（一）多案例研究方法

案例研究可以用来实现不同的目标，包括提供描述、检验理论、构建理论①以及验证理论②等。进一步地，"多案例研究遵从的是复制法则，而不是抽样法则"③，其基本原理是精挑细选出来的案例或是能够产生相同的结果，或是由于可预知原因而产生与前一案例有所不同的结果。相较于单案例研究，多案例的研究结论更具备说服力或有效性。本书在对三种水环境网络化治理实践的过程分析中，运用了较多的案例进行解释与论证。

（二）比较研究方法

为提高过程分析的深度与系统性，需在运用多案例研究方法的基础上开展比较分析。针对本书的主要研究问题之一，同一种水环境网络化治理模式为何产生不同的治理结果，文章通过对多地区地方政府的治理实践的比较分析来作出回答。据此，形成对治理结果的影响要素、地方政府网络管理策略影响治理实践的作用机理等问题的系统认知。此外，比较研究还可以得出一些启发性结论，如在三种网络化治理模式中，地方政府管理策略的共性与差异性特征，这有助于推动水环境网络化治理研究的进一步发展与完善。

（三）叙事分析方法

叙事分析方法是一种社会学研究方法，是指"从对经验的关注，到经验的诉说、转录、分析和阅读的一个整体过程"④。本书在收集三种水环境网络化治理实践案例的基础上，通过过程叙事完整呈现案例的发生、发展过程，从而为描述中国水环境网络化治理活动、探索水环境网络化治理过程的影响要素、解释多要素共同塑造治理结果的内在机理等研究内容提供客观材料支撑。

二　结构安排

第一章，绪论。主要论述了中国地方政府水环境网络化治理模式的研究背景、研究问题、研究意义、研究方法与结构安排等内容。其中，

---

① Eisenhardt Kathleen M.，"Building Theories From Case Study Research"，*Academy of Management Review*，Vol. 14，No. 4，1989，pp. 532–550.

② ［美］罗伯特・K. 殷：《案例研究：设计与方法（第 2 版）》，周海涛译，重庆大学出版社 2010 年版，第 39 页。

③ ［美］罗伯特・K. 殷：《案例研究：设计与方法（第 2 版）》，周海涛译，重庆大学出版社 2010 年版，第 39 页。

④ 葛忠明：《叙事分析是如何可能的》，《山东大学学报》（哲学社会科学版）2007 年第 1 期。

通过对本书的主要概念——网络化治理、网络管理作出明确界定，以确保研究问题清晰化、明确化。

第二章，文献综述。本章对网络化治理、水环境网络化治理的国内外研究文献进行梳理与评议。围绕网络化治理，系统梳理了网络化治理与官僚制的关系、组织自主性、网络化治理的优势与困境、治理模式的类型划分以及理解治理结果的多种分析框架等多项研究议题。在水环境网络化治理方面，对国内外相关文献做出比较分析。在总结、反思既有研究的基础上，指出当前中国水环境网络化治理研究的不足。

第三章，构建分析框架。通过回顾政策网络理论、网络管理理论、"以行动者为中心的制度主义"框架，提出一个包括制度环境、网络结构、管理过程、治理结果的分析框架，即"结构—过程"分析框架。基于这一分析框架，对中国水环境网络化治理过程作出解释。在具体的分析过程中，首先依据发挥主导作用的机制差异性，区分了行政主导型、市场主导型和协商主导型三种水环境网络化治理模式。在此基础上，提出中国水环境网络化治理研究的三个假设。最后，对水环境网络化治理案例的选择标准、材料与数据来源作出说明。

第四章至第六章，比较案例研究。这三章分别对水环境领域网络化治理实践的行政主导型模式、市场主导型模式和协商主导型模式展开探讨。通过选取不同案例，动态地、系统地分析网络结构、管理策略影响网络化治理结果的内在机理。其中，行政主导型模式以双河长制为代表，关注官方河长与民间河长共同监督水环境的实践过程；市场主导型模式以政府购买公共服务项目、政府与社会资本合作（Public-Private Partnership）项目为例，聚焦地方政府与社会力量共同开展水环境保护或整治的项目化运作过程；协商主导型模式从社会组织参与协商视角切入，探索地方政府与环保组织通过协商互动，合作开展水环境保护的过程。

第七章，总结与讨论。首先，对中国水环境领域的三种网络化治理实践作比较分析。接下来，检验了本书提出的三个研究假设，并验证了解释中国水环境网络化治理的"网络结构—管理过程"分析框架的合理性。继而，围绕地方政府的网络管理能力提出研究启示。最后，对本书的创新点、不足之处，以及下一步的研究展望做出总结。

第二章 文献综述

本章主要对网络化治理、水环境网络化治理领域的国内外研究文献进行梳理、分析，以厘清水环境网络化治理实践的发展现状与研究进展。在网络化治理方面，回顾了网络化治理与官僚制的关系、治理网络中组织的自主性、网络化治理的优势与困境、网络化治理模式类型学、解释框架这五项议题。在水环境网络化治理模式方面，梳理了国内外学者在该领域的研究进路。在反思现有研究的基础上，指明本书对中国水环境网络化治理模式的分析路径。

第一节 网络化治理的争论与发展

20 世纪 90 年代初，为应对新公共管理运动所带来的碎片化问题，网络化治理模式受到公共管理学者的广泛关注。"网络"被用来描述在公共服务提供上相互依存的行动者①，治理行为则发生在公共部门人员和非公共部门人员之间的网络中。当前，西方网络化治理历经两代研究：第一代专注于分析网络化治理的兴起背景，网络化治理与官僚制、市场机制的区别，以及网络化治理在不同国家与地区、不同政策领域的治理实效；第二代将网络化治理看作需要充分利用的机制，研究领域更多集中在解释治理网络的形成、功能与发展，治理网络成功与失败的根源，元治理策略以及网络化治理的民主意蕴。② 结合这两代研究，从网络化治理面临的争议和近期发展两个层面对现有文献进行梳理。

---

① Rhodes Rod A. W. , "The New Governance: Governing without Government", *Political Studies*, Vol. 44, No. 4, 1996, pp. 652–667.

② Sørensen Eva and Jacob Torfing ed. , *Theories of Democratic Network Governance*, Basingstoke: Palgrave, 2007, pp. 14–16.

一 与官僚制的关系：削弱、补充或促进

一般而言，网络化治理与官僚制在理性来源、运作机制、运行结构、服务提供方式等方面存在显著差异。目前，国内外学者对网络化治理与官僚制的差别形成一致看法，但在二者的关系上呈现出三种不同的观点。

削弱观主张，网络化治理削弱了传统官僚制的地位。网络化治理带来一种多层次的分权化体系，这在"很大程度上改变了传统官僚制政府的政治体制结构和行政行为模式"[1]，削弱了公共部门自身的权力与资源[2]。罗茨通过观察英国政府的发展变化提出，伴随公共服务私有化、新公共管理运动以及英国欧盟成员国身份的转变，英国政府正呈现出被侵蚀的趋势，即"国家空心化"（the hollowing out of the state）。但同时，他也指出"空心化国家"的时代并未到来[3]。基克特（Kickert）认为，在当前由"政府"范式向"治理"范式的社会转型中，政府成为众多行动者中的一个，而非主要行动者。[4] 戈德史密斯和艾格斯直接提出社会已经从"官僚制时代转向网络化治理时代"[5]。

补充观认为，网络化治理弥补了官僚体制的不足。面对网络、伙伴关系、国际治理和全球市场的挑战，传统的国家权力依然存在。虽然网络化治理对官僚制造成较大冲击，但网络化治理的出现并没有改变官僚制的地位和作用[6]，国家也并未在实质意义上发生"空洞化"[7]。Kettl 在研究美国州政府和地方政府的公共服务外包时发现，政府与非政府组织的合作伙伴关系已经形成，并呈现快速增多趋势。他进一步提出"与其

---

① 李志强：《网络化治理：意涵、回应性与公共价值建构》，《内蒙古大学学报》（哲学社会科学版）2013 年第 6 期。

② 张智瀛、毛志宏：《中国网络化治理研究：困境与趋势》，《才智》2014 年第 29 期。

③ Rhodes Rod A. W., "The Hollowing out of the State: The Changing Nature of the Public Service in Britain", *Political Quarterly*, Vol. 65, 1994, pp. 138–151.

④ Kickert Walter J. M., "Autopoiesis and the Science of (Public) Administration: Essence, Sense and Nonsense", *Organisation Studies*, Vol. 14, No. 2, 1993, pp. 261–278.

⑤ ［美］斯蒂芬·戈德史密斯、威廉·艾格斯：《网络化治理——公共部门的新形态》，孙迎春译，北京大学出版社 2008 年版，第 21 页。

⑥ Agranoff Robert, and Michael McGuire, *Collaborative Public Management: New Strategies for Local Governments*, Washington, DC: Georgetown University Press, 2003, p. 219.

⑦ 陈剩勇、于兰兰：《网络化治理：一种新的公共治理模式》，《政治学研究》2012 年第 2 期。

说横向关系取代了垂直关系，不如说横向连接层叠在垂直连接之上"①。换言之，治理安排没有被"去政府化"，而是继续"在官僚制的庇荫下"工作②，而这与网络化治理在"弥补官僚体制固有弊端上的有益作用"密切相关③。此外，网络化治理还被看作提高政治系统合法性的渠道和工具。Fawcett（2011）通过对澳大利亚陆克文政府提出的 2020 年峰会和社区内阁倡议的研究发现，陆克文政府通过使用网络化治理的话语体系以及增加决策中的公众参与，极大地提升了政策合法性程度。④

促进观强调，网络化治理可能会推动官僚制的自我强化，这是对"补充观"的发展。克利金和科彭扬（Klijn & Koppenjan）从网络化治理也存在治理失败的观点出发，强调网络化治理的运作过程需要网络管理者，而政府的中心地位、正式权威和民主合法性使其成为最合适的网络管理者。⑤ Pierre 和 Peters 主张，网络化治理的兴起并不意味着网络化治理与官僚制之间是一种零和博弈，相反可能会"增加权力对社会的公共控制"⑥，即国家能够通过调整市场、网络等治理工具形成不同的组合型治理结构，以及积极部署间接控制工具，重新确立官僚制所享有的权力地位。Watson 等学者通过研究英国流域管理和洪水风险管理体制改革发现，尽管地方政府使用了强调合作伙伴关系和协同治理的语言，但水利官僚机构实际上已经加强了其自身的控制。进一步地，鉴于新合作的对象缺乏对水政策的实质影响，他们将网络化治理称为基于"新官僚主义"

---

① Kettl Donald F., "The Transformation of Governance: Globalization, Devolution, and the Role of Government", *Public Administration Review*, Vol. 60, No. 6, 2000, pp. 488-497.

② Capano Giliberto, Michael Howlett, and Mishra Ramesh, "Bringing Governments Back in: Governance and Governing in Comparative Policy Analysis", *Journal of Comparative Policy Analysis: Research and Practice*, Vol. 17, No. 4, 2015, pp. 311-321; Scharpf Fritz W. ed., "Games Real Actors Could Play: Positive and Negative Coordination in Embedded Negotiations", *Journal of Theoretical Politics*, Vol. 6, No. 1, 1994, pp. 27-53.

③ 陈剩勇、于兰兰：《网络化治理：一种新的公共治理模式》，《政治学研究》2012 年第 2 期。

④ Fawcett, P., Manwaring, R., & Marsh, "Network Governance and the 2020 Summit", *Australian Journal of Political Science*, Vol. 46, No. 4, 2011, pp. 651-667.

⑤ Klijn Erik-Hans, and Joop FM Koppenjan, "Public Management and Policy Networks: the Foundations of a Network Approach to Governance", *Public Management Review*, Vol. 2, No. 2, 2000, pp. 135-158.

⑥ Pierre, Jon, and B. Guy Peters, *Governance, Politics and the State*, Basingstoke: Macmillan, 2000, p. 69.

的制度安排。① 总之，不要试图描绘一个因为新治理形式的出现而完全丧失能力的国家，政府能够通过实施网络管理、元治理等来影响政策过程。②

二 组织自主性：高度自组织、有限自主或动态自主

网络化治理发生在地方政府与非政府行动者间的互动之中，组织间关系是网络化治理研究的一个主要领域。当前，诸多学者在网络化治理的分权化理念和结构上达成一致看法③，但在组织的自主性问题上存在争议。部分学者主张，治理网络中的组织在很大程度上是自组织的。④ 一些学者则提出，治理网络中组织的自主性是有限的。此处，自主性包含三个层次："正式性，主要指基于法律和组织制度的治理结构；资源分散，指组织赖以生存和发展的资源的分散程度；决策权威，指组织与政府间共享决策权等"⑤。

（一）高度自组织

高度自组织视角主张，网络行动者间存在相互依赖性，但在运作上具有自主性。这些社会行动者在法律意义上是独立的。⑥ 他们能够在官僚制之下进行自我管制性决策⑦，并由此表现出显著的自组织特征⑧。此处"自组织"是指在由多参与者组成的集体行动中，系统内部成员基于共同

① Watson Nigel, Hugh Deeming, and Raphael Treffn, "Beyond Bureaucracy? Assessing Institutional Change in the Governance of Water in England", *Water Alternatives*, Vol. 2, No. 3, 2009, pp. 448-460.

② Torfing Jacob, Peters B. Guy, Pierre Jon and Sørensen, Eva. ed., *Interactive Governance: Advancing the Paradigm*, New York: Oxford University Press, 2012, p. 284.

③ 李志强：《网络化治理：意涵、回应性与公共价值建构》，《内蒙古大学学报》（哲学社会科学版）2013 年第 6 期。

④ Innes Judith E., David E. Booher, and Sarah Di Vittorio, "Strategies for Megaregion Governance: Collaborative Dialogue, Networks and Self Organization", *Institute of Urban &Regional Development*, Vol. 77, No. 1, 2010, pp. 55-67.

⑤ 宋程成、蔡宁、王诗宗：《跨部门协同中非营利组织自主性的形成机制——来自政治关联的解释》，《公共管理学报》2013 年第 4 期。

⑥ Jones Candace, William S. Hesterly, and Stephen P. Borgatti, "A General Theory of Network Governance: Exchange Conditions and Social Mechanisms", *The Academy of Management Review*, Vol. 22, No. 4, 1997, pp. 911-945.

⑦ Rhodes Rod AW. ed., *Network Governance and the Differentiated Policy: Selected Essays*, Volume I, Oxford: Oxford University Press, 2017, p. 39.

⑧ Kickert Walter J. M., "Autopoiesis and the Science of (Public) Administration: Essence, Sense and Nonsense", *Organisation Studies*, Vol. 14, No. 2, 1993, pp. 261-278.

目标自发地而非由某一行动者强加地进行交流和相互调节，并逐步形成新的、有序的治理结构，以及对该结构加以维护的过程。[①] 在实证研究方面，龚虹波通过分析美国水资源治理网络发现，坦帕湾和圣安德鲁斯湾在水资源管理上都采用了政府与民间合作模式，且都表现出政府部门、民间组织、科研院所等利益相关者之间的平等合作状态。[②] 由此，非政府部门存在高度的自组织特征。此外，张康之从理论建构视角提出"高度复杂性和高度不确定性条件下的合作制组织是以组织自身的独立性为前提"，且组织（或组织成员）的"独立性和自主性能够赋予组织以创新的能力"[③]。

（二）有限自主

有限自主视角认为，治理网络中的非政府部门表现出相对有限的自主性，这不仅存在于发展中国家，也发生在发达国家。在政府与非政府组织合作提供公共服务方面，中国非政府组织呈现出部分自主性，"而非绝对意义的、刻意与政府分离的抽象自主性"[④]。而在部分领域，如中国城市应急恢复服务供给中，"非政府组织的自主性缺失问题凸显，甚至成为制约危机治理的关键因素"[⑤]。部分学者进一步对组织自主性的影响要素做出分析，这包括：宏观的制度环境、中观的政治关联结构和资源依赖程度，以及微观的政府行为等。[⑥]

关注西方治理实践的学者也得出相似的结论。Phillpots 等学者在探讨英国体育政策领域的网络化治理实践时发现，"治理过程仍然依赖于不对称的权力关系"，即政府部门可以通过目标设定、问责与监管等方式来制

① Van Meerkerk Ingmar, Beitske Boonstra, and Jurian Edelenbos, "Self-organization in Urban Regeneration: a Two-case Comparative Research", *European Planning Studies*, Vol. 21, No. 10, 2013, pp. 2-25.

② 龚虹波：《"水资源合作伙伴关系"和"最严格水资源管理制度"——中美水资源管理政策网络的比较分析》，《公共管理学报》2015 年第 4 期。

③ 张康之：《论合作治理中行动者的独立性》，《学术月刊》2017 年第 7 期。

④ 宋程成、蔡宁、王诗宗：《跨部门协同中非营利组织自主性的形成机制——来自政治关联的解释》，《公共管理学报》2013 年第 4 期。

⑤ 樊博、聂爽：《城市应急恢复中非政府组织的自主性研究——整体性治理视域下的解读》，《上海行政学院学报》2016 年第 2 期。

⑥ 参见以下文献：黄晓春、嵇欣：《非协同治理与策略性应对——社会组织自主性研究的一个理论框架》，《社会学研究》2014 年第 6 期；王诗宗、宋程成：《独立抑或自主：中国社会组织特征问题重思》，《中国社会科学》2013 年第 5 期；徐宇珊：《非对称性依赖：中国基金会与政府关系研究》，《公共管理学报》2008 年第 1 期。

约对其存在资源依赖的非政府部门。在这一"不对称网络"中，政府扮演主导者角色，并拥有更大的权力影响决策结果，而政府部门以外的组织只表现出一定程度的自主性。① Orth 等学者通过对由美国林业局和社区利益相关者组成的三个治理网络的定性研究提出，"权力来源包括权威、资源、话语合法性和信任四种，而行动者权力应用的不平衡导致治理安排中存在潜在的紧张关系"②。

（三）嵌入视角下的动态自主

嵌入视角下的动态自主视角强调，在与政府部门的互动过程中，非政府部门并非总是被动接受来自政府的干预。相反，它们能够通过不同的行动策略发展其自主性，并由此展现出动态自主的特征。黄晓春、嵇欣通过对上海某公益团队的研究提出，社会组织通过"找项目、多行政区域注册、发展复合型组织结构以及发展跨界资源汲取能力"等策略以谋求更多的自主性。③ 范斌、朱媛媛基于 G 市政府与 7 家社会组织购买服务的经验观察发现，社会组织通过"有选择的承接项目、打造多重身份、项目增减有持"等多种策略来推动组织自主性的进一步发展。④

三 治理过程：优势与困境

网络化治理理论通常暗含着这一假设：与其他治理模式相比，网络化治理能够更好地解决"棘手问题"（wicked problem）。事实上，多数学者认为网络化治理是一把双刃剑，它既能够较好地处理"社区安全、可持续发展、环境保护"等复杂问题，同时又面临着多方面的发展困境。⑤

---

① Grix Jonathan, and Lesley Phillpots, "Revisiting the Governance Narrative: Asymmetrical Network Governance and the Deviant Case of the Sports Policy Sector", *Public Policy and Administration*, Vol. 26, No. 1, 2011, pp. 3-19.

② Orth Patricia B., and Antony S. Cheng, "Who's in Charge? The Role of Power in Collaborative Governance and Forest Management", *Humboldt Journal of Social Relations*, Vol. 40, No. 1, 2018, pp. 192-210.

③ 黄晓春、嵇欣：《非协同治理与策略性应对——社会组织自主性研究的一个理论框架》，《社会学研究》2014 年第 6 期。

④ 范斌、朱媛媛：《策略性自主：社会组织与国家商酌的关系》，《江西师范大学学报》（哲学社会科学版）2017 年第 3 期。

⑤ Robert Leach, Janie Percy-Smith. ed., *Local Governance in Britain*, New York: Palgrave, 2001, p. 186.

（一）网络化治理的优势

网络化治理的兴起、发展与其自身所蕴含的民主、公平等价值以及共享性、创新性等功能密切相关，而这正是新公共管理运动所倡导的企业型政府和传统的官僚制政府所缺乏的。具体而言，网络化治理具备以下优势。

首先，资源整合。在决策过程中，政策网络能够促进不同行政单位之间的互动，桥接并加强与非政府组织、企业间的合作。在此过程中，治理网络中的行动者能够通过外部联系来获取和调动更大程度的资源①，进而推动资源的有效整合和利用②，最终有利于解决复杂的公共问题③。其次，培育共识。网络化治理可以通过信息和知识共享来增强网络成员间的沟通和信任，推动成员就政策问题、合作与信任准则形成共同的规范。④ 再次，塑造民主价值。"网络化治理强调社会管理主体的多样性，它通过吸纳更多的成员参与，推动实现社会管理的民主化。"⑤ 具体到公共服务供给过程，网络化治理能够结合"第三方政府高水平的公私合作特性与协同政府的网络管理能力，并利用技术将网络连接在一起，从而在服务运行方案中为公民提供更多的选择权"⑥。最后，政策创新。网络

① De Rynck Filip, and Joris Voets, "Democracy in Area-Based Policy Networks: The Case of Ghent", *American Review of Public Administration*, Vol. 36, No. 1, 2006, pp. 58-78.

② 参见以下文献：Ferlie Ewan, and Andrew Pettigrew, "Managing Through Networks: Some Issues and Implications for the NHS", *British Journal of Management*, Vol. 7, No. S1, 1996, pp. 81-99; Kickert Walter Julius Michael, Erik-Hans Klijn, and Joop FM Koppenjan, "Introduction: Amanagement Perspective on Policy Networks", in: Kickert, W. J. M., Klijn, E. H. and Koppenjan, J. F. M, ed., *Managing Complex Networks*, London: Sage, 1997, pp. 1-11; Provan Keith G., and Kun Huang, "Resource Tangibility and the Evolution of a Publicly Funded Health and Human Services Network", *Public Administration Review*, Vol. 2, No. 3, 2012, pp. 366-375.

③ 参见以下文献：Ansell Chris, and Alison Gash, "Collaborative Governance in Theory and Practice", *Journal of Public Administration Research & Theory*, Vol. 18, No. 4, 2008, pp. 543-571; Eraydın Ayda Armatli, Köroglu Bilge, Erkus Öztürk Hilal, and Senem Yasar Suna, "Network Governance Competitiveness: The Role of Policy Networks in the Economic Performance of Settlements in the Izmir Region" *Urban Studies*, 2008, Vol. 45, No. 11, pp. 2291-2321.

④ Lin Nan, "Building a Network Theory of Social Capital", in: N. Lin, K. Cook, R. S. Burt, ed., *Social Capital*, *Theory and Research*, New York: Aldine de Gruyter, 2001, pp. 3-29.

⑤ 龙献忠、蒲文芳：《基于网络治理视角的社会管理创新》，《湖南社会科学》2013年第6期。

⑥ ［美］斯蒂芬·戈德史密斯、威廉·艾格斯：《网络化治理——公共部门的新形态》，孙迎春译，北京大学出版社2008年版，第17页。

化治理能够促进政策过程创新、制度和行为创新[①]，并由此成为地方政府社会管理创新的重要途径[②]。

（二）网络化治理面临的困境

网络化治理模式并非是万能的，也存在治理失灵的问题。具体而言，协调成本问题是网络化治理面临的首要挑战。[③] 首先，Schneider 等学者通过对坦帕湾和圣安德鲁斯湾两个水资源合作治理网络的经验研究发现，虽然网络能够帮助解决流域和自然资源治理等问题，但构建和维持网络的成本比较高。[④] 组织在外部寻找、培养和保持联系等方面需付出大量的时间和精力。同时，联邦体系的纵向碎片化和地方管辖区之间的横向分割加大了网络化治理的发展成本。于刚强、蔡立辉在探讨中国都市群网络化治理模式时，发现都市群网络的参与者"在网络任务的实施过程中存在目标差异，会出现有组织的无序状态，致使合作规则被不断修订和改变"[⑤]。Leibovitz 通过分析"加拿大科技三角区"的合作实践发现，尽管三角区的合作治理呈现出国家机构、企业和利益集团等多行动者持久互动特征，但仍面临着多主体间相互质疑和公私部门的认知差异等挑战。[⑥] 其次，网络化治理存在问责制问题。网络化治理是"建立在政府部

① 参见以下文献：Connick Sarah, and Judith E. Innes, "Outcomes of Collaborative Water Policy Making: Applying Complexity Thinking to Evaluation", *Journal of Environmental Planning and Management*, Vol. 46, No. 2, 2003, pp. 177-197; Rogers Ellen, and Edward P. Weber, "Thinking Harder About Outcomes for Collaborative Governance Arrangements", *The American Review of Public Administration*, Vol. 40, No. 5, 2009, pp. 546-567.

② 刘波、王彬、姚引良：《网络治理与地方政府社会管理创新》，《中国行政管理》2013 年第 12 期。

③ Kenis Patrick, and Keith G. Provan, "The Control of Public Networks", *International Public Management Journal*, Vol. 9, No. 3, 2006, pp. 227-247.

④ Schneider Mark, Scholz John, Lubell Mark, Mindruta Denisa and Edwardsen Matthew, "Building Consensual Institutions: Networks and the National Estuary Program", *American Journal of Political Science*, Vol. 47, No. 1, 2003, pp. 143-158.

⑤ 于刚强、蔡立辉：《中国都市群网络化治理模式研究》，《中国行政管理》2011 年第 6 期。

⑥ Leibovitz Joseph, "Institutional Barriers to Associative City-region Governance: The Politics of Institutionbuilding and Economic Governance in Canada's Technology Triangle", *Urban Studies*, Vol. 40, No. 13, 2003, pp. 2613-2642.

门与非政府部门责任共担的机制之上"①。然而，网络化治理模式的复杂性，以及公私界限模糊导致治理主体的责任难以具体认定。② 最后，网络化治理在推进民主进程的同时，也面临着民主合法性的质疑。③ Hendriks在分析荷兰能源改革合作项目时发现，项目参与者主要是商人、研究机构、中小企业、社会团体、社区公民等可能受影响的群体却没有被吸纳进入。④ Kim 通过分析韩国光州四华村社区建设网络提出，尽管居民自治委员会代表普通民众发表意见，但由于非政府行动者对地方政府存在强依赖性，这使得地方政府的权力进一步加大，并由此带来选择性吸纳民众意见的问题。⑤

四 治理模式的类型学：多视角

网络化治理模式并非单一的、固定的，而是多样的。当前，国内外学者依据不同视角对网络化治理模式做出类型划分，这为网络化治理模式的比较分析奠定了基础。总体来看，现有文献主要从以下四个视角推进网络化治理的类型学研究。

（一）基于治理主体的视角

该视角依据网络化治理中治理主体的角色差异性特征做出划分。Provan 和 Kenis 依据"是否存在治理者"以及"治理者从属于网络内部还是外部"将网络化治理划分为参与者自治的网络（Participate-Governed

---

① 陈剩勇、于兰兰：《网络化治理：一种新的公共治理模式》，《政治学研究》2012 年第 2 期；Mandell Myrna P. , "Collaboration Through Network Structures for Community Building Efforts", *National Civic Review*, Vol. 90, No. 3, 2001, pp. 279-288.

② ［美］斯蒂芬·戈德史密斯、威廉·艾格斯：《网络化治理——公共部门的新形态》，孙迎春译，北京大学出版社 2008 年版，第 106 页；Agranoff Robert, and Michael McGuire, "Big Questions in Public Network Management Research", *Journal of Public Administration Research and theory*, Vol. 11, No. 3, 2001, pp. 295-326；陈敬良、匡霞：《西方政策网络理论研究的最新进展及其评价》，《上海行政学院学报》2009 年第 3 期。

③ Sørensen Eva, and Jacob Torfing, "Theoretical Approaches to Democratic Network Governance", in: E. Sørensen Eva, and Jacob Torfing, eds. , *Theories of Democratic Network Governance*, London：Palgrave, 2007, pp. 233-246；Bogason Peter, and Juliet A. Musso, "The Democratic Prospects of Network Governance", *American Review of Public Administration*, Vol. 36, No. 1, 2006, pp. 3-18.

④ Hendriks Carolyn M. , "On Inclusion and Network Governance：The Democratic Disconnect of Dutch Energy Transitions", *Public Administration*, Vol. 86, No. 4, 2008, pp. 1009-1031.

⑤ Kim Sangmin, "The Workings of Collaborative Governance：Evaluating Collaborative Community-building Initiatives in Korea", *Urban Studies*, Vol. 53, No. 16, 2016, pp. 3547-3565.

Neworks）、领导组织治理的网络（Lead Organization—Governed Neworks）、由网络外的网络管理组织治理的网络（Network administrative Organiza-tion）。[①] Moore 和 Koontz 依据治理网络中占多数的成员的身份差异性，将流域合作伙伴关系区分为机构型、公民型和混合型三类。[②] 姚引良等学者依据政府参与程度，区分了政府主导型、政府参与型和自组织网络三种网络化治理模式。基于访谈，他们提出渭河综合治理、宝鸡数字化城市管理和扶贫开发战略都属于政府主导、社会参与的治理模式，并且该模式在"改善公共服务上取得较为理想的治理效果"[③]。

（二）基于治理机制的视角

该视角依据网络化治理过程中发挥主导作用的机制差异性做出划分。范永茂、殷玉敏对科层、契约和网络三种元治理机制作出总结[④]，并提出三种元机制的不同程度融合形成了合作治理。[⑤] 那么，依据主导型机制的差异化，可以划分为科层主导型、契约主导型、网络主导型三种治理模式。继而，分别运用"APEC 蓝"、珠三角大气污染治理、泛珠三角水污染治理等案例分别论述每一模式的优缺点。最后，提出不同的合作治理模式会产生不同的治理成效，而治理模式的选择与治理问题的长期性与否、利益层次的复杂性与否密切相关。蒋永甫提出三种网络化治理结构：政府治理、社会治理、网络治理。[⑥] 三种结构分别对应权力模式、协商模式和交易模式等三种资源配置方式。在权力模式下，地方政府通过配置资源来培育市场和经济主体；在协商模式下，政府注重培育公民的公共

---

① Provan Keith G., and Patrick Kenis, "Modes of Network Governance：Structure, Manage-ment, and Effectiveness", *Journal of Public Administration Research and Theory*, Vol. 18, No. 2, 2008, pp. 229-252.

② Moore Elizabeth A., and Tomas M. Koontz, "A Typology of Collaborative Watershed Groups：Citizen-based, Agency-based, and Mixed partnerships", *Society & Natural Resources*, Vol. 16, No. 5, 2003, pp. 451-460.

③ 姚引良、刘波、汪应洛：《网络治理理论在地方政府公共管理实践中的运用及其对行政体制改革的启示》，《人文杂志》2010 年第 1 期。

④ 范永茂、殷玉敏：《跨界环境问题的合作治理模式选择——理论讨论和三个案例》，《公共管理学报》2016 年第 2 期。

⑤ 范永茂、殷玉敏（2016）对"合作治理"的界定与本书中"网络化治理"的内涵一致。在形式上，都强调政府部门、私人部门和第三部门以及公民之间的合作关系。在目标上，都致力于达到资源共享、效率提升、服务协作和无缝隙化、参与方互惠互利等。鉴于此，在本书呈现其研究内容。

⑥ 蒋永甫：《网络化治理：一种资源依赖的视角》，《学习论坛》2012 年第 8 期。

德行和公共治理能力；在交易模式下，政府采用合同形式促进资源的优化配置。拜茹、尤光付将乡村振兴基层治理实践归纳为政府主导的治理模式与弱合作治理模式。[①] 在政府主导的治理模式中，由"党和政府为核心的组织"确定基层治理目标，并通过行政权力机制付诸实施。在弱合作治理模式中，基层政府运用"政策和资源下沉"等机制与乡村治理精英开展依附性合作。

（三）基于网络功能的视角

该视角依据网络化治理的功能差异性做出类型划分。Milward 和 Provan 依据网络功能的差异化区分了服务执行网络、信息扩散网络、问题解决网络、社区能力培养四种治理网络，而实践中的网络往往拥有多重功能。[②] Mandell 和 Steelman 依据网络功能的时效性划分了间歇网络、临时任务小组、永久或常规网络、联盟以及结构性网络。[③] Eraydin 等学者提出四种具备不同功能导向的网络：战略决策网络、知识共享网络、联合项目网络和文化—环境行动网络。他们通过对土耳其伊兹密尔地区 38 个城市的社会网络分析发现，在网络密度上，战略决策网络的密度最高，联合项目网络的密度最低；在网络中心性上，战略决策网络的结构最为集中，知识共享网络结构的集中程度最低。[④] Schout 和 Jordan 提出一个由不同的治理网络形式组成的连续谱。最左端的网络组织是松散耦合、非组织化的，其网络成员间的互动是非正式的；最右端的网络组织是紧密耦合、组织化的，其网络成员间具有定期召开会议的传统。[⑤] 陈振明归纳了网络化治理的三种实践类型。其一，全球治理，即对国际合作网络的管理，它通常表现为"正在影响或可能影响全人类的跨国性问题"的

① 拜茹、尤光付：《自主性与行政吸纳合作：乡村振兴中基层社会治理模式的机制分析》，《青海社会科学》2019 年第 1 期。

② Kenis Patrick, and Keith G. Provan, "The Control of Public Networks", *International Public Management Journal*, Vol. 9, No. 3, 2006, pp. 227-247.

③ Mandell Myrna, and Toddi Steelman, "Understanding What Can be Accomplished through Interorganizational Innovations: The Importance of Typologies, Context and Management Strategies", *Public Management Review*, Vol. 5, No. 2, 2003, pp. 197-224.

④ Eraydin Ayda Armatli, Köroglu Bilge, Erkus Öztürk Hilal, and Senem Yasar Suna, "Network Governance Competitiveness: The Role of Policy Networks in the Economic Performance of Settlements in the Izmir Region", *Urban Studies*, Vol. 45, No. 11, 2008, pp. 2291-2321.

⑤ Schout Adriaan, and Andrew Jordan, "Coordinated European Governance: Self-organizing or Centrally Steered?" *Public Administration*, Vol. 83, No. 1, 2005, pp. 201-220.

治理过程。其二，民族国家的治理，即民族国家通过授权和分权来调整政府与社会、政府与市场的关系，以提供政府主导的公共物品的过程。它包括政府间合作网络、政府项目执行网络、公私合伙网络等表现形式。其三，社区治理，是指对"社区合作网络的管理"。同时，他强调，这些治理类型在实践中是交叉重叠的。[①]

五 治理结果的分析框架：结构、行为、情景或整合观

围绕治理分析框架，现有研究已积累相对丰富的学术成果。总体上，存在结构视角、行为视角、情景视角三种，它们从不同角度发展了网络化治理的解释性研究。

（一）结构视角

结构视角从中观维度出发，探讨组织间互动结构对政策结果的影响，这一视角主张网络化治理结果受到网络结构的影响。伴随量化研究方法的不断发展，网络结构能够通过互惠性、空间表征、密度、中心性等变量加以操作化，这为网络结构与治理结果之间的相关性分析提供了技术支撑。Sandstrom 和 Carlsson 采用社会网络分析方法研究高等教育领域的政策网络，结果显示：网络密度越高，网络绩效越高；网络异质性程度越高，网络绩效越具备创新性。[②] 随后，Sandstrom 在其博士学位论文中提出，网络结构的封闭性和异构性影响着网络治理效率。一个高性能的政策网络是具备高封闭性的异构网络，这在经验上表现为一个密集的且包含一组跨界互动的多元行动者的网络。[③] Hirschi 采用社会网络方法分析瑞士的自然公园政策。[④] 研究发现，为实现政策目标，网络结构需要具备一定程度的凝聚力。同时，为保持积极且持续的区域发展，网络结构还需吸纳具有不同观点或利益的行动者，以确保网络结构的灵活性。Ingold 和 Leifeld 运用指数随机模型比较了瑞士和德国的五个政策案例，研究发现，公共管理人员和享有决策权的官员因占据结构洞的位置而在政策制

---

① 陈振明：《公共管理学》，中国人民大学出版社 2005 年版，第 86—94 页。

② Sandstrom Annica, and Lars Carlsson, "The Performance of Policy Networks: The Relation between Network Structure and Network Performance", *Policy Studies Journal*, Vol. 36, No. 4, 2008, pp. 497–524.

③ Sandstrom Annica ed., Policy Networks: The Relation between Structure and Performance, Ph. D. dissertation, Lulea Tekniska Universitet, 2008.

④ Hirschi Christian, "Strengthening Regional Cohesion: Collaborative Networks and Sustainable Development in Swiss Rural Areas", *Ecology and Society*, Vol. 15, No. 4, 2010, p. 16.

定中显示出更大的影响力，其他网络成员的话语权或影响力则较小。① 由此，结构因素能够通过调节网络行动者间的互动而影响网络绩效。易洪涛运用超链接网络分析方法对美国 48 个州的清洁能源治理网络展开分析。研究发现，网络结构显著影响治理效果，表现为治理网络的整体衔接性越好，聚合性社会资本越高，则治理效果越好。②

（二）行为视角

行为视角是在与结构分析对话的过程中形成。该视角主张，中观的结构视角存在静态化分析的弊端，而行为视角通过动态探讨行动者策略影响治理结果的内在机理，能够有效弥补结构分析的不足。

部分学者关注非政府部门行为对网络互动的影响过程。Bulkeley 在研究澳大利亚气候变化网络时发现，温室行动话语联盟通过故事情节讲述方法，促使由能源公司、地方政府和绿色组织等行动者组成的话语联盟重新界定自身在气候变化方面的利益，并在此过程中建构了新的联盟。③由此，故事情节讲述策略重构了行动主体间的政策问题与解决方案。Mosley 和 Jarpe 通过分析美国房屋和城市发展部授权的连续护理组织全国调查数据发现，服务提供者的参与度更高、影响力更大，使用直接倡导策略时，治理网络与政策制定者的关联度更强。此时，越有助于达成治理目标。④

多数学者运用网络管理理论分析网络管理策略影响行动者间的互动与治理活动的过程。Klijn 等学者通过对 2006—2007 年参与荷兰环境项目的 323 位行动者的调研发现，过程管理是实现成功治理结果的重要因素。他们将过程管理策略区分为过程协定、内容探索、链接、安排四类。其

① Ingold Karin, and Philip Leifeld, "Structural and Institutional Determinants of Influence Reputation: A Comparison of Collaborative and Adversarial Policy Networks in Decision Making and Implementation", *Journal of Public Administration Research and Theory*, Vol. 26, No. 1, 2016, pp: 1–18.

② Yi Hongtao, "Network Structure and Governance Performance: What Makes a Difference?" *Public Administration Review*, Vol. 78, No. 2, 2018, pp. 195–205.

③ Bulkeley Harriet, "Discourse Coalitions and the Australian Climate Change Policy Network. Environment and Planning C", *Government and Policy*, Vol. 18, No. 6, 2000, pp. 727–748.

④ Mosley Jennifer E., and Meghan Jarpe, "How Structural Variations in Collaborative Governance Networks Influence Advocacy Involvement and Outcomes", *Public Administration Review*, Vol. 79, No. 5, 2019, pp. 1–12.

中，链接是最有效的策略。① Kort 和 Klijn 通过考察荷兰城市重建伙伴关系发现，与政府部门保持一定距离、组织形式严密等特征对网络绩效的影响不显著，而多重管理策略的使用则与网络绩效紧密相关。② Ysa 等学者运用结构方程模型对 2004—2009 年加泰罗尼亚 119 个城市复建政策网络数据进行分析。研究结果同样证实，管理策略可以提高信任度，并对治理结果产生显著影响。③ Gil 在分析西班牙智能城市治理网络时发现，市长扮演了网络协调者、沟通者的角色，且市长通过制定明确的战略任务、激活合适的行动者与资源推动实现良好的治理结果。因此，"网络伙伴之间的协调机制、网络管理者能力与网络化治理结果显著正相关"。④

（三）情景要素视角

情景要素视角聚焦网络化治理的生发环境与治理结果之间的相关性，其与结构视角、行为视角存在交叉研究领域。一方面，对情景要素的分析是基于这一主张展开，即部分情景因素通过调节网络结构影响网络化治理效果。在这里，网络结构成为中介变量。另一方面，领导者风格、策略、技巧等因素被看作影响治理效果的情景要素，而这与行为视角所关注的网络管理策略研究直接相关。

现有研究主要从以下五类情景要素出发分析网络化治理实践。第一，外部环境。一方面，外部环境的稳定性与网络化治理效果存在相关性，不稳定的外部环境往往成为影响网络化效果的关键性消极因素。⑤ 另一方

---

① Klijn Erik-Hans, and Jurian Edelenbos, "Meta-governance as Network Management", in: Sørensen Eva, and Jacob Torfing, eds, *Theories of Democratic Network Governance*, New York: Palgrave, 2007, pp. 199-214.

② Kort Michiel, and Erik-Hans Klijn, "Public Private Partnerships in Urban Renewal: Organizational Form or Managerial Capacity", *Public Administration Review*, Vol. 71, No. 4, 2011, pp. 618-626.

③ Ysa Tamyko, Vicenta Sierra, and Marc Esteve, "Determinants of Network Outcomes: The Impact of Management Strategies", *Public Administration*, Vol. 92, No. 3, 2014, pp. 636-656.

④ Gil Olga, "Coordination Mechanism and Network Performance: The Spanish Network of Smart Cities", *HKJU-CCPA*, Vol. 76, No. 3, 2016, pp. 675-692.

⑤ Hasnain-Wynia Romana, Sofaer Shoshanna, Bazzoli Gloria J., Alexander Jeffrey A., Shortell Stephen M., Conrad Douglas A., Chan Benjamin, Zukoski Ann P., and Sweney Jane, "Members' Perceptions of Community Care Network Partnerships' Effectiveness", *Medical Care Research and Review*, Vol. 60, No. 4, 2003, pp. 40-62; Provan Keith G., and H. Brinton Milward, "A Preliminary Theory of Interorganizational Network Effectiveness: A comparative Study of Four Community Mental Health Systems", *Administrative Science Quarterly*, Vol. 40, No. 1, 1995, pp. 1-33.

面，不同的外部行政环境影响着网络化治理的发展水平。姜晓萍、田昭关注网络化治理在中国行政生态环境下的应用前景，他们提出"多元合作体系的结构性和功能性失衡、社会信用体系不健全、社会互动体系不畅通以及利益分散化"共同制约了网络化治理在中国的成功植入。① 第二，资源的充足性。这指向治理网络从其环境中所获得的资源水平，该要素与网络化治理效果正相关，反映着网络成员在推进治理实践时所面临的不确定性程度。② 第三，上级政府或领导者的支持。上级政府给予的支持越多，下级部门在促成行动者间的合作上展现出更强的动力，网络化治理形成和发展的可能性则越大。一般而言，上级政府或领导者通过无形的制度机制、有形的物资以及专业培训等资源来提供支持。第四，合作意愿。当行动者承认自身与利益相关者间存在资源依赖性时，他们往往会发现更大的合作机会。③ 同时，信任、社会资本是影响治理过程的另一要素。而有过合作历史的社区成员通常能够认识到合作的价值并参与到公共活动之中，这为实现网络效能提供了一个更健康的宏观环境。④ 第五，权力共享程度。通常而言，当合作网络中的一方以优于其他社区

---

① 姜晓萍、田昭：《网络化治理在中国的行政生态环境缺陷与改善途径》，《四川大学学报》（哲学社会科学版）2017 年第 4 期。

② Provan Keith G., and H. Brinton Milward, "Do Networks Really Work？A Framework for Evaluating Public‐sector Organizational Networks", Public Administration Review, Vol. 61, No. 4, 2001, pp. 414-423.

③ 参考以下文献：Jones Candace, William S. Hesterly, and Stephen P. Borgatti, "A General Theory of Network Governance：Exchange Conditions and Social Mechanisms", The Academy of Management Review, Vol. 22, No. 4, 1997, pp. 911-945; Sabatier, Sabatier Paul A., Leach William D., Lubell Mark and Pelkey Neil, "Theoretical Frameworks Explaining Partnership Success", in: P. A. Sabatier, W. Focht, M. Lubell, Z. Trachtenberg, A. Vedlitz, & M. Matlock, eds., Swimming Upstream：CollaborativeApproaches to Watershed Management, Cambridge, MA：The MIT Press, 2005, pp. 173-199; 张振洋、王哲：《有领导的合作治理：中国特色的社区合作治理及其转型——以海市 G 社区环境综合整治工作为例》，《社会主义研究》2016 年第 1 期。

④ 参考以下文献：Borg Riikka, Arho Toikka, and Eeva Primmer, "Social Capital and Governance：A Social Network Analysis of Forest Biodiversity Collaboration in Central Finland", Forest Policy and Economics, Vol. 50, 2015, pp. 90-97; Margerum Richard D. ed., Beyond Consensus‐Improving Collaborative Planning and Management, Cambridge, Massachusetts：The MIT Press, 2011, p. 182; Mitchell Shannon M., and Stephen M. Shortell, "The Governance and Management of Effective Community Health Partnerships：A Typology for Research, Policy, and Practice", The Milbank Quarterly, Vol. 78, No. 2, 2000, pp. 241-289; Zakocs Ronda C., and Erika M. Edwards, "What Explains Community Coalition Effectiveness? A Review of the Literature", American Journal of Preventive Medicine, Vol. 30, No. 4, 2006, pp. 351-361.

利益的方式行使权力时，可能会带来低效甚至无效的治理效果。① 换言之，如果全体成员之间的权力分配不平等，那么权力就会阻止公平关系的出现，或是将对称的协作网络转变为不对称的决策机构，并导致合作关系的进一步恶化。② 反之，治理网络中行动者间的权力共享程度越高，治理效果越趋于高效。③

（四）整合视角

整合视角立足于多个分析视角，探讨多视角如何共同塑造治理结果。丁煌、杨代福综合结构分析与行为分析两种路径，提出"行动者的博弈行为是镶嵌于网络关系结构中的，并在网络关系结构中进行沟通与资源交换"，据此形成政策执行分析的整合模型（见图2-1）。④ 该模型中，政策网络结构和行动者博弈是影响政策结果的两大因素；政策网络结构约束行动者博弈，并影响政策结果。他们以房地产宏观调控政策执行过程为例验证了整合分析模型的合理性。

---

① 参考以下文献：Schuett Michael A., Steve W. Selin, and Deborah S. Carr, "Making It Work: Keys to Successful Collaboration in Natural Resource Management", *Environmental Management*, Vol. 27, No. 4, 2001, pp. 587-593; Cheng Antony S., and Victoria E. Sturtevant, "A Framework for Assessing Collaborative Capacity in Community-Based Public Forest Management", *Environmental Management*, Vol. 49, No. 3, 2012, pp. 675-689; Selin Steve, and Deborah Chavez, "Developing a Collaborative Model for Environmental Planning and Management", *Environmental Management*, Vol. 19, No. 2, 1995, pp. 189-195; Gerlak Andrea K., Tanya Heikkila, and Mark Lubell T., "The Promise and Performance of Collaborative Governance", in: S. Kamieniecki, E. Kraft, eds, *Oxford Handbook of US Environmental Policy*, New York: Oxford University Press, 2013, pp. 413-434.

② Orth Patricia B., and Antony S. Cheng, "Who's in Charge? The Role of Power in Collaborative Governance and Forest Management", *Humboldt Journal of Social Relations*, Vol. 40, No. 1, 2018, pp. 192-210.

③ 参考以下文献：Purdy Jill M., "A Framework for Assessing Power in Collaborative Governance Processes", *Public Administration Review*, Vol. 72, No. 3, 2012, pp. 409-417; Ran Bing, and Huiting Qi, "Contingencies of Power Sharing in Collaborative Governance", *The American Review of Public Administration*, Vol. 48, No. 8, 2018, pp. 836-851; Berkes Fikret, "Devolution of Environment and Resources Governance: Trends and Future", *Environmental Conservation*, Vol. 37, No. 4, 2010, pp. 489-500.

④ 丁煌、杨代福：《政策网络、博弈与政策执行：以中国房价宏观调控政策为例》，《学海》2008年第6期。

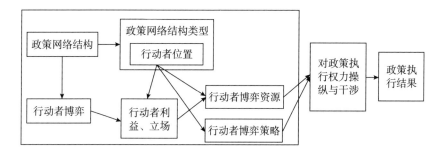

图 2-1 政策执行分析的政策网络途径与博弈途径之整合模型

资料来源：丁煌、杨代福：《政策网络、博弈与政策执行：以中国房价宏观调控政策为例》，《学海》2008 年第 6 期。

刘小明、朱德米在总结大量文献的基础上，提出了协作治理的整合性理解框架（见图 2-2），这一框架进一步发展了 Ansell 和 Gash 所提出的合作治理分析模型（见图 2-3）。[①] 具体地，该框架包括起始条件、协作过程和结果三个部分。其中，起始条件是起点，它由驱动因素、先前关系、初步协定组成。协作过程是"框架的核心，是一个不断循环往复的

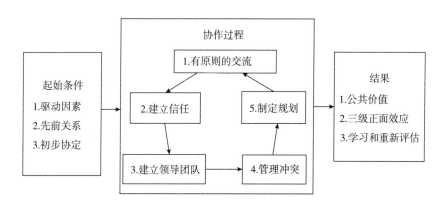

图 2-2 协作治理的理解框架

资料来源：刘小泉、朱德米：《协作治理：复杂公共问题治理新模式》，《上海行政学院学报》2016 年第 4 期。

---

① Ansell Chris, and Alison Gash, "Collaborative Governance in Theory and Practice", *Journal of Public Administration Research & Theory*, Vol. 18, No. 4, 2008, pp. 543-571.

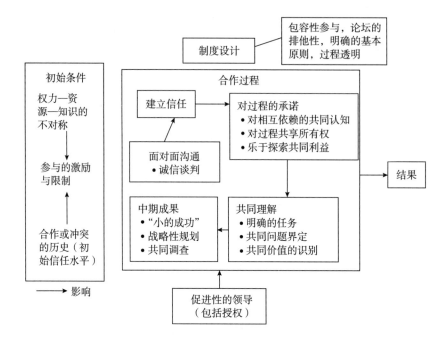

图 2-3　合作治理分析框架

资料来源：Ansell Chris, and Alison Gash, "Collaborative Governance in Theory and Practice", *Journal of Public Administration Research & Theory*, Vol18, No. 4, 2008, p. 550.

过程"，它是由有原则的交流、建立信任、建立领导团队、管理冲突、制定规划五个环节构成。协作治理结果通过公共价值、三级正面效应、学习和重新评估等加以呈现。[①]

国外学者 Marsh 和 Smith 提出了政策网络辩证途径（见图 2-4）。该框架存在三组辩证关系：网络结构与个人行为间、网络结构与政策环境间、网络结构与政策结果间的辩证关系。该框架具备以下逻辑：第一，更广泛的结构性情景既影响网络结构，也影响着行动者在网络内可利用的资源。第二，行动者在谈判中所运用的技能是其先天技能和学习过程的产物。第三，网络互动和博弈是行动者资源、行动者技能、网络结构和政策互动的综合体现。第四，政策结果反映了网络结构和网络互动之

---

① 刘小泉、朱德米：《协作治理：复杂公共问题治理新模式》，《上海行政学院学报》2016年第 4 期。

间的互动。他们以英国农业政策网络为例对该框架进行验证。①

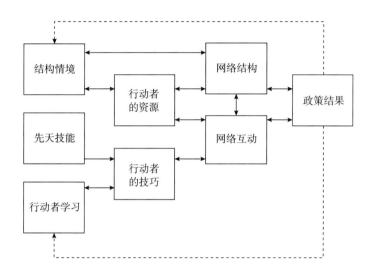

图 2-4 政策网络和政策结果：一种辩证的分析

资料来源：Marsh David，and Martin Smith，"Understanding Policy Networks：Towards a Dialectical Approach"，*Political Studies*，Vol. 48，No. 1，2000，pp. 4-21.

Kim 建构了社区合作治理的八要素概念框架（见图 2-5）。这八个要素包括情境因素、制度设计、合作过程、协作能力、实际的效果和感知效果、二阶/三阶效应、反馈、适应性治理。其中，制度设计要素是确保治理合法性的最低要求。Kim 通过对韩国光州四华村社区建设网络和富平文化街建设网络的比较分析发现，前者属于政府驱动模式，其典型特征在于作为地方政府机构的光州市中小企业管理局扮演着强大的政治掮客的角色，而这虽然积累了桥接型社会资本，但也带来了对治理过程是否反映广大公众利益的民主性质疑。后者为民间驱动型模式，其治理过程依赖于非正式沟通，这种实践模式在增加聚合型社会资本的同时，因尚未与地方政府形成密切的合作关系，导致该治理网络在资金获取、行政

---

① Marsh David，and Martin Smith，"Understanding Policy Networks：Towards a Dialectical Approach"，*Political Studies*，Vol. 48，No. 1，2000，pp. 4-21.

审批和技术咨询等方面面临困境。[①]

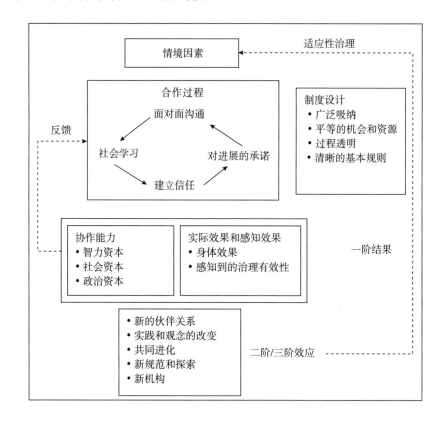

图2-5 合作共同体治理框架

资料来源：Kim Sangmin，"The Workings of Collaborative Governance：Evaluating Collaborative Community-building Initiatives in Korea"，*Urban Studies*，Vol. 53，No. 16，2016，pp. 3547-3565.

Mattor 和 Cheng 依据合作治理理论和制度分析发展框架，提出了影响合作治理的情景分析框架（见图2-6）。通过对落基山地区四个森林管理承包合作过程的研究发现，制度属性、共同体属性、个体属性共同影响着合作水平的高低。[②] Schuett 等学者关注自然资源合作治理问题，通过对

① Kim Sangmin，"The Workings of Collaborative Governance：Evaluating Collaborative Community-building Initiatives in Korea"，*Urban Studies*，Vol. 53，No. 16，2016，pp. 3547-3565.

② Mattor Katherine M.，and Antony S. Cheng，"Contextual Factors Influencing Collaboration Levels and Outcomes in National Forest Stewardship Contracting"，*Review of Policy Research*，Vol. 32，No. 6，2015，pp. 723-744.

参与到林业局合作倡议的671名行动者的问卷调查发现，信息交流、发展阶段的目标设定、组织支持、个人沟通、关系/团队建设和成就共同影响着最终的合作结果。[①]

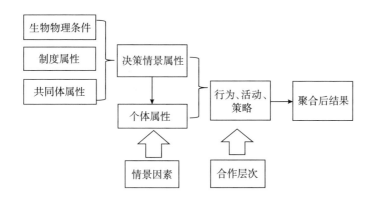

图 2-6 综合 IAD 框架和合作治理的研究框架

资料来源：Mattor Katherine M., and Antony S. Cheng, "Contextual Factors Influencing Collaboration Levels and Outcomes in National Forest Stewardship Contracting", *Review of Policy Research*, Vol. 32, No. 6, 2015, pp. 723-744.

第二节 水环境网络化治理的研究现状

作为网络化治理的一个应用场域，水环境网络化治理实践受到国内外学者的关注。围绕水环境网络化治理的多项议题，本节分别对国外和国内的研究文献进行梳理，以期准确把握水环境网络化治理的研究进程。

一 国外水环境网络化治理研究

（一）水环境网络化治理的形成动力

关于水环境网络化治理的形成动力，国外文献主要存在交易成本、社会资本、多要素分析三种视角。

① Schuett Michael A., Steve W. Selin, and Deborah S. Carr, "Making It Work: Keys to Successful Collaboration in Natural Resource Management", *Environmental Management*, Vol. 27, No. 4, 2001, pp. 587-593.

　　交易成本视角主张，低交易成本可以推动水环境网络化治理实践的形成，尤其当潜在收益超过维持新制度的交易成本时，水环境合作伙伴关系更有可能出现。Sabatier 等学者提出了水环境治理的政治契约框架（The Political Contracting Framework）。该框架强调，政治契约为解决水环境治理中的集体行动问题提供了有效的、可持续的方案。而在政治契约的形成过程中，利益相关者就一套管理合作的制度达成协议，并在这些协议之下展开共同行动。他们进一步指出，作为"契约"的一种形式，相关制度或协议自身发展的关键因素在于"交易成本"。这表现为，水环境合作伙伴关系形成的可能性"随着利益相关者对伙伴关系所带来的收益评估的增加而增加，随着伙伴关系建立和运作所需要的交易成本的增加而减少，但也会伴随可用于支付这些交易成本的资源的增加而增加"①。Boschet 和 Rambonilaza 通过对法国吉隆德河口的主要管理者伙伴网络的分析发现，程序性参与可以降低水管理行动者之间的交易成本，进而促成合作。②

　　社会资本视角关注社会资本在水环境治理网络形成方面的作用。Sabatier 等学者提出合作过程通过社会资本、信任来塑造合作关系与结果，这是因为社会资本和信任能够直接影响项目相关者的执行能力。③ 他们通过对加利福尼亚和华盛顿的 76 个流域伙伴关系的比较分析发现，信任与社会资本对于促成流域伙伴关系的协议安排至关重要。还有学者进一步分析了不同的社会资本对治理网络形成与发展的影响。Ohno 等学者在对日本 Yodo 河流调查数据的分析中发现，社会资本对流域管理网络中的行动者参与有影响，而社会资本的类型不同，其作用也不同。分析揭示，结合型社会资本和桥接型社会资本不利于参与政府主导的治理活动，政

---

　　① Sabatier, Sabatier Paul A., Leach William D., Lubell Mark and Pelkey Nei, "Theoretical Frameworks Explaining PartnershipSuccess", in：P. A. Sabatier, W. Focht, M. Lubell, Z. Trachtenberg, A. Vedlitz, & M. Matlock, eds., *Swimming Upstream：Collaborative Approaches to Watershed Management*, Cambridge, MA：The MIT Press, 2005, pp. 173-199.

　　② Boschet Christophe, and Tina Rambonilaza, "Collaborative Environmental Governance and Transaction Costs in Partnerships：Evidence from a Social Network Approach to Water Management in France", *Journal of Environmental Planning &Management*, Vol. 61, No. 1, 2018, pp. 1-19.

　　③ Sabatier, Sabatier Paul A, Leach William D, Lubell Mark and Pelkey Nei, "Theoretical Frameworks Explaining Partnership Success ", in：P. A. Sabatier, W. Focht, M. Lubell, Z. Trachtenberg, A. Vedlitz, & M. Matlock, eds., *Swimming Upstream：Collaborative Approaches to Watershed Management*, Cambridge, MA：The MIT Press, 2005, pp. 173-199.

府部门倾向于拥有结构型和认知型社会资本的群体的参与。[①]

多要素视角主张，水环境治理网络的形成是多个要素共同作用的结果。在这方面，Lubell 等学者从制度供给的政治契约框架的基本观点出发，对美国 958 个流域伙伴关系的利益和交易成本的要素进行分析。他们从社会、政治、经济和生态四个层面对前述要素进行细化。研究发现，流域伙伴关系最有可能出现在面临严重污染问题、命令和控制水平低以及存在抵消交易成本资源的地区。[②] Bentrup 依据 Selin 和 Chavez 提出的环境合作治理模型[③]来对美国西部山区流域规划的三个案例进行分析。研究发现，数据收集和分析中利益相关者的参与，决策目标的可衡量性，非正式的面对面对话、流域实地考察以及群体组织结构等因素在推动流域治理网络形成中发挥着重要的作用。[④]

（二）水环境网络化治理模式的分类

当前，部分学者依据不同视角来对水环境网络化治理模式做出区分，相关视角包括网络化治理的发生层次、网络化治理成员的差异性等。

Margerum 首先对制度分析与发展框架作出改进，继而从操作层、组织层、政策层区分了流域网络化治理过程。操作型合作网络注重直接行动。长汤姆流域委员会（俄勒冈州）是一个典型代表，该委员会是由当地社区发起、以社区为基础的合作机构。组织型合作网络关注组织的政策和计划，其中，政府部分通常扮演核心角色。例如，温尼贝戈湖系统（威斯康星州）的合作治理过程主要表现在州自然资源部和邻近地方政府对管理政策与方案的进行互动协商的过程。政策型合作网络关注地方政府制定政策、规定的过程。例如，旧金山河口（加利福尼亚）项目涉及广泛的利益集团、政府部门、联邦和州机构，这些主体共同制定形成河

---

① Ohno Tomohiko, Takuya Tanaka, and Masaji Sakagami, "Does Social Capital Encourage Participatory Watershed Management? An Analysis Using Survey Data from the Yodo River Watershed", *Society & Natural Resources*, Vol. 23, No. 4, 2010, pp. 303-321.

② Lubell Mark, Schneider Mark, Scholz John T., and Mete Mihriye, "Watershed Partnerships and the Emergence of Collective Action Institutions", *American Journal of Political Science*, Vol. 46, No. 1, 2002, pp. 148-163.

③ Selin Steve, and Deborah Chavez, "Developing a Collaborative Model for Environmental Planning and Management", *Environmental Management*, Vol. 19, No. 2, 1995, pp. 189-195.

④ Bentrup Gary, "Evaluation of a Collaborative Model: A Case Study Analysis of Watershed Planning in the Intermountain West", *Environmental Management*, Vol. 27, No. 5, 2001, pp. 739-748.

口管理计划。①

Moore 和 Koontz 依据网络成员的差异性将流域合作伙伴关系分为机构型、公民型和混合型三类。这三类都包含了地方政府、非政府组织、公民等多元主体，但在占多数的网络成员类别上存在差异。机构型网络化治理模式的主要成员是政府部门，这类合作伙伴关系需在州和联邦机构的权限范围内运作。公民型的主要成员是非营利组织、当地环保团体以及当地居民等非政府行动者。混合型的特征在于州政府和地方政府，环保组织以及私人和非营利组织等政府和非政府行动者所占的比重相近。在类型划分的基础上，通过对俄亥俄州 64 个流域群的调查分析，发现不同类型的群体通过不同机制来对政策过程施加影响。公民型合作关系更多地依赖传统的对抗性手段，如游说和请愿；机构型和混合型主要运用技术咨询和影响政策制定等渠道。② Hardy 和 Koontz 将流域网络化治理实践区分为政府为中心、公民为中心、混合型三类。继而依据制度分析与发展框架（Institutional Analysis and Development）分别对阿什塔布拉河伙伴关系、阿科拉溪之友、欧几里得河合作伙伴进行实证分析。研究发现：第一，流域伙伴关系的协作过程是在集体选择层次上进行的。同时，治理过程创造了一套新的操作规则来管理流域治理网络。第二，伙伴关系通常出于战略目的而形成，无论其成员组成如何，利益相关者都在寻求解决复杂问题的双赢方案。第三，如果一项合作受到联邦或州法律/法规的推动，那么宪法层面的规则很可能是推动流域治理的一个关键驱动力。③

（三）水环境网络化治理的比较分析

围绕水环境网络化治理的比较研究，现有文献呈现出国家与国家间、城市与农村间、不同流域间三种分析思路。

---

① Margerum Richard D.，"A Typology of Collaboration Efforts in Environmental Management"，*Environmental Management*，Vol. 41，No. 4，2008，pp. 487-500.

② Moore Elizabeth A.，and Tomas M. Koontz，"A Typology of Collaborative Watershed Groups：Citizen-based，Agency-based，and Mixed Partnerships"，*Society & Natural Resources*，Vol. 16，No. 5，2003，pp. 451-460.

③ Hardy Scott D.，and Tomas M. Koontz，"Rules for Collaboration：Institutional Analysis of Group Membership and Levels of Action in Watershed Partnerships"，*Policy Studies Journal*，Vol. 37，No. 3，2009，pp. 393-414.

Benson 等学者依据政治契约框架对英美水环境治理的异同做出比较。① 研究发现，在生物物理因素方面，对环境问题的不同认知是伙伴关系出现的重要原因，这在英、美同等重要。在制度方面，英国政府机构没有对网络化治理的成本给予广泛的补贴，而尽管美国的诸多流域伙伴关系是由非营利部门发起，但联邦、州和地方政府为合作伙伴关系的建立与发展提供了更大的制度支持。

Hardy 和 Koontz 通过比较俄亥俄州伊利湖的城市流域治理和农村流域治理发现，城市地区通常是各种政府部门、非政府组织、学术机构和社会团体的所在地，这些组织能够为合作伙伴关系的发展提供资金、科学研究以及技术支持，因此，可以用"制度厚度"一词来描述城市的治理环境。② 比较而言，农村的制度资源相对有限，但农村所拥有的社会资本、公民规范、信任等非正式制度对流域资源管理的可持续性产生了重要作用。最后，他们提出城市与农村在组织资源、观念和流域利益相关者的构成等方面的差异性影响着流域合作的结果。

Imperial 基于制度行为分析的三个层次，开发了集体行动水平框架（The Levels of Collaborative Ation Framework）。该框架关注合作活动是如何在不同层次上发生和相互关联的。通过对六个流域治理项目的研究发现，操作层、决策层、制度层三个层面的活动各有不同。操作层的合作行动包括直接或间接改变治理环境，对公众和决策者进行流域问题或管理策略方面的教育，改善环境数据的范围和准确性以强化项目监测和执法工作。决策层的活动包含流域生态环境的知识分享、组织资源共享、制定共同的政策、法规和社会规范。制度层的活动体现为将一套共同的政策制度化为更高层次的法规，或是发展一个新的合作组织。在三个层次合作活动的关系方面，制度层面的决定先于并制约着决策层的互动和决策，而决策层又进一步地制约着操纵层面的合作行为。③

---

① Benson David，Jordan Andrew，Cook Hadrian and Smith Laurence，"Collaborative Environmental Governance：Are Watershed Partnerships Swimming or are They Sinking?" *Land Use Policy*，Vol. 30，No. 1，2013，pp. 748-757.

② Hardy Scott D.，and Tomas M. Koontz，"Collaborative Watershed Partnerships in Urban and Rural Areas：Different Pathways to Success?" *Landscape and Urban Planning*，Vol. 95，No. 3，2010，pp. 79-90.

③ Imperial Mark T.，"Using Collaboration as a Governance Strategy：Lessons From Six Watershed Management Programs"，*Administration & Society*，Vol. 37，No. 3，2005，pp. 281-320.

（四）水环境网络化治理结果的影响要素分析

关于水环境网络化治理结果的影响要素研究，国外学者通常综合多个要素来作出分析，并注重运用多案例分析或量化研究方法来阐释相关要素影响治理结果的内在机理。

Kauneckis 和 Imperial 将环境公共资源区分为当地使用的简单公共池塘资源与涉及多个公共和私人组织的更复杂的环境公共资源。两者的核心区别在于治理规则是否由本地使用者制定。通过对美国塔霍湖流域的案例分析，他们验证了奥斯特罗姆（Ostrom）提出的自主治理八项原则可以部分解释过去十年中流域合作治理的出现。通过进一步研究发现了解释合作出现和发展的其他五项原则：即政策行动者间具备对彼此的基本信任、对集体行动问题持有共同认知、网络成员间存在权力平衡、政策选择是正和博弈的、政策工具是多样的。[①]

Whaley 等学者在探讨英国低地地区的水资源合作治理实践后发现，影响农民的参与和合作治理有三个约束性因素。其一，基于个人主义和竞争思想的农民生产者身份抑制了其自身参与合作的动机和能力；其二，环保机构对农民的权力下放与权力分享等制度安排因双方之间的距离和不信任而面临诸多困难；其三，现代农业与环境保护运动之间存在冲突性，这降低了农民与非政府利益相关者发展合作关系的可能性。[②]

Innes 等学者通过分析美国萨克拉门托地区水论坛、加州卡弗德河口治理规划、加利福尼亚州区域合作倡议、硅谷的合作网络、塞拉俱乐部的环保合作五个案例提出，大区域网络化治理的有效性取决于参与者、互动和反馈等方面的多样性，以及行动者对偏好行为的集体性选择。同时，他们强调公共部门拥有网络化治理所必需的资源、预算、人员、权力和民主合法性等资源，因而，公共部门的元治理、指导、激励、授权、

---

① Kauneckis Derek, and Mark T. Imperial, "Collaborative Watershed Governance in Lake Tahoe: An Institutional Analysis", *International Journal of Organization Theory & Behavior*, Vol. 10, No. 4, 2007, pp. 503-546.

② Whaley Luke, and Edward K. Weatherhead, "Power-Sharing in the English Lowlands? The Political Economy of Farmer Participation and Cooperation in Water Governance", *Water Alternatives*, Vol. 8, No. 1, 2014, pp. 820-843.

管理等功能也塑造着网络化治理的效果。①

Meerkerk 等学者依据对参与到荷兰各地的 166 个不同水项目之中的 200 名受访者的问卷调查数据，分析网络化治理中的链接性管理、民主合法性与网络化治理结果之间的关系。研究发现，第一，网络化管理对治理结果有积极的影响。第二，网络化治理具有塑造民主的潜力，而为实现这一潜力，网络管理者需发挥关键性链接作用。第三，民主合法性对实现治理结果至关重要。这是因为，高水平的民主合法性反映了网络参与者间为实现政策目标而进行的深层次商议和辩论，而这一学习过程又对治理结果产生了积极影响。第四，民主合法性在链接性管理与治理结果之间发挥着调节作用。②

Leach 和 Pelkey 通过对美国 37 个流域伙伴关系分析，确定了影响流域治理结果的 28 类变量。其中足够的资金（62%），有效地领导和管理（59%），人际信任（43%）和可信承诺的参与者（43%）四个因素在 95% 的程度上解释了流域治理结果的差异性。③

二　国内水环境网络化治理模式的研究

（一）水环境网络化治理的分类

国内学者主要从政府职能转变的差异性、权力共享的差异性等视角来对水环境网络化治理做出类型划分。

田家华等学者从政府职能转变维度，对流域治理实践中的三种政社合作模式作出分析。具体包括：市场化推动模式，如政府部门购买河流环境治理服务；授权合作，如政府与民间双河长制的探索；公益合作，这种模式是由"环保社会组织与政府有关部门（或直属事业单位）联合

---

① Innes Judith E., David E. Booher, and Sarah Di Vittorio, "Strategies for Megaregion Governance: Collaborative Dialogue, Networks and Self Organization", *Institute of Urban &Regional Development*, Vol. 77, No. 1, 2010, pp. 55-67.

② Van Meerkerk Ingmar, Jurian Edelenbos, and Erik-Hans Klijn, "Connective Management and Governance Network Performance: The Mediating Role of through Put Legitimacy. Findings from Survey Research on Complex Water Projects in the Netherlands", *Environment & Planning C: Government & Policy*, Vol. 33, No. 4, 2015, pp. 746-764.

③ Leach William D., and Neil W. Pelkey, "Making Watershed Partnerships Work: A Review of the Empirical Literature", *Journal of Water Resources Planning & Management*, Vol. 127, No. 6, 2001, pp. 378-385.

发起河流治理相关主题的公益行动，其目的在于吸引公众参与"①。

姚天增等学者从共享控制权角度提出了政府与公众合作治理排污企业的分析框架。该框架主张，合作治理起始于构建制度型信任，而控制权共享是二者间实现实质性合作的关键。同时，他们区分了常态式和运动式两种不同的控制权共享模式，并提出"常态式共享控制权治理机制适用于对政治关联度低、污染程度低的排污企业的治理"，而"运动式共享控制权治理机制适用于对政治关联度高、污染程度高的排污企业的治理"。最后，通过对"12369"环保举报平台和中央环保督察的多个案例的具体分析验证这一分析框架的合理性。②

谢宝剑、张璇依据多元主体间缔结关系的差异性，区分了三种治理模式：基于行政命令的联系（制度关系）、基于契约的联系（契约关系）和基于信任的联系（信任关系）。继而，通过分析福建省长汀县小流域治理实践发现，上级政府、长汀县政府、农户、企业、研究机构、非政府组织等多元主体都参与到当地河流治理之中。这些参与者利用自身的资源、知识、技术等资源优势，推动流域治理中纵向的传统权力和横向的合作行动共同发挥积极作用。他们将这一治理实践总结为政府主导型，并强调其对于推进中国小流域网络化治理建设的借鉴意义。③

（二）水环境网络化治理结果的影响要素分析

针对水环境网络化治理的影响要素，部分学者立足单一视角做出分析。辛方坤、孙荣通过探索嘉兴市水环境治理实践发现，地方政府通过环境信息公开、构建伙伴关系、授予权力这三种政策工具来提升公众的参与效果。在授权合作方面，市政府通过公开招募市民代表来授权公民行使对污染企业的"否决权""点民权""票决权"，这在很大程度上提高了环境治理效果。④ 谭江涛等学者在观察楠溪江渔业资源的治理实践时发现，渔民承包组、村组织、乡镇政府、公安派出所、水利局等参与者

①　田家华、吴铱达、曾伟：《河流环境治理中地方政府与社会组织合作模式探析》，《中国行政管理》2018年第11期。
②　姚天增、张再生、侯光辉、傅安国：《共享控制权：一种应对排污企业的合作治理机制》，《公共行政评论》2018年第6期。
③　谢宝剑、张璇：《中国小流域网络化治理路径的探索——以福建省长汀县为例》，《北京行政学院学报》2018年第4期。
④　辛方坤、孙荣：《环境治理中的公众参与——授权合作的"嘉兴模式"研究》，《上海行政学院学报》2016年第4期。

共同塑造了多层次的决策中心。不同的决策中心通过正式和非正式的沟通机制进行协调，在此过程中，渔业资源的治理效率得到提升。进一步研究发现，政府的授权意愿及其授权方式是影响治理效果的核心因素。① 曹芳、肖建华运用多案例研究方法，探讨了水环境治理中社会组织所具备的三种功能，即参与流域开发的相关决策、协调流域水环境政策执行过程的矛盾、参与监督水污染防治过程。研究发现，这些功能在推进治理民主化的同时，有助于实现治理创新。② 易洪涛关注网络结构与网络化治理绩效之间的关系。他们在收集中国长三角地区 2009—2015 年的废水处理率和该地区 41 个城市的合作数据的基础上，运用社会网络分析和面板数据回归模型对这些数据做出分析。研究证实，桥梁型社会资本和连接型社会资本结构对水资源治理绩效产生积极的影响。③

也有学者结合多个要素，对水环境网络化治理结果作出整合分析。朱德米关注政府部门与污染制造企业间合作的可能性以及具体的合作路径。通过对太湖水污染防治的研究发现，政府部门与污染企业间的关系直接影响水环境治理成效。进一步地，二者间的合作关系受到地方政府层级环境监管体制的强化、企业环境管理能力的提升、经济政策工具的灵活运用以及企业环境管理交易成本的降低等四方面要素的影响。④ 云泽宇等提出了"协力—网络"治理分析模型来探讨跨域水污染治理问题。依据对太湖污染治理的观察提出，多元主体的共同参与塑造了太湖的网络化治理模式。其中，太湖管理局负责制定水域规划、开展水域环境监察等工作，发挥着主导作用。科研机构与太湖管理局通过共享人才和技术资源来为太湖治理提供理论和技术支撑。太湖管理局与政府部门共享政策和信息资源。勘测设计研究院通过与太湖管理局共享人力和资金资源，来推进太湖水质勘测工作。⑤

---

① 谭江涛、蔡晶晶、张铭：《开放性公共池塘资源的多中心治理变革研究——以中国第一包江案的楠溪江为例》，《公共管理学报》2018 年第 3 期。

② 曹芳、肖建华：《社会组织参与流域水污染共治机制创新》，《江西社会科学》2016 年第 3 期。

③ Yi Hongtao, "Network Structure and Governance Performance: What Makes a Difference?" *Public Administration Review*, Vol. 78, No. 2, 2018, pp. 195–205.

④ 朱德米：《地方政府与企业环境治理合作关系的形成——以太湖流域水污染防治为例》，《上海行政学院学报》2010 年第 1 期。

⑤ 戴胜利、云泽宇：《跨域水环境污染"协力—网络"治理模型研究——基于太湖治理经验分析》，《中国人口·资源与环境》2017 年第 S2 期。

（三）水环境网络化治理实践的优化路径

围绕水环境网络化治理的完善路径，学者们既关注地方政府能力建设的重要性，又强调完善配套性运作机制的必要性。

郑容坤在探讨行政主导型河长制的固有弊端后，提出要构建河长制的多中心治理机制。[①] 这要求地方政府在注重培育合作理念、完善协同平台、提供资金保障的同时，还需强化自身的综合决策能力、政策执行能力、合作共治能力、环境监管能力等。[②] Wang 等学者运用可持续发展框架（Institutions of Sustainability Framework）来对中国北方农村的灌溉管理制度安排做出探讨。[③] 结果表明：地表水灌溉可以采用契约式管理。地下水灌溉则可以依据资源的物理属性和社区的社会属性，由用水者基于自愿和信任原则组织形成共同体。他们进一步主张，地方政府应在保障水产权的同时，将灌溉用水管理权下放给用水者，促使其制定出与实际情况相适应的规则，并对大多数用水者的利益负责。

曾粤兴、魏思婧构建了"赋权—认同—合作"的公众参与机制。[④] 他们主张，通过赋权来增强公众的参与主体意识；通过表扬、评先等方式强化公众对其参与行为的认同；通过培育共同治理的伙伴关系来推进政府部门与公众之间的合作。曹芳、肖建华关注社会组织参与流域污染共治的完善路径，他们提出"要推进流域信息的知情机制、建立流域决策的利益表达机制、改进流域政策执行的监督机制以及完善环境公益诉讼机制"从而推动社会组织与政府部门间的合作互动。[⑤] 刘博、孙付华通过对政府与社会资本共同建设的跨流域调水工程项目的过程分析提出，应"改善初始信任机制，政府对社会资本的补偿机制以及绩效监控机制"以

---

① 郑容坤：《水资源多中心治理机制的构建——以河长制为例》，《领导科学》2018 年第8 期。

② 任丙强：《地方政府环境治理能力及其路径选择》，《内蒙古社会科学》（汉文版）2016年第 1 期；肖建华、游高端：《地方政府环境治理能力刍议》，《天津行政学院学报》2011 年第5 期。

③ Wang Xiaoxi, Ilona M. Otto, and Lu Yu, "How Physical and Social Factors Affect Village-level Irrigation: An Institutional Analysis of Water Governance in Northern China", *Agricultural Water Management*, Vol. 119, No. 1, 2013, pp. 10–18.

④ 曾粤兴、魏思婧：《构建公众参与环境治理的"赋权—认同—合作"机制——基于计划行为理论的研究》，《福建论坛》（人文社会科学版）2017 年第 10 期。

⑤ 曹芳、肖建华：《社会组织参与流域水污染共治机制创新》，《江西社会科学》2016 年第3 期。

提高政府部门与社会资本的合作成效。① 于潇等学者在分析农村地区的水污染治理路径后提出，应构建网络化治理模式。② 在这一模式中，通过集中水环境承包商、社会组织、村委会、科研机构以及村民等团体，以充分整合不同行动者的资源。他们进一步指出，要从"合作伙伴的选择、治理主体的职能定位、治理过程的苛责机制、网络信息等软硬件的供给"四个方面作出完善。张书源等学者通过对辽河污水处理厂项目运作过程的分析提出，为保障 PPP 项目发挥实效，需科学地转变政府职能，充分地发挥市场竞争机制，并注重完善风险分担机制。③ 罗志高、杨继瑞提出长江经济带生态环境网络化治理的建构性框架。④ 该框架中，生态共治网络是由不同层级政府组成的纵向结构和由流域所流经的地方政府间伙伴，以及行政区内政府与非政府部门间的公私伙伴组成的横向结构两个层次组成。进一步地，他们主张应"完善多层治理的责权利分配机制，形成多元化流域补偿机制，并深化政府部门与企业以及政府部门与社会的合作关系"等。相近的研究还体现在杜焱强等学者对农村水环境治理⑤，王树义、赵小姣对长江流域的解释分析中。⑥

三　小结

伴随网络化治理理论的发展，水环境领域的网络化治理研究受到国内外学者的共同关注，但该领域的研究文献相较于其他领域仍有所不足。在对有限的研究文献的梳理之中发现，国外研究起步较早，成果相对较多；国内研究则起步较晚，成果相对不足。

具体而言，国外学者主要对水环境网络化治理的形成动力、水环境网络化治理模式的分类、水环境网络化治理实践的比较、水环境网络化

---

① 刘博、孙付华：《政府与社会资本合作模式下新建跨流域调水工程项目的协同机制》，《中国科技论坛》2016 年第 3 期。

② 于潇、孙小霞、郑逸芳、苏时鹏、黄森慰：《农村水环境网络治理思路分析》，《生态经济》2015 年第 5 期。

③ 张书源、程全国、孙树林：《辽河流域污染防治 PPP 模式的适用性研究》，《环境工程》2017 年第 1 期。

④ 罗志高、杨继瑞：《长江经济带生态环境网络化治理框架构建》，《改革》2019 年第 1 期。

⑤ 杜焱强、苏时鹏、孙小霞：《农村水环境治理的非合作博弈均衡分析》，《资源开发与市场》2015 年第 3 期。

⑥ 王树义、赵小姣：《长江流域生态环境协商共治模式初探》，《中国人口·资源与环境》2019 年第 8 期。

治理结果的影响要素等议题做出分析。在具体的研究过程中，部分学者结合制度选择理论、交易成本理论、社会资本理论等来分析水环境网络化治理实践，这丰富了水环境网络化治理的研究体系。同时，国外学者注重运用多案例分析、比较研究、量化分析等研究方法来提升研究过程的严谨性。此外，国外学者在分析水环境网络化治理实践中，还进一步验证了诸如制度分析与发展、政治契约、可持续发展等分析框架的解释力。部分学者进一步开发形成新的分析模型，如集体行动水平框架，这深化了水环境网络化治理的解释研究。

比较而言，国内学者主要对水环境网络化治理模式的分类、治理结果的影响因素、治理实践的完善路径做出分析。在研究方法上，国内学者多是采用个案分析方法，这在翔实呈现治理实践的同时，使相关研究提出的分析框架、解释模型或是研究结论缺乏一定的普适性。在研究类型上，当前国内研究以探索性分析和描述性分析为主，在解释性研究方面有待于进一步深化。诚然探索性分析有助于形成对研究问题的初步认知，但它难以系统地回答研究问题。描述性分析则需结合大量的样本来形成对治理过程的整体认知。值得关注的是，近年来，部分学者开始运用大量的数据或样本来分析中国水环境治理实践，但单案例分析仍是当前该领域的主要研究方法。囿于此，现有描述性研究难以形成对中国水环境网络化治理实践的全面且准确的把握。此外，从研究结果看，部分学者所提出的完善路径有待于进一步具体化。当前，国内学者分别从政府与社会、政府与企业、政府与公众以及多主体互动的角度提出改进水环境网络化治理的措施。然而，部分研究所提出的完善措施过于宏大、泛化，缺乏可操作性、针对性，这极大地降低了相关研究的理论意义和现实价值。而造成这一现象的原因在于针对中国水环境网络化治理的解释性研究仍有待进一步深化。

第三节　研究述评

网络化治理既是一种理论，又是一种实践。综观网络化治理的国内外研究，网络化治理理论体系已日渐完善。而在理论建构与发展的同时，网络化治理的实践研究相对不足。这主要体现在以下两个层面。

第一，网络化治理的实践研究进展较慢。在研究思路上，缺乏对网络化治理过程的动态过程分析。当前，网络化治理研究以静态分析为主，表现为对单次治理过程的描述或解释。事实上，网络化治理任务通常具备长期性与复杂性，这使其治理实践表现出多元主体间的多轮互动而非单一互动特征。然而，现有研究在描述或解释网络化治理实践的同时，较少对网络化治理过程的动态追踪与分析，这导致相关研究缺乏全面性与系统性。

在研究类型上，网络化治理的解释性研究有待进一步深化。诚然国内外学者都对网络化治理实践的影响要素展开探讨，但由于缺乏对多元理论基础的运用，导致相关研究多停留在简单梳理解释要素上，缺乏对不同要素影响治理过程内在机理的分析，而这一问题在部分国内研究中更为凸显。Sabatier 等学者在总结流域网络化治理的文献中发现，大约只有 25% 的文献引用了某一种理论体系，而仅有一两部文献对多种理论作出检验。

在分析框架上，更为全面的解释框架有待建构。[1] 在分析治理结果的影响要素时，现有的"结构观""行为观""情景要素观""整合观"各存在一定的问题。"结构观"往往强调网络结构对治理网络中行动者行为的约束作用，这导致其往往陷于分析的静态化困境。"行为观"则过于关注网络管理者的行动策略，忽视了宏观制度情景对网络管理者管理行为的制约作用。"情景要素观"注重从微观的环境要素出发，探索其对治理过程的影响。该视角下的分析对于全面理解网络化治理过程必不可少，但这一分析路径更多体现的是一种前置性影响因素分析，而非对核心要素的探索。"整合观"可以看作学者们在认识到前述单一分析视角局限性后的尝试。然而，现有的整合分析框架既缺乏对诸如结构、行动、情景等不同要素之间关系的探讨，也缺少对前述多要素共同影响治理过程与结果的内在机理的整体把握。

第二，水环境网络化治理的本土研究相对不足。在水环境网络化治理领域，国外学者作出了比较多的实证研究，从中发展形成制度分析、

---

① Sabatier, Sabatier Paul A. , Leach William D. , Lubell Mark and Pelkey Nei, "Theoretical Frameworks Explaining Partnership Success", in: P. A. Sabatier, W. Focht, M. Lubell, Z. Trachtenberg, A. Vedlitz, & M. Matlock, eds, *Swimming Upstream: Collaborative Approaches to Watershed Management*, Cambridge, MA: The MIT Press, 2005, pp. 173–199.

整合性要素分析等解释框架，积累了较为丰富的研究成果。比较而言，水环境网络化治理的国内研究面临着研究路径有待改进、研究方法有待改进等问题。

在研究路径方面，国内学者较多从网络化治理理论出发，将网络化治理理论与中国水环境治理实践进行结合，并依据该理论提出完善中国水环境治理的制度机制。然而，网络化治理理论肇始于西方，发展于西方。在缺乏对中国治理情景的考量下，直接依据该理论来提出优化中国治理实践的方向与路径可能会面临着可行性与有效性检验。此外，部分学者将网络化治理实践看作需要被解释的研究对象，并从地方政府与公众、企业、第三部门等不同视角切入作出描述或分析。这在丰富水环境网络化治理研究视角的同时，由于缺乏对相关理论的应用，导致中国水环境网络化治理研究呈现出描述性强、解释力弱的特征，这在一定程度上约束了中国水环境网络化治理的研究效力。研究方法方面，以单案例分析为主的研究方法降低了相关研究的解释力以及研究结论的可推广性。

综上，包括水环境在内的多领域网络化治理实践研究仍有待完善。网络化治理研究不应受到这一领域发展文献的制约，而应与公共行政的传统关切搭建联系，如此才能形成理解网络化治理过程的系统性研究。[1]

---

[1] Klijn Erik-Hans, and Chris Skelcher, "Democracy and Governance Networks: Compatible or Not?" *Public Administration*, Vol. 85, No. 3, 2007, pp. 587-608.

第三章　地方政府水环境网络化治理的分析框架

当前，越来越多的学者关注到网络化治理在应对复杂水环境治理问题上的优势，并通过具体案例加以呈现。在此背景下，本章立足中国水环境领域的网络化治理实践，探讨两个核心研究问题。其一，当前水环境治理领域存在哪几种网络化治理模式？其二，为何同一种网络化治理模式，在具体的实践中产生不尽相同甚至截然不同的治理结果？本章通过借鉴"以行动者为中心的制度主义"这一元分析模板，结合政策网络理论、网络管理理论，构建了解释中国地方政府水环境网络化治理模式的"网络结构—管理过程"分析框架，以期全面、系统地理解中国水环境网络化治理实践。

第一节　理论基础

在理论基础方面，本节依次对政策网络理论、网络管理理论、"以行动者为中心的制度主义"理论框架作出阐述。这三种理论虽皆起源于西方，但都已不同程度地应用于中国的公共政策分析之中。

一　政策网络理论

政策网络理论是西方公共政策分析的重要理论工具，它被广泛地应用于解释政策制定过程。当前，政策网络的学理研究分为微观、中观和宏观三个层次。微观视角的研究以美国学者为主，关注政策网络中行动者间的互动行为对网络过程和结果的影响；中观视角的研究以英国学者为主，聚焦政策网络结构影响政策结果的过程机理；宏观视角的研究以荷兰学者为主，他们将政策网络与网络化治理概念对接，探讨官僚制与市场之外公共服务供给的第三条行动路径。需要强调的是，本书中的政策网络是立足于中观视角。

（一）资源依赖视角与认知视角下的政策网络理论

政策网络的形成是政策网络理论研究的起点和重点。围绕该议题，现有研究呈现出资源依赖视角与认知视角两种分析路径。

资源依赖视角主张，治理网络的建构起源于行为主体之间在自身所需资源上存在相互依赖关系，即资源依赖理论构成了政策网络的理论基础。资源依赖理论起源于 Pfeffer 和 Salancik 对企业之间以及政府与企业间关系的研究，他们在《组织的外部控制：对组织资源依赖的分析》中提出，组织是一个开放的系统，组织行为受到外部社会环境的约束，组织的生存与发展依赖于外部环境中其他组织所拥有的资源。[①] 由此，没有一个组织是完全自主的，而组织所需资源的重要性和稀缺性决定了组织对外部环境的依赖程度。

当前，部分学者基于资源依赖视角提出，资源的分散持有和相互依赖是行动者间或组织间网络形成的主要原因。Benson 从资源依赖属性出发，将政策网络定义为"通过资源依赖性相互连接的一个组织集群或复杂组织"[②]。罗茨将政策网络界定为"政府部门与其他社会行动者间相互联系和相互依赖的一系列概念中的一个，如铁三角、政策子系统、次系统、政策社群、议题网络等"。他强调，任一组织的发展都有赖于其他组织所拥有的某种或某些资源，这些资源是由现行政治系统赋予各参与者的，表现为权威、资金、合法性、信息、组织能力等不同方面（见表3-1）。通常而言，为实现组织自身目标，组织间需要进行资源交换。值得关注的是，虽然组织间存在资源依赖关系，但每一组织都会部署其资源，以最大限度地提高组织自身对互动结果的影响力，并同时尽量减轻对其他"参与者"的依赖。在此过程中，优势联盟如政府部门"所享有的裁量权使其能够通过各种策略来影响资源交换过程"[③]。此外，部分学者进一步对组织间的资源依赖关系作出分析。他们主张，组织间所需资源的相互依赖性，以及相互依赖关系的对称性是网络化治理的重要特征，但

① Pfeffer Jeffrey, and Gerald R. Salancik. ed., *The External Control of Organizations: A Resource Dependence Perspective*, Stanford: Stanford University Press, 1978.

② Benson J. Kenneth, "A Framework for Policy Analysis", in: D. Rogers, D. Whitten, and Associates, eds., *Inter-organizational Coordination*, Lowa: Iowa State University Press, 1982, pp. 137–176.

③ Rhodes Rod AW. ed., *Policy Network Analysis. The Oxford Handbook of Public Policy*, Oxford: Oxford University Press, 2006, pp. 423–440.

现实中，组织间的相互依赖关系或多或少是非对称性的。[1]

综上所述，网络行动者间的资源相互依赖关系是政策网络形成的纽带。而政策过程在很大程度上取决于具有不同资源、偏好、策略、问题认知和解决方案的行为者的资源交换，以及政策网络的特定准则和规范。[2]

表 3-1　　　　　　　　　　　　参与者的资源

资源	界定
权威	法律或其他宪政赋予公共部门用于实现其功能、服务的强制性与自由裁量权
资金	公共部门/政治组织从税收（或规约）、服务费或费用、借款或上述组合方式中筹集的资金
合法性	通过选举产生的合法性或其他公认的方式进入公共决策结构和构建来自公众的支持的权利
信息	对数据的占有、收集以及传播的控制权
组织能力	拥有人员、技能、土地、建筑材料和设备等，能够直接行动，而非通过中间人

资料来源：Rhodes Rod AW. ed.，*Beyond Westminster and Whitehall*：*The Sub-central Governments of British*，Routledge 1988，pp. 90-91.

政策网络的认知视角主张，政策网络的形成源于多行动者就共同关注的某一议题所形成的认识，这一认识既可能是相似的，也可能是完全不同的。认知视角与倡导联盟分析框架（Advocacy Coaliton Framework）密切相关。倡导联盟分析框架提出，在由政策议题、领域范围和行动者建立起来的政策子系统中，存在若干联盟。每一联盟共享自身的价值与规范，并具备行动的一致性，而不同联盟之间通过竞争性互动共同形塑了政策方案。[3] 与资源依赖视角下的优势联盟相似，政策子系统中也存在占据主导地位的联盟。尽管这些主导（优势）联盟"会根据其核心价值

---

① Hertting Nils，"Mechanisms of Governance Network Formation——A Contextual Rational Choice Perspective"，in：Sørensen Eva，and Jacob Torfing，eds.，*Theories of Democratic Network Governance*，UK：Palgrave Macmillan，2007，pp. 43-59.

② 范世炜：《试析西方政策网络理论的三种研究视角》，《政治学研究》2013 年第 4 期。

③ Sabatier Paul A.，"The Advocacy Coalition Framework：Revisions and Relevance for Europe"，*Journal of European Public Policy*，Vol. 5，No. 1，1998，pp. 98-130.

体系设定政策制定的参数"①，但其他联盟也能够通过政策学习机制来影响不同联盟认知体系的构建过程。在这里，政策学习机制得以发挥实效的一个重要原因在于，联盟内部成员的信念体系具备等级结构性特征。具体而言，联盟成员中存在三种不同等级的信念体系。其一，深层内核信念（Deep Core Beliefs），这是一套根本的规范性的信仰体系。其二，政策核心信念（Policy Core Beliefs），它是为实现深层内核信念而形成的行动策略，表现为基本的行为规范和根本的政策立场。其三，次要方面信念（Secondary Aspects），它服务于构建某一领域的政策核心信念。在前述三种信念中，深层内核信念难以发生根本变化，政策核心信念次之，而次要方面信念则最易发生变化。由此，政策学习机制能够推动主导（优势）联盟在"次要方面信念和政策核心信念上发生一定程度的改变和调整，公共政策便呈现出动态化的演变过程"②。

综上所述，资源依赖视角强调组织间所存在的客观的资源相互依赖关系对政策网络形成与运作的影响；认知视角则突出信念体系在政策网络形成与发展中的重要性。两种分析视角并不冲突，而是互补的。这种互补性体现在部分学者的研究中。Nunan 在对欧盟包装和包装废弃物指令的执行研究中提出，政策网络的形成取决于三个要素：第一，网络行动者认识到集体行动在满足彼此利益上的潜力；第二，网络行动者认识到整合性战略资源在提升组织治理能力上的潜能；第三，网络行动者建立了沟通机制、共同的价值规范等网络形成的前提性条件。③ Henry 基于资源依赖理论和倡导联盟理论，分析影响政策网络形成与变迁的内生性因素—权力与意识形态。他依据加利福尼亚五个区域规划的 506 份政策网络调查数据发现，意识形态是网络凝聚力的重要力量，而对权力的追求（power-seeking）可能会推动那些意识形态相近的机构联盟形成网络。④

（二）政策网络理论的基本观点及其解释力问题

综合现有研究，政策网络理论呈现出以下三个基本观点。第一，政

---

① 范世炜：《试析西方政策网络理论的三种研究视角》，《政治学研究》2013 年第 4 期。

② 余章宝：《政策科学中的倡导联盟框架及其哲学基础》，《马克思主义与现实》2008 年第 4 期。

③ Nunan Fiona, "Policy Network Transformation: The Implementation of the EC Directive on Packaging and Packaging Waste", *Public Administration*, Vol. 77, No. 3, 2002, pp. 621-638.

④ Henry Adam Douglas, "Ideology, Power, and the Structure of Policy Networks", *PolicyStudies Journal*, Vol. 39, No. 3, 2011, pp. 361-383.

策网络中行动者间存在相互依赖性。英国学者罗茨提出，"权力依赖是政策网络的核心特征与理论基础，网络中资源的分布和类型解释了参与者（个人和组织）的相对力量，而资源依赖的不同模式诠释了政策网络之间的差异"[①]。荷兰学者克利金和科彭扬主张"政策网络研究路径根植于政策科学和组织理论"[②]，而组织理论的一个重要流派是资源依赖理论。第二，部门文化或共同意义框架的重要性。一般而言，部门内部行动者对部门的专业规范和信仰持有相同看法。Benson 将行动者的这一相同看法称为政策范式。[③] 第三，尽管政策网络在不同领域的政策实践中以不同形式存在，但政策过程及政策结果始终受到政策网络的影响，由此形成"结构—结果"分析路径。[④] 在罗茨看来，政策网络最关键的构成是机构间的结构关系，而非机构内的人际关系。马什也强调网络结构类型是解释政策结果的重要自变量，并呼吁研究者需要通过实证研究来进一步探索网络结构与网络结果之间的联系。[⑤]

虽然政策网络理论为理解网络化治理中多元行动者间的互动关系、结构与结果之间的相关性提供了一个分析工具，但该理论也面临着重描述轻解释[⑥]、政策过程分析的静态化[⑦]等批判。对此，部分学者做出有益探索。Atkinson 和 Coleman 主张网络分析应是动态性的，如此方能了解各

① Rhodes Rod A. W. ed. , *Policy Network Analysis. The Oxford Handbook of Public Policy*, Oxford：Oxford University Press，2006，pp. 423-440.

② Klijn Erik-Hans, and Joop FM Koppenjan, "Public Management and Policy Networks：The Foundations of a Network Approach to Governance", *Public Management Review*, Vol. 2, No. 2, 2000, pp. 135-158.

③ Benson J. Kenneth, "A Framework for Policy Analysis", in：D. Rogers, D. Whitten, and Associates, eds. , *Inter-organizational Coordination*, Lowa：Iowa State University Press, 1982, pp. 137-176.

④ Rhodes Rod A. W. , and David Marsh, "Policy Communities and Issue Networks. Beyond Typology", in：D. Marsh and R. A. W. Rhodes, eds. , *Policy Networks in British Government*, Oxford：The Clarendon Press, 1992, pp. 249-268.

⑤ Margerum Richard D. ed. , *Comparing Policy Network*, Buckingham：Open University Press, 1998, p. 13.

⑥ Borzel Tanja A. , Policy Networks：A New Paradigm for European Governance? Working Paper No. 97- 19, Robert Schuman Centre, European University Institute, Florence, 1997; Klijn Erik-Hans, and Joop FM Koppenjan, "Public Management and Policy Networks：The Foundations of a Network Approach to Governance", *Public Management Review*, Vol. 2, No. 2, 2000, pp. 135-158.

⑦ Dowding Keith, "Model or Metaphor? A Critical Review of the Policy Network Approach", *Political Studies*, Vol. 43, No. 1, 1995, pp. 136-158.

参与者间的交互模式、交互内容以及交互结构，而如果政策网络路径要为比较公共政策分析做出更持久的贡献，它必须首先解释政策网络如何变化，继而阐明网络变化与政策变化之间的关系。① Hansen 则反复强调"若政策网络理论超越简单的过程描述并走向对政策实践的解释，那么它需要与明晰的行动者模型相结合"②。Downing③、克利金和科彭扬④则主张，应综合网络结构变量和过程变量来分析政策过程，以实现网络结构分析与行动者互动研究路径的整合。

（三）政策网络理论的国内研究现状

政策网络理论虽起源于西方，但其与中国转型期所面临的生态环境治理情景相吻合。当前，地方政府需同步内推进对河流、湖泊、水库、海洋等多种形式的水环境综合整治。而治理任务的艰巨性与有限的生态整治技术之间的矛盾、治理过程的长期性与有限的监管力量之间的矛盾使得地方政府面临较大的治理压力。在此背景下，国家日益关注社会力量在生态环境整治中的角色与作用。从提出社会治理共同体理念到构建多元共治的现代环境治理格局，都体现出社会力量逐步进入中国生态环境治理体系中，并成为其中的重要组成部分。这既与政策网络理论强调的行动者间的资源依赖性特征相一致，又体现出共治共建共享的网络结构在解决复杂生态治理问题上的推动作用。

事实上，国内部分学者在引入政策网络理论的同时，已对其中国适用性问题作出探讨。⑤ 比较有代表的观点如，胡伟、石凯认为"虽然政策网络理论兴起于西方政治学和政策分析学界……但该理论具有一定的普

---

① Atkinson Michael M., and William D. Coleman, "Policy Networks, Policy Communities and the Problems of Governance", *Governance*, Vol. 5, No. 2, 1992, pp. 172-175.

② Blom-Hansen Jens, "A New Institutional Perspective on Policy Networks", *Public Administration*, Vol. 75, No. 4, 1997, pp. 669-693.

③ Dowding Keith, "Model or Metaphor? A Critical Review of the Policy Network Approach", *Political Studies*, Vol. 43, No. 1, 1995, pp. 136-158.

④ Klijn Erik-Hans, and Joop F. M. Koppenjan, "Public Management and Policy Networks: The Foundations of A Network Approach to Governance", *Public Management Review*, Vol. 2, No. 2, 2000, pp. 135-158.

⑤ 详见以下文献：朱亚鹏：《公共政策研究的政策网络分析视角》，《中山大学学报》（社会科学版）2006 年第 3 期；朱亚鹏：《西方政策网络分析：源流、发展与理论构建》，《公共管理研究》2006 年第 00 期；陈敬良、匡霞：《西方政策网络理论研究的最新进展及其评价》，《上海行政学院学报》2009 年第 3 期；杨道田、王玉丽：《政策网络：范畴、批判及其适用性》，《甘肃行政学院学报》2008 年第 4 期；林震：《政策网络分析》，《中国行政管理》2005 年第 9 期。

遍意义，对分析中国的公共政策过程具有一定的借鉴价值"①。朱亚鹏提出"从理论上分析和研讨政策网络理论对中国政策过程的适用性和解释性，从政策过程的实践上探索扩大政治参与……对解决中国当前的公共与社会问题具有重要意义"②。

诸多学者进一步将政策网络理论应用于对中国多领域政策过程的分析之中，如大气污染③、水资源管理④、耕地占补政策⑤、怒江水电开发⑥、地票政策执行⑦、环境群体性事件⑧、网约车政策⑨、地方政府合作⑩、科技政策⑪、建筑节能政策⑫等。这些研究基本遵循这一分析路径，即在描述政策网络形成、发展过程的基础上，结合不同学科领域的理论来解释政策网络发展过程的内在逻辑。

---

① 胡伟、石凯：《理解公共政策："政策网络"的途径》，《上海交通大学学报》（哲学社会科学版）2006 年第 4 期。

② 朱亚鹏：《公共政策研究的政策网络分析视角》，《中山大学学报》（社会科学版）2006 年第 3 期；朱亚鹏：《西方政策网络分析：源流、发展与理论构建》，《公共管理研究》2006 年第 00 期。

③ 冯贵霞：《大气污染防治政策变迁与解释框架构建——基于政策网络的视角》，《中国行政管理》2014 年第 9 期。

阎波、武龙、陈斌、杨泽森、吴建南：《大气污染何以治理？——基于政策执行网络分析的跨案例比较研究》，《中国人口·资源与环境》2020 年第 7 期。

④ 龚虹波：《"水资源合作伙伴关系"和"最严格水资源管理制度"——中美水资源管理政策网络的比较分析》，《公共管理学报》2015 年第 4 期。

⑤ 孙蕊、孙萍、吴金希、张景奇：《中国耕地占补平衡政策主体互动模式探究——基于政策网络的视角》，《中国人口·资源与环境》2014 年第 S3 期。

⑥ 朱春奎、沈萍：《行动者、资源与行动策略：怒江水电开发的政策网络分析》，《公共行政评论》2010 年第 4 期。

⑦ 李元珍：《政策网络视角下的府际联动——基于重庆地票政策执行的案例分析》，《中国行政管理》2014 年第 10 期。

⑧ 彭小兵、喻嘉：《环境群体性事件的政策网络分析——以江苏启东事件为例》，《国家行政学院学报》2017 年第 3 期。

⑨ 孙宇、苏兰芳、罗玮琳：《基于政策网络视角的网约车政策主体关系探究》，《电子政务》2019 年第 1 期。

⑩ 锁利铭、杨峰、刘俊，《跨界政策网络与区域治理：中国地方政府合作实践分析》，《中国行政管理》2013 年第 1 期。

⑪ 章昌平、钱杨杨：《中国科技政策网络分析：行动者、网络结构与网络互动》，《社会科学》2020 年第 2 期。

⑫ 宋琳琳、孙萍：《中国建筑节能政策网络分析——行动者、网络结构与网络互动》，《东北大学学报》（社会科学版）2012 年第 4 期。

二 网络管理理论

作为第二代网络化治理的研究重点，如何管理政策网络往往蕴含一个根本性假设，即满意的治理结果离不开网络管理。所谓网络管理是指有意控制网络进程的尝试，它涉及网络管理者的选择、网络管理的类型以及管理策略对治理结果的影响等具体议题。① 美国学者 O'Toole②、Agranoff 和 McGuire③、Provan 和 Milward④ 与欧洲学者 Mayntz⑤、Agranoff & McGuire⑥、马什和罗茨⑦、基克特等学者⑧共同推进了网络管理理论体系的发展。

（一）传统管理与网络管理的差异

要理解何为网络管理，需首先明确网络管理与传统管理的差异。克利金从政策过程、管理者角色、管理者活动三个方面对二者做出区分（见表3-2）⑨。在政策过程方面，传统管理派认为政策过程是有序进行

① Kickert Walter Julius Michael, Erik-Hans Klijn, and Joop FM Koppenjan, "Introduction: A Management Perspective on Policy Networks", in: Kickert, W. J. M., Klijn, E. H. and Koppenjan, J. F. M, eds, *Managing Complex Networks*, London: Sage, 1997, pp. 1-11.

② O'Toole Jr Laurence J., "Treating Networks Seriously: Practical and Research-Based Agendas in Public Administration", *Public Administration Review*, Vol. 57, No. 1, 1997, pp. 45-52.

③ Agranoff Robert, and Michael McGuire, "Managing in Network Settings", *Review of Policy Research*, Vol. 16, No. 1, 1999, pp. 18-41.

④ Provan Keith G., and H. Brinton Milward, "A Preliminary Theory of Interorganizational Network Effectiveness: A Comparative Study of Four Community Mental Health Systems", *Administrative Science Quarterly*, Vol. 40, No. 1, 1995, pp. 1-33; Provan Keith G., and H. Brinton Milward, "Do Networks Really Work? A Framework for Evaluating Public-sector Organizational Networks", *Public Administration Review*, Vol. 61, No. 4, 2001, pp. 414-423.

⑤ Mayntz Renate, and Fritz W. Scharpf, "Der Ansatz des akteurzentrierten Institutionalismus", in: R. Mayntz and F. W. Scharpf, eds., *Steuerung und Selbstorganisation in staatsnahen Sektoren*, Frankfurt am Main: Campus, 1995, pp. 39-72.

⑥ Agranoff Robert, and Michael McGuire, *Collaborative Public Management: New Strategies for Local Governments*, Washington, DC: Georgetown University Press, 2003, p. 219.

⑦ Rhodes Rod A. W., and David Marsh, "Policy Communities and Issue Networks. Beyond Typology", in: D. Marsh and R. A. W. Rhodes, eds. *Policy Networks in British Government*, Oxford: The Clarendon Press, 1992, pp. 249-268.

⑧ Kickert Walter Julius Michael, Erik-Hans Klijn, and Joop FM Koppenjan. "Introduction: A Management Perspective on Policy Networks", in: Kickert, W. J. M., Klijn, E. H. and Koppenjan, J. F. M, eds., *Managing Complex Networks*, London: Sage, 1997, pp. 1-11.

⑨ Klijn Erik Hans, "Analyzing and Managing Policy Process in Complex Networks: A Theoretical Examination of the Concept Policy Networks and Its Problem", *Administration and Society*, Vol. 28, No. 1, 1996, pp. 90-119.

的，并且具有明确的权威结构。在这当中，问题是政策过程的形成基础。网络管理派主张，政策过程发生在不同行动者之间的复杂交互之中，它不存在明确的、无可争议的权威结构，且问题和解决方案是在政策过程中形成的。在管理者的角色方面，传统管理派认为管理者是系统控制者，其主要职责在于保证工作自上而下的执行。网络管理派主张，网络管理者扮演调节者和过程管理者的角色，他们通过不同策略为行动者间的有序互动创造和改变条件。在管理者的活动方面，传统管理派下的管理者承担计划（战略制定）、组织、领导等职责。网络管理派主张，管理者的职责在于寻求参与者之间达成协议（建立联盟）的方式，以及创造和维持参与者间的互动沟通的多重渠道。

表3-2 传统和网络视角下的管理

	传统管理观	网络管理观
政策过程	政策过程是有序进行的，涉及问题形成、可替代的规范和决策； 政策过程具有明确的权威结构； 问题是政策过程形成的基础	政策过程表现为不同参与者之间的复杂交互过程； 没有明确的无可争议的权威结构（权威和权力依赖于网络中的资源和规则）； 问题和解决方案是在政策过程中形成的
管理者角色	系统控制者 自上而下（确保工作的执行）	调节者和过程管理者 为行动者间的成功互动塑造和改变条件
管理者活动	计划（战略制定）、组织、领导	寻求参与者间达成协议（建立联盟） 创造和维持参与者间的沟通渠道

资料来源：Klijn Erik Hans，"Analyzing and Managing Policy Process in Complex Networks：A Theoretical Examination of the Concept Policy Networks and Its Problem"，*Administration and Society*，Vol. 28，No. 1，1996，p. 106.

（二）网络管理者的角色

网络管理的起点在于确定网络管理目标和识别网络管理者。网络管理的目标在于，运用各种管理策略来调整行动者间的关系与互动过程以实现政策目标。网络管理过程能够通过吸纳各种行动者的信息资源，来增强行动者在政策过程中的学习能力。需要注意的是，当部分行动者没有否决权或被其他行动者排除在互动之外时，也需要通过网络管理来改变封闭性网络所带来的负面影响。①

当前，主流观点主张，地方政府应承担网络管理者角色。但也有学者认为，政府部门以外的组织也可以承担管理者职责。克利金和科彭扬认为，地方政府拥有独特且不可替代的资源，如庞大的预算和人员、权力、对大众媒体的介入、对使用武力的垄断以及民主合法化等。② 在他们随后的学术研究中，克利金和科彭扬提出，网络管理可能由一个参与者如政府机构或某一组织承担，也可以由不同参与者交替承担。③ 克利金等学者也认为，网络管理者可以是政府部门也可以是政府部门之外的行动者。④ 奥斯特罗姆提出，哪一行动者有权和可能履行网络管理者角色是受行动者的战略地位和网络运行规则的影响。⑤ Milward 和 Provan 认为，网络中的权力是由那些控制着资源流动或者处于合作活动网络中心的行动者所积累的。由此，由政府承担网络管理者角色具有优势与合法性。他们进一步从网络层次、组织层次探讨网络管理的五项必要任务：管理问责、管理合法性、管理冲突、管理设计、管理承诺等。⑥

总结而言，西方学者普遍认为，网络化治理实践中仍包含一些等级制要素。甚至可以说，网络管理经常发生在等级结构的阴影之中。在此情景下，公共部门的政治行政管理至少能够正式地或在某些阶段对治理实践进行等级干预。

围绕政府的网络管理角色，学者们进一步作出不同阐释。第一种观

---

① Klijn Erik-Hans, and Joop FM Koppenjan., "Public Management and Policy Networks: The Foundations of A Network Approach to Governance", *Public Management Review*, Vol. 2, No. 2, 2000, pp. 135–158.

② Klijn Erik-Hans, and Joop FM Koppenjan., "Public Management and Policy Networks: The Foundations of A Network Approach to Governance", *Public Management Review*, Vol. 2, No. 2, 2000, pp. 135–158.

③ Klijn Erik-Hans, and Joop FM Koppenjan, "Complexity in Governance Network Theory", *Governance & Networks*, Vol. 1, No. 1, 2014, pp. 61–70.

④ Klijn Erik-Hans, Joop Koppenjan, and Katrien Termeer, "Managing Networks in the Public Sector- a Theoretical Study of Management Strategies in Policy Networks", *Public Administration*, Vol. 73, No. 3, 1995, pp. 437–454.

⑤ Ostrom Elinor, "An Agenda for the Study of Institutions", *Public Choice*, Vol. 48, No. 1, 1986, pp. 3–25.

⑥ Provan Keith G., and H. Brinton Milward, "Do Networks Really Work? A Framework for E-valuating Public-sector Organizational Networks", *Public Administration Review*, Vol. 61, No. 4, 2001, pp. 414–423.

点认为，政府是政策过程的调节者。在资源相互依赖的情况下，单一行动者难以完全决定集体的解决方案。同时，在政策制定中，其他行动者会不可避免地影响决策过程。① 因此，一个有效的调节者显得十分必要。第二种观点认为，政府是指挥家或领导者，他们被授权创建、操纵和使用垂直和水平网络中的联系。② 政府及其官员拥有一些法律和财政杠杆，这使其能够保持合作交易的中心地位，并减少对其他组织的依赖性。③ 第三种观点主张，鉴于国家的文化、历史和公民发展，公共管理者的角色处于调节者和指挥者之间。④

（三）网络管理策略

围绕网络管理策略，基克特等学者提出了"过程管理和网络建构"（见表3-3）两类策略。⑤ 过程管理策略是在假设规则、行动者、资源、标准、价值等为既定的情况下，通过治理主体的管理策略创造行动者对问题与方案的共同认知。具体而言，过程管理涉及三种工具。第一，选择与激活网络行动者，即选择性激活⑥，它是选择有必要资源的行动者并激励其参与的过程。第二，事前调解。事前调解是在矛盾爆发前，由行动者清晰表达观点、认知与偏好，在此基础上，促成战略共识。鉴于行动者对问题、解决方案存在不同认知，网络管理者必须建立最低限度的共同认识，并塑造一个为行动者联盟所接受的行动集。第三，事后调节，这适用于存在冲突、陷入互动僵局这类情景。事后调节通常需要由网络管理者提供

① Kickert Walter Julius Michael, Erik-Hans Klijn, and Joop FM Koppenjan, "Introduction: A Management Perspective on Policy Networks", in: Kickert, W. J. M., Klijn, E. H. andKoppenjan, J. F. M, eds, *Managing Complex Networks: Strategies for the Public Sector*, London: Sage, 1997, pp. 1–11.

② Bertelli Anthony M., and Craig R. Smith, "Relational Contracting and Network Management", *Journal of Public Administration Research and Theory*, Vol. 20, No. S1, 2010, pp. i21-i40.

③ Agranoff Robert, and Michael McGuire, *Collaborative Public Management: New Strategies for Local Governments*, Washington, DC: Georgetown University Press, 2003, p. 219.

④ Mandell Myrna P., "Collaboration Through Network Structures for Community Building Efforts", *National Civic Review*, Vol. 90, No. 3, 2001, pp. 279–288.

⑤ Kickert Walter Julius Michael, Erik-Hans Klijn, and Joop FM Koppenjan, "Introduction: A Management Perspective on Policy Networks", in: Kickert, W. J. M., Klijn, E. H. andKoppenjan, J. F. M, eds, *Managing Complex Networks: Strategies for the Public Sector*, London: Sage, 1997, pp. 46–53.

⑥ Scharpf Fritz W., "Interorganizational Policy Studies: Issues, Concepts and Perspectives", in: Hanf, K. and Scharpf Fritz W. ed., *Interorganizational Policy Making*, London: Sage, 1978, pp. 345–370.

在冲突情景下的行为选择，从而解决网络参与者的不同意见。[①]

表 3-3　　　　　　　　　　博弈管理与网络建构

核心视角	行动者	资源	规则	认知
博弈管理	选择性激活	资源动员	参与规则	妥协、形成共同图景
网络建构	改变行动者间关系	改变资源分配	改变规则	改变规范、价值与认知

资料来源：Klijn Erik-Hans, Joop Koppenjan, and Katrien Termeer, "Managing Networks in the Public Sector—a Theoretical-study of Management Strategies in Policy Networks", *Public Administration*, 1995, Vol. 73, No. 3, pp. 437-454.

网络建构策略是基于网络的制度特征能够影响行动者战略、合作机会这一假设而提出，网络管理者通过改变某一或多个制度特征以管理治理网络的过程。一般而言，网络建构策略表现为以下几种。其一，重构政策本身。重构政策意味着从根本上改变对网络功能和政策问题的看法。其二，改变行动者位置或引入新的行动者。改变行动者位置或引入新的行动者。这是指通过打破原有的网络结构、影响行动者间的关系，推动既定权力关系和互动过程发生变化。其三，改变价值、规则与对政策网络结果的认知。通过"内化过程"，网络管理者引导目标群体的价值与认知向其所希望的方向转变。值得关注的是，过程管理与网络建构策略并非独立发挥作用，而是通常被组合运用。

此外，部分学者还从其他角度对网络管理策略作出有益探索。基于网络管理者的角色视角，可以将管理策略区分为网络培养和网络管控两类。在网络培育中，网络管理者扮演"促进者"和"调解者"角色；在网络管控中，网络管理者发挥"领导者"作用。[②] 立足网络管理者的能力

---

① Agranoff Robert, and Michael McGuire. "Managing in Network Settings", *Review of Policy Research*, Vol. 16, No. 1, 1999, pp. 18-41; Kickert Walter Julius Michael, and Johannes Franciscus Maria Koppenjan, "Public Management and Network Management: An Overview", in: W. J. M. Kickert, E. -H. Klijn, & J. F. M. Koppenjan, eds., *Managing Complex Networks: Strategies for the Public Sector*, London: Sage Publication, 1997, p. 50.

② Cristofoli Daniela, Josip Markovic, and Marco Meneguzzo, "Governance, Management and Performance in Public Networks: How to be Successful in Shared-Governance Networks", *Journal of Management &Governance*, Vol. 18, No. 1, 2014, pp. 77-93; Gil Olga, "Coordination Mechanism and Network Performance: The Spanish Network of Smart Cities", HKJU-CCPA, Vol. 76, No. 3, 2016, pp. 675-692.

视角，管理者应具备制定规则促进参与、培养网络成员间的共同价值、推动网络内的信息共享、营造和谐的合作氛围、开发多元策略以应对复杂公共事务，以及灵活调整策略从而适应外部环境的变化等多方面的能力。① 依据管理行为视角，Herranz 总结提出网络管理策略的"被动—主动"图谱。这一图谱包括被动促成、临时协调、主动协调、基于等级的命令管控四种路径。被动促成路径下的网络协调主要依靠社会互动而非程序性机制或财政激励来运作；临时协调路径下的管理者可能对治理网络产生一定的协调作用，但其管理范围有限；主动协调路径下的管理者能够通过操作杠杆进行直接管理；基于等级制的命令管控意味着管理者主要依靠权威程序性机制作于调节。② McGuire 将管理者行为区分为激活、动员、架构、整合四种。激活是指一组用于识别和整合实现项目目标所需人员和资源（如资金、专业知识和法律权威）的行为，它是网络管理中最重要的活动。动员被用于发展外部利益相关者，以形成网络参与者与外部利益相关者对治理过程的共同承诺，它是一项常见的，且有时是持续性的任务。架构是指通过推动参与者在自身角色、运行规则和网络价值观等方面形成一致看法，来整合网络结构的行为。整合是指为网络参与者创造一个有利的、富有成效的互动条件与环境，其重点在于通过促进和深化网络行动者之间的互动，减少互动过程中的复杂性和不确定性。同时，通过改变激励机制来降低行动者间的互动成本。③

（四）网络管理理论的中国适用性分析

虽然网络管理理论起源于西方，但该理论所关注的核心问题是网络管理者的管理策略与能力，这是一个超脱政体差异性的问题，是当前东西方国家网络化治理实践中面临的共性问题。这为网络管理理论在中国的应用提供了客观依据。同时，作为网络管理理论的重要议题之一，实

---

① Kickert Walter Julius Michael, Erik-Hans Klijn, and Joop FM Koppenjan, "Introduction: A Management Perspective on Policy Networks", in: Kickert, W. J. M., Klijn, E. H. and Koppenjan, J. F. M, eds., *Managing Complex Networks*, London: Sage, 1997, pp. 1–11; Agranoff Robert, and Michael McGuire, "Big Questions in Public Network Management Research", *Journal of Public Administration Research and Theory*, Vol. 11, No. 3, 2001, pp. 295–326.

② Herranz Jr Joaquin, "The Multisectoral Trilemma of Network Management", *Journal of Public Administration Research & Theory*, Vol. 18, No. 1, 2008, pp. 1–31.

③ McGuire Michael, "Managing Networks: Propositions on What Managers Do and Why They Do It", *Public Administration Review*, Vol. 62, No. 5, 2002, pp. 599–609.

践中的网络管理者的角色通常由地方政府承担。这意味着，地方政府及其组成机构的网络管理行为对于治理过程至关重要。这一观点与中国的治理情景相匹配。亦即，在中国网络化治理实践中，地方政府并未缺席。相反，地方政府在不同情境中扮演着引导者、主导者、调节者等不同角色，并在很大程度上左右着网络化治理的发展与走向。对此，中国十分重视地方政府的治理能力建设。从党的十八届三中全会提出的"推进国家治理体系和治理能力现代化"到党的十九届五中全会提出的"有效市场与有为政府"建设，都表明地方政府治理能力建设在中国公共需求多元化、公共问题复杂化的社会转型期的紧迫性与重要性。

当前，国内网络管理理论以理论介绍为主。而在探讨网络管理理论的中国适用性时，国内学者皆承认网络管理能力及其培育的重要性。孙柏瑛、李卓青提出，有效的网络管理策略是成功治理的关键。① 匡霞、陈敬良认为，网络管理能力与技巧、网络管理成本是影响网络有效性的两个重要因素。他们进一步强调，管理者需要根据具体的网络环境选择差异化的网络管理行为。② 田华文、魏淑艳将网络管理理论与中国治理实践相结合，并创造性地提出政策网络治理分析框架。③ 在该框架中，网络管理是一个重要环节，也是解释中国本土政策网络治理实践过程的一个重要因素。进一步地，他们提出中国网络管理的四个层面，这包括"网络管理者分析、行动者管理、基于网络结构的行动者间关系管理、网络规则管理"。总体上，国内学者的探索性研究推动了网络管理理论、政策网络理论与中国治理实践的融合，并为中国网络化治理深入研究奠定基础。

总而言之，网络管理理论超越了不同国家政体的差异性，成为各国开展网络化治理实践的重要理论依据。同时，网络管理理论突破了传统的制度——结构分析的静态化弊端，为我们提供了动态分析治理实践的新视角，这将有助于形成对网络化治理过程的整体、系统把握。当然，也要承认，该理论更多的是在规范意义上对网络管理策略进行建构（见

---

① 孙柏瑛、李卓青：《政策网络治理：公共治理的新途径》，《中国行政管理》2008 年第 5 期。

② 匡霞、陈敬良：《公共政策网络管理：机制、模式与绩效测度》，《公共管理学报》2009 年第 2 期；匡霞、陈敬良：《政策网络的动力演化机制及其管理研究》，《内蒙古大学学报》（哲学社会科学版）2010 年第 1 期。

③ 田华文、魏淑艳：《作为治理工具的政策网络——一个分析框架》，《东北大学学报》（社会科学版）2015 年第 5 期。

表3-4），这导致其在管理策略分类上缺乏对实践中网络管理者的价值和行为分析。对此，需从网络管理者的行为逻辑与价值取向问题出发，对网络管理理论予以修正，以提升该理论对网络化治理实践的解释力。

表3-4　　　　　　　　对政策网络理论、网络管理理论的总结

维度	理论基础	
	政策网络理论	网络管理理论
分析视角	结构层面	行为层面
核心观点	网络结构影响政策结果，亦即"结构—结果"观	满意的治理结果离不开网络管理，亦即"过程—结果"观
中国适用性	与当前中国"社会治理共同体"理念一致，但需融入中国的制度环境	与中国"推进国家治理体系和治理能力现代化"，建设"有为政府"等理念相吻合
理论局限性	面临重描述轻解释、静态化分析的批判。对此，需要与行动者行为、过程变量相结合	更多的是一种理论建构，需要关注网络管理者的行为价值取向问题

资料来源：笔者自制。

第二节　框架渊源："以行动者为中心的制度主义"

"以行动者为中心的制度主义"（Actor-centered Institutionalism）是本书解析中国地方水环境网络化治理实践的分析框架之渊源。换言之，本书的分析框架体现了"以行动者为中心的制度主义"的基本逻辑。因此，首先系统性地掌握"以行动者为中心的制度主义"框架是必要的。

一　"以行动者为中心的制度主义"的基本内容

（一）整合性特征

"以行动者为中心的制度主义"是德国学者沙普夫和迈因茨（Scharpf & Mayntz）在对政府内部决策与执行，以及政府与非政府部门间互动的多年研究中发展形成的。沙普夫指出，"以行动者为中心的制度主义"源自这一假设：社会现象被解释为有意行动者——个人、集体或合作行为者之间互动的结果，但是这些互动是结构化的，也就是说，互动

结果是由其发生的制度环境特征而形塑。他同时强调,"以行动者为中心的制度主义"框架的典型特征在于,对有目的的、资源丰富的个人和公私行动者的战略活动,与既定的(但可变的)制度结构和制度化规范的赋能、约束和塑造作用给予同等的权重。[①] 由此,"以行动者为中心的制度主义"是对行动理论(或理性选择理论)与制度主义(或结构主义范式)的一种整合。

(二)框架要素与基本观点

"以行动者为中心的制度主义"框架主要由制度设置(institutional setting)、行动者、行动者集群(actor-constellation)、互动模式、政策等五个要素组成(见图3-1)。该框架的基本观点为:制度设置通过影响着拥有特定感知和偏好的行动者的能力与行为取向,推动形成不同的行动者集群;差异化的行动者集群又在不同的互动模式中塑造了最终的政策结果。在此过程中,行动者、行动者集群、互动模式三个要素分别受到制度设置的影响。

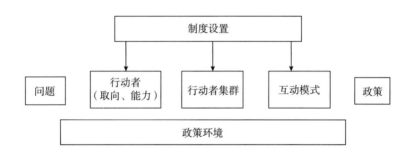

图3-1　行动者中心制度主义分析框架

资料来源:Scharpf, F. W. ed., *Games Real Actors Play, Actorcentered Institutionalism in Policy Research*, Oxford:Westview Press, 1997, 44.

在"以行动者为中心的制度主义"框架中,制度被限定为约束行动者行为选择的规则体系。在表现形式上,制度不仅包括由法院系统和国家机构批准的正式法律规则,也包括行动者普遍遵从的社会规范。而如果违反这些社会规范,行动者将遭受名誉损失、社会不认可、合作和奖

---

① Scharpf Fritz W. ed., *Games Real Actors Play, Actor-centered Institutionalism in Policy Research*, Oxford:Westview Press, 1997, pp. 36–38.

励的取消，甚至被排斥等后果。而围绕制度设置，沙普夫和迈因茨指出，"制度设置并非由实证研究中可量化的一系列解释变量组成。相反，制度设置被描述为影响行动者行为取向和能力、行动者集群和互动模式的一个最重要的简短术语"①。

沙普夫和迈因茨进一步对制度设置做出类型区分。具体包括："无政府领域和最低限度的制度"（anarchic fields and minimal institutions）、"网络、政体和共同决策系统"（networks，regimes and joint—decision systems）、"协会、选民和代表大会"（associations，constituencies and representative assemblies）、"等级制组织和国家"（hierarchical organizations and the state）这四种术语。他们指出，通过明确互动过程发生在何种制度设置之下，便可以"很好地了解政策过程中的行动者以及他们的选择、认知和偏好"。在探讨具体的制度设置情景时，他们做出两点补充：其一，不同国家的制度体系各有不同，同一国家不同时期的制度体系亦不同。其二，尽管制度设置创造和约束了行动者的选择，并塑造了行动者的感知和偏好，但制度本身无法在确定意义上决定行动者的选择和行为结果。同时，制度规则也可能被愿意付出制裁成本或主观低估其行为后果的行动者而违反。总之，行动者的能力、偏好和认知在很大程度上而非完全地由他们互动的制度规范所塑造（Scharpf，1997）②。

在行动者方面，沙普夫将行动者划分为个体行动者（individual actors）和复合行动者（composite actors）。复合行动者是由行动者集合（actor aggregates）、集体行动者（collective actors）、法团行动者（corporate actors）这三种共同组成。其中，行动者集合被用来描述具有某些显著特征的行动群体，如农业群体。集体行动者（补充）描述了关键行动资源被成员单独持有的程度，此外，集体行动者并非依据个人偏好，而是依赖于其成员的共同偏好开展行动。法团行动者通常表现为自上而下地组织，且组织由所有者控制，或是由代表所有者或受益人的领导者控制。在"以行动者为中心的制度主义"框架中，行动者通常拥有特定的能力、感知和偏好。在这里，能力是指行动者在某些方面或是在某种程

---

① Scharpf Fritz W. ed.，*Games Real Actors Play*，*Actor-centered Institutionalism in Policy Research*，Oxford：Westview Press，1997，p. 39.

② Scharpf Fritz W. ed.，*Games Real Actors Play*，*Actor-centered Institutionalism in Policy Research*，Oxford：Westview Press，1997，pp. 41-42.

度上影响政策结果所需具备的资源。能力具体体现在人力资源、物质资源、技术能力，以及对信息的优先掌握等方面。而行动者的感知和偏好被统称为行动者的行为取向。通常来说，行动者的行为取向是相对稳定的，但也可以通过政策学习来说服行动者改变其行为取向。[①]

在沙普夫看来，行动者集群和互动模式共同构成了博弈过程。行动者集群代表了参与到特定政策互动中的一系列行动者，这一概念体现出上述行动者的能力（策略）、认知、对所获结果（回报）的评估，以及他们的报酬与其他人的报酬的兼容程度。简言之，行动者集群是对行动者、行动者的战略选择、与战略选择相关的结果、行动者对战略选择所产生结果的偏好等方面的一种系统的静态描述，它能够为实质性政策分析和互动导向的政策研究提供关键的联系。需要说明的是，制度设置能够通过确定行动者的构成影响政策过程的有效性，同时影响行动者集群所吸纳的行动者及其策略选择。[②]

互动模式关注产生政策结果的正式互动过程。沙普夫进一步区分了四种互动模式："单边行动、谈判协议、多数投票、等级命令。"[③] 这些互动模式是由具体的制度规则所形塑，但同时受到更为宏观的制度设置的影响。因此，制度设置约束着可采用的互动模式。在解释这四种互动模式时，沙普夫进一步指出，单边行动可以在无政府结构下发生；谈判的运用则取决于是否具备确保协议约束力的结构；多数投票和等级命令的决策方式依赖于更具体的和更严格的制度安排。

二 "以行动者为中心的制度主义"框架中的水土不服问题

"以行动者为中心的制度主义"为我们提供了一个融合制度（结构）视角与行为（过程）视角的元分析模板，但若将其直接用于分析中国的水环境网络化治理实践则会面临"水土不服"的问题。

"以行动者为中心的制度主义"框架是基于西方制度环境而建构的，该框架本身缺乏对中国治理情景的考量。以该框架的"制度设置"要素

---

① Scharpf Fritz W. ed. , *Games Real Actors Play, Actor-centered Institutionalism in Policy Research*, Oxford: Westview Press, 1997, p. 43.

② Scharpf Fritz W. ed. , *Games Real Actors Play, Actor-centered Institutionalism in Policy Research*, Oxford: Westview Press, 1997, p. 48.

③ Scharpf Fritz W. ed. , *Games Real Actors Play, Actor-centered Institutionalism in Policy Research*, Oxford: Westview Press, 1997, pp. 46-47.

为例，"制度设置"中的第一种类型——无政府领域和最低限度的制度，并不适用于中国的制度环境。所谓无政府领域和最低限度的制度是指"一种非结构化的制度情景。在这一情景中，个体行动者在没有形成预先关系或具体义务的情况下作出行动。此时，行动者可以在其能力范围内自由地使用所有战略，而他们自身也只受到物理条件和其他行动者行为的约束"。显然，这种制度情景不存在于中国。此外，"以行动者为中心的制度主义"框架主张，制度设置是既定的。但现实中，制度设置在塑造政策结果的同时，也受到政策结果的影响。值得关注的是，政策结果对制度设置的影响通常发生在中观的制度机制层面，通常不会上升到宏观的体制层面。

但不可否认，"以行动者为中心的制度主义"框架具备重要的学术价值。该框架在区分制度情景的基础上，对制度设置影响政策过程的内在逻辑作出阐释。同时，该框架提供了一个较早的整合制度研究与行为研究两种分析路径的元模板。由此，"以行动者为中心的制度主义"框架为动态探讨中国水环境网络化治理实践提供参考。但同时，考虑到"以行动者为中心的制度主义"框架中的部分要素与中国治理情境不匹配，还需结合相关学理研究对该框架进行修正。由此，本书在借鉴"以行动者为中心的制度主义"分析逻辑的基础上，对政策网络理论、网络管理理论进行整合与改造，以期建构一个理解中国地方政府水环境网络化治理活动的分析框架，并依据这一框架对中国水环境治理实践作出探讨。

第三节　地方政府水环境网络化治理分析框架

一　网络结构：多主体行动的约束机制

（一）网络结构的制度分析传统

在网络化治理过程中，网络为地方政府与非政府行动者间的互动提供制度架构，网络结构框定了行动者的行动空间与行为选择，发挥着约束性作用。实践中，网络结构的这种约束、限制功能是依托具体的制度安排来实现。可以说，制度是网络结构的一种具象化。

围绕网络化治理中结构与制度的关联性问题，部分学者已作出探讨。克利金明确指出，制度是网络结构的重要维度。关注治理网络中规则的制度化过程，可以阐明为什么发展某些规则，相关规则如何影响多主体间的互动过程，以及这些互动过程通过何种形式发生变化。[①]

基于奥斯特罗姆提出的行动情景的七个构成要素——位置规则、边界规则、范围规则、权威规则、信息规则、聚合规则、报酬规则[②]，汉森（Hansen）主张将网络或政策网络看作一种约束行动者行为的规则与制度。在此基础上，汉森从制度视角对政策社群与议题网络这两种政策网络作出比较。

首先，在参与者方面（对应位置规则和边界规则），政策社群中的参与者需获得相互之间的认可，从而获得与俱乐部成员相近的地位。在议题网络中，几乎任何对议题内容感兴趣的人都可以参与其中。其次，政策社群与议题网络都强调行动者对政策制定与执行过程的影响（对应范围规则）。政策社群的决策过程是建立在多元主体间的合作基础之上，并经协商一致形成。然而，这并不意味着所有行动者对政策议题持有完全一致性看法。在意见不同时，他们会在不同程度上接受对自身不利的决策，以维持政策社群内部成员间关系的相对稳定状态。相比之下，议题网络中的行动者不断尝试将他们的观点强加于决策过程中。由于他们难以与网络主导者达成一致看法（对应权威规则和聚合规则），决策过程通常表现为主导行动者的单方面决策。再次，在政策社群中，信息是一种商品，它能够与其他商品如影响力进行交换。在议题网络中，沟通互动过程的特征在于参与者是在没有任何确定性收益的情况下发表意见（对应信息规则）。最后，在政策社群中，行动者通过影响政策过程获得收益。在议题网络中，行动者的收益表现为其自身获取的影响政策结果的机会，而唯一的确定性收益是自身的意见被听到（对应报酬规则）（见表3-5）。[③]

---

① Klijn Erik Hans, "Analyzing and Managing Policy Process in Complex Networks: A Theoretical Examination of the Concept Policy Networks and its Problem", *Administration and Society*, Vol. 28, No. 1, 1996, pp. 90-119.

② Ostrom Elinor, "An Agenda for the Study of Institutions", *Public Choice*, Vol. 48, No. 1, 1986, pp. 3-25.

③ Blom-Hansen Jens, "A New Institutional Perspective on Policy Networks", *Public Administration*, Vol. 75, No. 4, 1997, pp. 669-693.

表 3-5　　　　　　　　　　作为制度的政策网络

行动情景构成要素	政策社群	议题网络
位置规则	成员	利益相关者
边界规则	共同认知	自由进入与退出
范围规则	政策	政策
权威规则	合作	干涉
信息规则	全体一致	主导者单方面决定
聚合规则	交换专业知识和判断	意见表达
报酬规则	影响性的	被听取的

资料来源：Blom-Hansen Jens，"A New Institutional Perspective on Policy Networks"，*Public Administration*，Vol. 75，No. 4，1997，p. 676.

　　在这里，汉森是立足操作选择层次来开展政策网络的制度分析。操作选择层次源自奥斯特罗姆提出的多层次制度分析方法。在奥斯特罗姆看来，制度可以区分为立宪选择、集体选择、操作选择三个层次。三个层次之间是嵌套关系，体现为前一层次约束着后一层次的行动空间。立宪选择层次关注的是法律问题，其核心事项为决定谁有权参与到集体选择过程中；集体选择层次聚焦政策问题，其任务在于选择与确定操作层次的制度与规则；操作选择层次关注政策执行问题，该层次直接影响着政策对象的行为选择。[1]

　　本书从集体选择层次与操作选择层次出发，来对中国水环境治理领域政策网络结构的制度属性，以及相关制度规则对行动者行为的约束作用做出剖析。之所以立足于集体选择与操作选择层次，是源于网络化治理既包括互动决策过程，也包含多元主体共同执行政策的过程。从这一层面上说，集体选择层次关注的制度供给过程，以及操作选择层次强调的"行动者策略对行动结果的影响"[2] 等特征可以服务于本书对网络化治理实践的整体过程分析。

---

[1]　Ostrom Elinor，"An Agenda for the Study of Institutions"，*Public Choice*，Vol. 48，No. 1，1986，pp. 3-25.

[2]　李文钊：《理解治理多样性：一种国家治理的新科学》，《北京行政学院学报》2016 年第 6 期；李文钊：《制度多样性的政治经济学——埃莉诺·奥斯特罗姆的制度理论研究》，《学术界》2016 年第 10 期。

（二）网络结构的稳定性和动态性

网络结构的稳定性聚焦网络结构以初始状态持续存在的现状，网络结构的动态性则强调网络结构随着内外环境的变化而发生改变。在学理研究中，网络结构的稳定性与动态性分析指向政策网络（结构）的动力学问题。

有学者认为，政策网络不易发生变迁，这是因为围绕政策议题的互动过程虽吸纳了多位行动者，但新行动者的进入往往面临诸多挑战。其中，进入网络需要付出的较高的交易成本限制了外部行动者的参与，并由此增强了政策网络的相对稳定性，这使得政策网络呈现出相对封闭的特征。①

但部分学者认为，政策网络可能会发生变化，这事实上取决于多重因素的影响。Nunan 提出，网络行动者间的权力和资源分配现状以及多主体之间在政策问题上的冲突程度会导致政策网络发生变迁。② 罗茨和马什总结了影响网络变迁的外生环境，这包括社会与经济、地方政府的意识形态、知识或技术、制度四种形式。③ 罗茨和马什进一步指出，外部环境并非是给定的，而是被建构的。此外，他们还立足政策网络的内生环境视角提出，政策网络内部多元主体间的共识建立是一个持续性的重复谈判过程，而伴随政策网络的多轮互动，网络结构也可能发生变化。

Atkinson 和 Coleman 指出了理解网络变迁的三类关键变量。第一类变量是政策网络的边界。在政策网络中，存在核心决策者。靠近核心决策者的行动者行为会在一定程度上影响着政策网络结构的稳定性与否。第二类变量是政策观念或共同认知。政策网络中通常存在多个倡导联盟，每一联盟有其自身的信仰体系与政策偏好。在这一情景下，政策网络是否变迁取决于政策信念是否发生改变。第三类变量是外部变化。这是指外部环境中某一政策网络的变化可能会影响另一个政策网络的稳定性。④

---

① Forrest Joshua B., "Networks in the Policy Process: An International Perspective", *International Journal of Public Administration*, Vol. 26, No. 6, 2003, pp. 591-607.

② Nunan Fiona, "Policy Network Transformation: The Implementation of the EC Directive on Packaging and Packaging Waste", *Public Administration*, Vol. 77, No. 3, 2002, pp. 621-638.

③ Rhodes Rod A. W., and David Marsh, "New Directions in the Study of Policy Networks", *European Journal of Political Research*, Vol. 39, No. 1-2, 2010, pp. 181-205.

④ Atkinson Michael M., and William D. Coleman, "Policy Networks, Policy Communities and the Problems of Governance", *Governance*, Vol. 5, No. 2, 1992, pp. 172-175.

Pedersen 认为，培育共同的政策认知可以加强网络的整合程度，从而为治理网络增加新成员。而政党体系间的冲突这类外生情景能够通过改变政策网络中核心行动者的政策感知与博弈能力而带来政策网络的变迁现象。①

汉森在分析作为制度的政策网络时提出，处于不利地位的行动者在有机会的情况下会试图改变现有的制度规则，由此可知，政策网络的变迁过程与网络中的行动者行为密切相关。与此同时，技术变革、选举结果、组织融合、经济衰退或增长等外部因素也可能导致网络的变迁。在网络的存续方面，他进一步关注到两方面的原因。其一，网络变迁需要付出高交易成本，这降低了网络变迁的可能性。其二，合作的时长问题。当行动者越看重长期收益时，其自身越趋于遵守现有的制度。这是由于，行动者因不遵守制度而带来的短期收益可能会被其他行动者的报复性回应行为所抵消。②

综合上述观点，本书认为，网络结构既具有相对稳定性特征，又体现出动态性特征。这一观点既承认了网络结构具备相对封闭的特质，又肯定了内部情景与外部情境要素能够影响治理结构这一事实。

（三）网络结构的两个分析维度

政策网络理论主张，网络结构影响治理结果，但并未对网络结构影响治理结果的内在逻辑做出清晰的阐释，而这也成为早期政策网络理论遭受质疑与批判的一个主要原因。近年来，部分学者在与政策网络理论对话的基础上，通过吸收社会学领域的研究方法，来对这一问题做出有益探索。

具体而言，学者们运用社会网络分析方法来对政策过程中多元主体间的互动结构进行描述与分析。鉴于公共政策分析同样关注多元行动者间的互动及其塑造政策结果的过程，社会网络分析方法能够为理解公共政策过程提供一个中观的结构分析视角。当前，社会网络分析方法已经发展形成诸如网络密度、子群结构、中心性、结构洞、异质性等多项结构测量指标。学者们在运用多元指标绘制政策网络结构特征的同时，还

①　Pedersen Anders Branth, "The Fight over Danish Nature: Explaining Policy Network Change and Policy Change", *Public Administration*, Vol. 88, No. 2, 2002, pp. 346-363.

②　Blom-Hansen Jens, "A New Institutional Perspective on Policy Networks", *Public Administration*, Vol. 75, No. 4, 1997, pp. 669-693.

进一步对网络结构中的某一或某些指标与治理结果之间的关系作出探讨。

可以说，社会网络分析方法为明确网络结构影响治理过程的内在机理提供技术支撑，这同时有助于回应政策网络理论所面临的"重描述、轻解释"问题。但，如果简单将社会网络分析的各指标直接嵌套于对政策网络的结构分析之中，可能会产生模型分析的复杂化与研究结论的简单化问题。事实上，社会网络分析的不同指标分别展现了政策网络分析的不同维度。而对于分析指标的选择，需要与研究的研究对象、研究目的相统一。如此，才能在对网络结构的具体分析中，得出新的研究结论，抑或发现新的研究方向。本书关注的是中国地方政府水环境网络化治理实践中多元主体之间的互动过程；研究目的在于发掘影响水环境网络化治理结果的核心要素。综合研究对象与研究目的，本书选取资源依赖关系、核心边缘关系两个维度来具体呈现地方政府与非政府行动者之间互动的结构性特征。

通常而言，政府部门的管理行为与策略是在内在驱动力和外在推动力的共同作用下发生的。在内驱力方面，资源依赖的对称性程度提供了一个分析维度。所谓资源依赖的对称性是指多元行动者之间在资金、信息、技术、权力、合法性等资源上存在相互依赖关系，且一方对另一方的资源依赖程度等同于另一方对其自身的资源依赖程度。虽然资源依赖起源于对企业间关系的探讨，但其已被广泛运用于公共管理与政策分析领域。当前，学者们主要将资源依赖与权力的关系探讨作为切入点，来具体分析地方政府间、政府部门与企业、政府部门与社会组织间的互动过程，并得出相对一致的观点，即资源依赖的差异性导致权力平衡状态的差异化，并由此形成不同的治理结果。① 本书进一步建构资源依赖与地方政府管理行为之间的关系，认为资源依赖程度越趋于对称，网络行动者间的权力关系越趋向平衡。此时，地方政府采取积极网络管理策略的主观动力越强。

在外推力方面，核心边缘关系提供了一个分析维度。核心边缘关系是社会网络分析中的一个衡量指标，它是依据网络中节点之间联系的紧密程度，将网络中的节点分为核心区域和边缘区域。开展核心边缘关系

---

① 对权力与资源依赖之间关系的分析，最早见于 Emerson 的社会交换理论。他认为，行动者的权力来自他人对其自身的依赖关系。

分析的目的在于，辨别哪些行动者占据核心位置，哪些行动者处于边缘位置。

一般而言，占据核心位置的网络行动者能够通过自身的资源来获得对边缘位置行动者的影响力。在此情景下，地方政府因其拥有决策权而占据核心位置，扮演主导者或引导者角色。政策网络中的非政府行动者或是靠近核心位置，处于周边区域；或是远离核心区域，处于边缘区域。当前，尽管治理网络中的非政府行动者尚未享有与政府部门同等的地位，但不可否认，非政府行动者凭借其自身的资金、技术、人力等资源优势在中国地方环境治理中发挥着越来越重要的作用。① 在中国水环境治理领域，伴随国家不断完善社会力量参与环境治理的相关政策要求，政府部门与非政府行动者之间的关系正从不对等向相对对等进行转变。在这一转变过程中，双方之间的关系也随着非政府行动者在治理网络中的位置差异而有所不同。当非政府行动者远离核心区域时，政府部门与非政府行动者之间的核心边缘关系是一种低对等状态，甚至是不对等状态；当非政府网络行动者靠近核心区域时，双方之间的核心边缘关系则表现出高对等状态。

本书主要关注非政府行动者在网络结构中的核心边缘位置，这是因为非政府行动者所处的位置与政府部门的管理行为密切相关。当非政府行动者靠近政府部门时，其对政府部门管理行为的影响力越大。反之，当非政府行动者距离政府部门较远时，其对政府部门行为的影响力则越小。需要说明的是，书中假设非政府行动者对政府部门行为的影响是正面而非负面的。这是因为，非政府行动者为实现其自身组织的可持续发展目标，他们通常会以合法的沟通互动方式来建立并强化其与政府部门之间的互动联系。②

二　管理过程：反思理性人假设与地方政府的网络管理策略

网络结构约束着网络行动者的行为空间，但这并不意味着行动者完

① Provan Keith G., and Kun Huang, "Resource Tangibility and the Evolution of a Publicly Funded Health and Human Services Network", *Public Administration Review*, Vol. 2, No. 3, 2012, pp. 366–375.

② 网络化治理实践中因非政府行动者尤其是部分企业的非法引诱而产生的腐败问题依然存在。考虑到资料的可获取性，以及本书的主要研究对象是政府部门的管理行为，书中并未对前述情况进行分析。但不可否认，政府部门与非政府行动者之间的负向互动行为是本书需做出进一步研究的一个方面。

全受制于网络结构。一方面，"能动者是反思性的，能够在结构限制下进行策略计算"①。在此情景下，制度会在行动者间的互动过程中被重新阐释与改变。另一方面，合作环境是模棱两可的、复杂的，合作过程中参与者、社会结构也是可以快速发生改变的。② 有鉴于此，有学者提出，政策过程分析应特别注意由于行动者的战略选择和网络外部环境变化而带来的重新制定和阐释制度规则的过程。③ 接下来，本节从有限理性与反思理性人假设出发，分析地方政府的网络管理行为与策略。

（一）有限理性与反思理性人

在与经济理性人假设的对话中，西蒙（Simon）提出有限理性理论。④他主张，现实中人的知识、能力、认知水平是有限的，个人是处于完全理性和非理性之间的有限理性人。基于此，西蒙进一步提出了政策制定的有限理性决策模型。有限理性决策模型中，拥有有限理性的行动者存在注意力分配的问题，他（或他们）既无法获取与政策相关的所有信息，也难以找到解决问题的所有方案。由此，满意的政策方案而非最佳方案成为他们的现实选择。从有限理性视角出发，本书认为网络化治理通常不是经由单次的、线性的政策过程来达成，而是表现为动态地、螺旋桨似的发展过程。

在承认政策过程体现有限理性决策本质的基础上，本书进一步基于反思理性人假设提出，占据核心位置的网络管理者——政府部门能够通过具体的管理行为来塑造治理网络的发展态势。"反思理性人"一词来自索伦森和托芬（Sorensen & Torfing）的研究。⑤ 他们提出，网络化治理是建立在反思理性（reflexive rationality）的基础上，同时，网络管理是一个对既有治理实践中的问题进行反思、回应的过程。虽然索伦森和托芬并

---

① Jessop Bob, "Interpretive Sociology and the Dialectic of Agency and Structure, Theory", *Culture and Society*, Vol. 13, No. 1, 1996, pp. 119-128.

② Purdy Jill M., "A Framework for Assessing Power in Collaborative Governance Processes", *Public Administration Review*, Vol. 72, No. 3, 2012, pp. 409-417.

③ Klijn Erik-Hans, and Joop FM Koppenjan, "Public Management and Policy Networks: The Foundations of A Network Approach to Governance", *Public Management Review*, Vol. 2, No. 2, 2000, pp. 135-158.

④ ［美］赫伯特·西蒙：《管理行为——管理组织决策过程的研究》，杨砾、韩春立、徐立译，北京经济学院出版社1988年版，第20页。

⑤ Sorensen Eva, and Jacob Torfing, "Making Governance Networks Effective and Democratic Through Metagovernance", *Public Administration*, Vol. 87, No. 2, 2009, pp. 234-258.

未明确界定何为反思理性，但国内学者在引入这一概念时，发展了其内涵和外延。陈振明认为，网络化治理理论假设人是具备反思理性的"复杂人"。他们"具有复杂的动机，利己与利他共存，利益分歧和利益共享既冲突又交错"，但行动者能够通过构建对话机制、合约机制、学习机制来抑制集体行动中潜在的机会主义问题。[①]

本书认为，行动者具有复杂的动机，他们既追逐私利，也会谋求公共利益。[②] 基于此，从反思理性人视角观察作为网络管理者的政府部门的行为。具体而言，地方政府官员处于"经济人"和"公共人"之间。当政府官员的行为逻辑表现出"经济人"特征或以"经济人"为主线时，政府部门的网络管理策略是围绕自身利益做出的。由此，呈现出因畏惧管理结果的不确定性所带来的问责问题，或是管理过程中的高协调成本压力而象征性的管理治理活动的现象。而当政府官员的行为逻辑体现为"公共人"或以"公共人"为主线时，地方政府通常会在与非政府行动者的互动过程中优化管理策略，推动治理实践朝着良好的方向发展。

（二）网络管理策略与政策执行研究的融合

当前，越来越多的学者从网络管理视角出发解释管理行为对治理结果的影响。而在探讨网络管理者的管理行为或策略时，需对网络管理理论作出进一步改造。这是因为，网络管理理论具有规范性，这意味着网络管理理论是以网络管理者会做出积极的、正面的管理策略为前提。然而，现实中消极的网络管理行为也是真实存在的。

为弥补网络管理理论的不足，需要关注网络管理者的实际行为选择问题。[③] 作为网络管理理论的主要创始人，克利金也注意到这一问题的存在。他提出，如若公共部门承担网络管理者角色，那么公共部门需要发挥促进性作用。而为这一促进作用的实现，网络管理者需要与其自身所代表组织目标和利益保持一定的距离。此外，部分学者还从其他视角尝试回应网络管理者的价值中立问题。克利金等学者立足管理者认知视角提出，尽管网络管理者关心政策过程的发展形势，但作为治理网络中的

---

① 陈振明：《公共管理学：一种不同于传统行政学的研究途径（第 2 版）》，中国人民大学出版社 2003 年版，第 89 页。

② 申建林、姚晓强：《对治理理论的三种误读》，《湖北社会科学》2015 年第 2 期。

③ Klijn Erik-Hans, "Designing and Managing Networks: Possibilities and Limitations for Network Management", *European Political Science*, Vol. 4, No. 3, 2005, pp. 328-339.

一员，网络管理者也拥有自身的利益、价值与认知。① 事实上，权力应该是任何一般性网络管理理论的核心问题，我们必须了解网络管理中的权力运作过程是否阻碍了基于互惠关系的协同创造力的产生。Agranoff 和 McGuire 也指出，治理网络中的权力可以被中立或二元地描述为一种阻止或促进集体行动的所有物。②

　　总体而言，西方学者对网络管理者管理行为的补充研究佐证了网络管理者存在差异化的价值判断问题，但现有文献尚未明确指出解决这一问题的具体路径。事实上，网络管理（组织间管理）与组织内部管理虽是两种平行的研究，但这两项研究的理论基础皆为行政理论。本书聚焦地方政府水环境网络化治理实践，关注治理网络中网络管理者的行为选择与行动过程和治理结果之间的关系。鉴于地方政府对辖区范围内环境质量负责，现实中政府部门承担起网络管理者角色。政府部门的网络管理策略实质上表现为政府部门的管理行为，而对政府管理行为的分析需立足于行政理论。由此，将网络管理策略与政策执行研究相融合，能够修正网络管理理论在管理者积极的价值判断和正向的行为偏好上的预先设定，进而有助于提升既有理论对现实治理实践的解释力。

　　在政策执行领域，马特兰德（Matland）提出的"模糊—冲突"模型（Ambiguity-Conflict Model）受到国内外学者的广泛关注。③ 依据政策目标和政策手段的模糊程度、多组织间的利益冲突程度，马特兰德将政策执行划分为行政性、政治性、试验性、象征性执行四类。国内学者在引入"模糊—冲突"模型的同时，还运用该模型分析中国教育④、社会化养

---

① Klijn Erik-Hans, Joop Koppenjan, and Katrien Termeer, "Managing Networks in the Public Sector- a Theoretical Study of Management Strategies in Policy Networks", *Public Administration*, Vol. 73, No. 3, 1995, pp. 437-454.

② Agranoff Robert, and Michael McGuire, "Big Questions in Public Network Management Research", *Journal of Public Administration Research and theory*, Vol. 11, No. 3, 2001, pp. 295-326.

③ Matland Richard E., "Synthesizing the Implementation Literature: The Ambiguity-Conflict Model of Policy Implementation", *Journal of Public Administration Research and Theory*, Vol. 5, No. 2, 1995, pp. 145-174.

④ 周芬芬：《地方政府在农村中小学布局调整中的执行策略——基于模糊冲突模型的分析》，《教育与经济》2006 年第 3 期；王正惠：《模糊—冲突矩阵：城乡义务教育一体化政策执行模型构建探析》，《教育发展研究》2016 年第 6 期。

老①、落户政策②等多领域的政策执行过程。

部分学者基于中国政策执行实践，对"模糊—冲突"模型做出改进。杨宏山提出了"路径—激励"模型③。在该模型中，依据政策路径的明晰程度和对地方政府的激励程度可以区分行政性执行、实验性执行、变通性执行、象征性执行四种执行方式。吴少微、杨忠依据横向的和纵向的冲突程度、行动者对政策内容解读的模糊程度两个维度，区别了政治性执行、行政性执行和变通性执行。④ 此外，还有学者归纳总结了中国治理实践中的政策执行方式，如基于"示范"机制的执行⑤、层级性执行⑥等。总体而言，现有的政策执行研究关注到地方政府在政策执行中的差异化价值判断问题，以及据此形成的不同的政策落实方式。即政策执行不仅表现为实验性的积极式执行，也存在行政性的中规中矩的执行过程，还可能会呈现出变通的、象征的等消极的执行方式。在这里，网络管理理论与政策执行研究的结合体现在承认消极管理策略（执行方式）的存在，并将其作为政府部门网络管理行为的一项现实选择。

（三）中国地方政府的网络管理策略

作为网络管理理论的主要研究者，克利金和科彭扬依据是否有新网络成员的加入，区分了过程管理和网络建构两类管理策略。他们进一步提出，网络管理过程表现出对过程管理和网络建构的组合运用。虽然部分学者认可管理策略两分法的重要性及其学术贡献，但也有学者提出异议，这些异议主要是围绕网络建构策略展开。网络建构策略的典型特征在于新网络成员的加入。对此，部分学者基于网络成员的加入可能会带来组织重组这一考量提出，组织重组可能会破坏共享规则与共同认知等社会资本，并且存在较高的时间成本。奥斯特罗姆则进一步强调，新的

① 胡业飞、崔杨杨：《模糊政策的政策执行研究——以中国社会化养老政策为例》，《公共管理学报》2015 年第 2 期。

② 袁方成、康红军：《"张弛之间"：地方落户政策因何失效？——基于"模糊—冲突"模型的理解》，《中国行政管理》2018 年第 1 期。

③ 杨宏山：《政策执行的路径—激励分析框架：以住房保障政策为例》，《政治学研究》2014 年第 1 期。

④ 吴少微、杨忠：《中国情境下的政策执行问题研究》，《管理世界》2017 年第 2 期。

⑤ 叶敏、熊万胜：《"示范"：中国式政策执行的一种核心机制——以 XZ 区的新农村建设过程为例》，《公共管理学报》2013 年第 4 期。

⑥ 贺东航、孔繁斌：《公共政策执行的中国经验》，《中国社会科学》2011 年第 5 期。

制度规则与安排应在原有规则的基础上进行渐进式改造，而非直接替代。[1]

当把视线移到国内时，不难发现中国地方治理实践中是存在管理行为的。依据克利金和科彭扬的网络管理策略分类标准，中国地方政府的管理行为以过程管理策略为主，较少涉及网络建构策略。诚然伴随中国政治民主进程的推进与政治文明建设的提升，围绕某一公共议题尤其是环境问题的政策网络日益呈现开放性特征，这为新网络行动者的加入提供了一个相对开放的制度环境。但同时，由于政府部门需要对新网络成员的行为及其影响承担相应的责任，考虑到兼顾开放决策与维护社会稳定两项重要任务，地方政府通常不会把网络新成员的加入作为优选策略。事实上，即便有网络新成员的加入，地方政府也惯于将其置于网络的边缘或是靠近核心区域的位置，而非核心区域。[2] 由此，在应用克利金和科彭扬提出的网络管理策略二分法来分析中国地方政府的网络管理行为时，可以更多地描绘出各地地方政府管理策略的共性，而非管理策略之间的差异。考虑到本书的主要目的是尝试从政府部门管理策略的差异性切入，来探索管理行为与治理结果之间的关系，此时，前述网络管理策略二分法便难以与本书的研究需求相匹配。

接下来，本书立足于中国制度情境，综合地方政府网络管理行为的价值偏好研究与政策执行过程分析，提出划分中国地方政府网络管理策略的两个标准：策略的明晰性与整合性。这两项划分标准能够呈现同为过程管理策略之下的中国地方政府网络管理行为的差异性，进而有效地服务于本项研究的开展。在具体的划分逻辑上，本书借鉴了 Provan 和 Kenis 对网络化治理模式的划分思路。[3] 具体而言，任何一项或多项网络管

① Ostrom Elinor, *Governing the Commons*: *The Evolution of Institutions for Collective Action*, New York: Cambridge University Press, 1990, p. 189.

② 在某些大型公共危机事件中，某一或某些网络行动者在公众舆论的推动和地方政府的密切关注下，也可能会进入治理网络，并占据重要的位置。在此过程中，网络结构的原初状态发生较大改变，新加入的网络行动者能够在一定程度上影响治理过程（如政策方案的确定、执行方式的抉择）的走向。在此情景下，这类网络行动者靠近网络的核心区域，但仍非占据网络的核心位置。

③ Provan Keith G., and Patrick Kenis, "Modes of Network Governance: Structure, Management, and Effectiveness", *Journal of Public Administration Research and Theory*, Vol. 18, No. 2, 2008, pp. 229-252.

理策略首先是通过正式的政策文本与/或非正式的话语体系具体呈现。基于这一分析逻辑，可以将明晰性作为网络管理策略类型划分的一个维度。那么，实践中某些地方政府所呈现的网络管理策略与行为是清晰的；但某些地方政府的网络管理策略可能是低清晰度的，甚至是模糊的。对于后者，本书将其称为模糊策略，它通常具备管理策略内容的笼统性、宽泛性特征。模糊型策略与前述象征性执行具备内在的一致性，都存在"重表象轻本质、重布置轻落实"① 的问题。

对于清晰的管理策略，本书进一步关注其组成工具的整合性特征。要明确整合性的具体指向，需首先了解这一事实：即地方政府的管理实践呈现出刚性管理与/或柔性管理的过程。刚性管理肇始于 20 世纪初，美国学者泰勒对于如何提高生产效率这一问题的研究。通过开展多项对比实验，泰勒提出，企业科学管理需要重点关注作业管理与组织管理等问题。在这里，作业管理与组织管理具有刚性管理的属性，其特点在于侧重于运用规则、规章来形成标准化、规范化的工作流程。当企业管理中刚性管理行为被运用于政府部门的管理运作中时，刚性管理以契约、协议、命令、规定、制度等形式具体呈现，其强制性特征日益明显。当前，刚性管理成为地方政府处理上下级之间关系、政府与社会之间关系的一种重要工具。在网络化治理中，刚性管理工具具有强制约束力，可以发挥调节网络成员的行为，约束企业或社会组织潜在的机会主义倾向等作用。但同时，作为有限理性的地方政府无法寻找到治理网络所面临问题的全部解决方案，这使得刚性管理行为面临着灵活性不足的弊端。

柔性管理源于 20 世纪 20 年代美国心理学家梅奥所开展的霍桑实验。同样是关注到工人的生产效率这一问题，梅奥通过实验和访谈，发现职工是拥有被认可、归属感等心理需求的"社会人"，他进一步提出应培养具备倾听、沟通能力的人际关系型管理者。霍桑实验所得出的结论强调人际关系的重要性，体现了柔性管理的特征，即侧重通过对话、沟通、互动等柔和的管理方式推动成员形成共同认知与培育共同理念，并促使成员将这些共同认知与理念落实到个人行动之中。当前，柔性管理成为中国地方政府能力建设的一部分，并被用于处理政府部门与社会成员之

---

① 徐刚、杨雪菲：《区（县）政府权责清单制度象征性执行的悖向逻辑分析：以 A 市 Y 区为例》，《公共行政评论》2017 年第 4 期。

间的关系上，如市综合行政执法局通过开展柔性执法化解与小贩之间的矛盾。在网络化治理中，柔性管理工具有助于提升网络成员间的相互信任水平，凝聚网络成员间的认知，提升网络成员的政策落实内驱力，但同时面临着约束力低、协调时间成本高等问题。

在实践中，地方政府的网络管理策略或是表现为单一方向的管理行为，即刚性的或柔性的管理行为；或是呈现出综合运用刚性管理与柔性管理的过程，此即整合性的网络管理策略。由此，依据网络管理策略是否具备整合性，可以区分单向策略与组合策略。

总体上，依据管理策略的明晰性和整合性，本书划分了中国地方政府的三种网络管理策略：模糊策略、单向策略、组合策略（见图3-2）。对于后两种，还可以将其归为积极的管理策略。需要说明的是，本书之所以并未从整合性维度对模糊策略进行分析，是源于这一事实：当地方政府的网络管理策略是模糊的时候，即便地方政府综合运用刚性和柔性的管理工具，但相关管理策略的模糊性特征导致其管理行为通常处于低效甚至是失效的状态。此时，再去探索管理策略的整合性特征是没有实质意义的。相反，当管理策略是清晰的时候，通过比较管理策略的整合性特征将有助于比较地方政府网络管理策略的差异性及其对治理实践的影响。

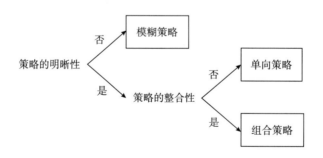

图3-2 中国地方政府的三种网络管理策略

综上所述，从反思理性的复杂人逻辑出发，本书认为，中国地方政府在面对水环境网络化治理过程中的潜在或现实问题时，通常会采用模糊型、单项型、组合型等不同种类的策略。

三　水环境网络化治理的"网络结构—管理过程"分析框架

水环境网络化治理是政府部门与非政府行动者在协商互动的基础上，通过共同行动提供水环境服务的过程。围绕水环境网络化治理，主要有网络结构分析与互动过程分析两种研究路径。网络结构分析视角强调制度安排对网络行动者行为的约束作用，但缺乏对行动者尤其是网络管理者实际管理策略的考量。互动过程视角关注网络行动者间的互动以及网络管理者运用管理策略的过程，但缺少对网络管理策略发生情景的具体探讨。因此，通过有机融合网络结构分析与互动过程分析，形成对中国水环境网络化治理过程的整合性分析，将有助于实现理论研究与现实观察两者间的更好契合。

鉴于此，本书通过整合政策网络理论、网络管理理论、"以行动者为中心的制度主义"框架，建构了理解中国地方政府水环境网络化治理的"网络结构—管理过程"分析框架。该框架融合了政策网络的结构分析方法和管理策略的过程分析方法，提供了一种动态的、整合的分析思路。

"网络结构—管理过程"分析框架是由制度环境、网络结构、管理过程和网络化治理结果四个要素组成。首先，制度环境是指组织所处的法律制度、文化期待、社会规范、观念制度等为人民群众广为接受的社会事实。[1] 该框架中，制度环境表现为水环境治理领域的正式法律条文、规章制度以及非正式的认知、信念、社会规范等。其次，任何网络化治理实践都是在具体的制度环境中发生的，而不同的制度环境又塑造形成不同类型的治理实践。接下来，基于有限理性假设提出，水环境网络化治理过程既不是放之四海而皆准的治理模式，也不是必然走向成功的治理工具。在实践中，水环境网络化治理仍面临各种潜在的困境或现实的问题，而这些困境或问题通过网络结构中的张力加以呈现。对此，作为网络管理者的政府部门通过运用不同的管理策略来加以预防或应对。在具体的管理过程中，作为反思理性复杂人的网络管理者采取了模糊型、单向型、组合型这三种不同的管理策略。相较于模糊策略，单向型与组合型策略可以归为积极的管理行为。

---

① Meyer John W. and Brian Rowan，"Institutionalized Organizations: Formal Structure as Myth and Ceremony"，*American Journal of Sociology*，Vol. 83，No. 2，1977，pp. 340-363.

"网络结构—管理过程"分析框架还进一步对网络结构与管理策略之间的关系作出探讨。政府部门的管理策略并非总是无章可循，而是在一定程度上受到网络结构的影响。一方面，网络结构是通过资源依赖关系的对称性与核心边缘关系的对等性两个维度来影响政府部门的管理策略选择，以及管理过程。具体地，资源依赖的对称性与否影响着政府部门实施管理行为的内驱力的强弱，而核心边缘的对等性与否则塑造了政府部门推进管理策略的外推力的大小。另一方面，政府部门通过实施网络管理策略来反作用于原有的网络结构，使得网络结构表现出或被维系或被调适的不同过程。最终，网络结构与管理策略的相互作用形成了治理结果，而治理结果又通过影响制度环境，间接塑造着网络结构与管理策略之间的再次互动。如此循环往复，直至出现一个相对稳定的治理结果。

需要说明的是，尽管学者们在学理上对承担网络管理者的多种角色作出探讨。但在中国的政策落实中，完全没有政府部门参与的网络化治理活动是不存在的。相反，地方政府始终在网络化治理活动中发挥着重要的作用，由此，网络管理者通常由地方政府承担。简言之，网络化治理过程无法排除传统的官僚制监管或行政决策等实践，加之，治理权是政府部门的天然制度禀赋①，地方政府由此成为最为合适的网络管理者。

概括之，不同的制度环境塑造了不同的治理实践，而不同的治理实践又面临着差异化的网络张力。在面对网络结构中的潜在或现实的张力时，作为网络管理者的地方政府运用具体的管理策略加以防范或回应。在此过程中，网络结构约束着地方政府网络管理策略的选择，同时，地方政府的网络管理策略反作用于网络结构。网络结构与管理策略之间的相互作用共同塑造了网络化治理结果，而治理结果又通过对制度环境的反作用间接影响着网络行动者间的下一轮互动过程。如此，通过多次互动，形成一个相对稳定的治理结果。

---

① 马捷、锁利铭：《区域水资源共享冲突的网络治理模式创新》，《公共管理学报》2010年第2期。

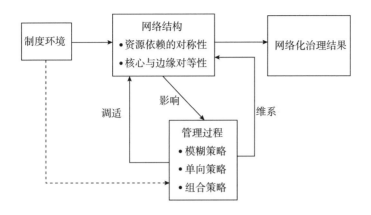

图 3-3　中国水环境网络化治理的"网络结构—管理过程"分析框架

第四节　基于水环境网络化治理
模式类型学的研究假设

一　水环境网络化治理的三种模式

（一）现有模式划分的局限性

类型学分析能够通过提供一个概念性指南来帮助实践者对相关工作做出分析和评价，进而有助于构建理论基础。[①] 围绕水环境网络化治理的类型，既有研究主要从网络化治理成员的差异性、网络成员间的关系两个维度做出类型区分。其中，网络成员间的关系还具体包括非政府行动者对政府部门的附属关系、政府职能转变的差异性、权力共享的差异性等不同视角。此外，还有学者从治理实践的发生层次角度对水环境网络化治理模式进行细分。

前述研究发展了网络化治理的多元分析视角，推动了水环境网络化治理模式的类型学研究。但整体而言，针对水环境的网络化治理的类型研究仍相对不足。一方面，虽然网络成员间的关系分析是网络化治理研

---

① Moore Elizabeth A., and Tomas M. Koontz, "A Typology of Collaborative Watershed Groups: Citizen-based, Agency-based, and Mixed Partnerships", *Society & Natural Resources*, Vol. 16, No. 5, 2003, pp. 451-460.

究的一个重要内容，但其并非代表网络化治理模式差异化的最根本层面。事实上，网络成员间的关系属性以及网络成员间的互动过程都需要依托具体的运作机制加以呈现。因此，相较于成员间的关系属性，网络化治理在运作机制层面的差异化分类更具备典型性。另一方面，国内现有文献更多的是对单一网络化治理类型进行描述，在网络化治理模式的多类型比较以及对治理过程的解释性研究上有待提升。

有鉴于此，本书需形成服务于本项研究的类型划分标准。不同于既有研究对行动者的强调，本书从运行机制层面对水环境网络化治理实践作出区分。相较于网络行动者的组成或行动者间关系的差异性而言，运行机制的差异性更为明确。同时，运行机制能够更为直观地显示出网络化治理的核心特征，以及不同治理模式之间的共性与差异。事实上，国内已有学者将这一分类依据应用于对中国大气污染网络化治理的研究之中。本书进一步将这一划分标准——运行机制差异性扩展到对中国水环境网络化治理的探讨中来。

（二）网络化治理机制的多样性

协商是网络化治理的一种重要机制，但这并不意味着网络化治理只存在单一形式的协商机制。事实上，行政机制、市场机制也不同程度地存在于网络化治理过程中。

一方面，部分学者主张网络参与者以一种非等级的方式相互联系，这些参与者通过相互协商决定多主体间的互动规则。[1] 在此情境下，政府部门继续依赖于非政府行动者，且两者间形成一种更为强有力的战略伙伴关系形式。[2] 但也有学者指出，部分文献总是忽略这一事实，即政府部门经常与非政府行为者一起参与非等级的治理模式。在此过程中，非等级的协调模式如谈判和竞争体系通常嵌入等级结构之中。[3] 事实上，即便在公共部门参与程度更低的自主治理实践中，政府部门的"身影"与影

---

① Kickert Walter Julius Michael, Erik-Hans Klijn, and Joop FM Koppenjan. "Introduction: A Management Perspective on Policy Networks", in: Kickert, W. J. M., Klijn, E. H. and Koppenjan, J. F. M, eds, *Managing Complex Networks*, London: Sage, 1997, pp. 1-11.

② Considine Mark, and Jenny M. Lewis, "Bureaucracy, Network, or Enterprise? Comparing Models of Governance in Australia, Britain, the Netherlands, and New Zealand", *Public Administration Review*, Vol. 63, No. 2, 2003, pp. 131-140.

③ Börzel Tanja A., "Organizing Babylon-On the Different Conceptions of Policy Networks", *Public Administration*, Vol. 76, No. 2, 2010, pp. 253-273.

响力依然存在。对此，奥斯特罗姆明确提出，"占用者设计自己制度的权利不受外部政府权威的挑战"这一规则的重要性。① 换言之，成功的自治治理离不开政府部门对占用者在公共池塘资源使用规则设计方面的授权与认可。

另一方面，信任是网络化治理的重要特征，但网络成员间的信任并不是先天存在的。现实中，治理网络经常将具有重叠或不同目标的行动者集合起来。② 这些网络成员在价值、认知和利益上存在不同程度的差异，并由此导致网络中充斥着利益冲突和策略行为而非信任。③ 同时，网络成员间并不总是非等级制关系。相反，也存在等级的、不对称的权力关系与结构。④ 对此，克利金和科彭扬主张将信任看作在治理网络中要获取的重要财产。他们同时强调，治理网络事实上包括信任、规则和中央指导、市场机制和谈判在内的多种协调机制的综合。⑤ 刘波等学者也提出"网络化治理的操作章程各有不同。有些操作章程是基于行政命令和权威关系的，有些是基于市场机制和契约关系的，还有些是基于信任和社会关系的"⑥刘国翰关注公共领域网络化治理中的连接模式，他通过多案例分析归纳总结了多主体间产生联系和互动的四种方式：契约关系、集

① ［美］埃莉诺·奥斯特罗姆：《公共事物的治理之道：集体行动制度的演进》，余逊达、陈旭东译，上海译文出版社 2012 年版，第 9 页。

② Stephen Goldsmith, and William D. Eggers. ed., *Governing by Network: The New Shape of the Public Sector*, Brookings Institution Press, 2004, p. 37.

③ Scharpf Fritz W., "Interorganizational Policy Studies: Issues, Concepts and Perspectives", in: Hanf, K. and Scharpf Fritz W. ed., eds., *Interorganizational Policy Making*, London: Sage, 1978, pp. 345-370.

④ 参见以下文献：Le Galès Patrick, "Urban Governance and Policy Networks: On the Political Boundedness of Policy Networks, the French Case Study", *Public Administration*, Vol. 79, No. 1, 2001, pp. 167-184; Camagni Roberto P., and Carlo Salone, "Network Urban Structure in Northern Italy: Elements for a Theoretical Framework", *Urban Studies*, Vol. 30, No. 6, 1993, pp. 1053-1064; Eraydın Ayda Armatli, Köroglu Bilge, Erkus Öztürk Hilal, and Senem Yasar Suna, "Network Governance Competitiveness: The Role of Policy Networks in the Economic Performance of Settlements in the Izmir Region", *Urban Studies*, Vol. 45, No. 11, 2008, pp. 2291-2321; Grix Jonathan, and Lesley Phillpots, "Revisiting the Governance Narrative: Asymmetrical Network Governance and the Deviant Case of the Sports Policy Sector", *Public Policy and Administration*, Vol. 26, No. 1, 2011, pp. 3-19.

⑤ Klijn Erik-Hans, and Joop Koppenjan, "Governance Network Theory: Past, Present and Future", *Policy and Politics*, Vol. 40, No. 4, 2012, pp. 187-206.

⑥ 刘波、王彬、姚引良：《网络治理与地方政府社会管理创新》，《中国行政管理》2013 年第 12 期。

体协商、氛围和交叉任职。①

综上所述，网络化治理的组成机制并非单一，而是多样的。从这一视角出发，部分学者对网络化治理实践的多种机制展开探析。Wilkins 和 Ouchi 界定了调解组织间关系三种基本机制：官僚机构（"行政控制"）、市场（"市场契约"）以及宗族（"合作协商"）。② 这当中，行政控制是以等级制为中心、以规则和协议为导向，强调法律权威、实体愿景和强而有力的领导的重要性。市场契约是指以市场为中心、强调利益交换、更大的市场灵活性和更少的行政管制。合作协商是以构建集体关系为导向，强调多元主体互动过程中的信任与合作关系，它侧重于通过沟通、谈判、组织文化培育以及联盟建设等工具创造组织间互动的双赢局面，并在此过程中注重桥接而非分离政策制定和执行。

上述三种机制分别对应着行政机制、市场机制、协商机制。在网络化治理实践中，前述三种机制通常是组合发挥作用的，这具体表现为以下两种情境。第一，对网络协商机制与官僚机制的结合运用。事实上，网络化治理路径通常始于一个等级制决策。③ 这意味着，政府部门对自上而下的命令和控制权威的使用并非与网络化治理不相关。第二，对网络协商、市场机制、官僚机制的综合运用。Meuleman 在分析德国 1999 年联邦土壤保护法案的政策过程时发现，"土壤保护法"准备阶段的方案设计虽然带有网络协商的因素，但更多地体现出基于等级制的运作过程。④ 在政策执行阶段，多主体间的互动虽带有市场契约的因素，但更多地表现为多元主体协商互动的过程。在他提到的另一个案例中，荷兰土壤政策是通过等级制进行决策，继而通过网络机制构建起多主体间的合作，最终推动这一政策的执行与落地。这两个案例共同体现了对行政机制、市

---

① 刘国翰：《公共领域网络化治理的联接模式》，《东华大学学报》（社会科学版）2011 年第 4 期。

② Wilkins Alan L. , and William G. Ouchi , "Efficient cultures: Exploring the Relationship Between Culture and Organizational Performance", *Administrative Science Quarterly*, Vol. 28, No. 3, 1983, pp. 468–481.

③ Meuleman Louis, "Metagoverning Governance Styles: Broadening the Public Manager's Action Perspective", in: Torfing, J. and Triantafillou, P. , eds. , *Interactive Policymaking*, *Metagovernance and Democracy*, ECPR: Colchester, 2011, pp. 95–110.

④ Meuleman Louis, "Metagoverning Governance Styles: Broadening the Public Manager's Action Perspective", in: Torfing, J. and Triantafillou, P. , eds. , *Interactive Policymaking*, *Metagovernance and Democracy*, ECPR: Colchester, 2011, pp. 95–110.

场机制、协商找机会的综合运用。

总结而言，网络化治理是一种处于自愿（扁平组织）与强制（科层制组织）之间的糅合体或混合状态。① 在网络化治理的运作机制上，协商是一种始终存在的且十分重要的机制，同时，行政机制、市场契约也在网络化治理实践中发挥着重要的作用。

（三）行政主导型、市场主导型与协商主导型网络化治理模式

当前，网络化治理过程实际上表现出对协商、行政机制、市场契约三种机制组合运用的特征。那么，依据发挥主导作用的机制差异性，本书区分了水环境网络化治理的行政主导型、市场主导型、协商主导型三种模式。

行政主导型水环境网络化治理是行政命令在治理过程中发挥主导作用的模式。这一模式中，地方政府通过行政机制、协商机制或者行政机制、市场机制、协商机制与治理网络中的非政府行动者进行互动。需要说明的是，行政主导型模式中，地方政府对市场机制或协商机制的运用是为了更好地推动行政机制发挥作用，亦即协商机制、市场机制是对行政机制的一种补充工具。当前，行政主导型网络化治理模式主要被用于提供水环境监督服务。现实中，官方河长与民间河长（或称为"双河长模式"）合作开展河流水质监督便是行政主导型治理模式的典型代表。

市场主导型水环境网络化治理是指合同契约、市场机制在治理过程中发挥主导作用的模式。在市场主导型网络化治理模式中，地方政府通过行政机制、市场机制、协商机制与其他网络行动者进行互动。市场主导型模式中，地方政府对行政机制、协商机制的运用是为了更好地推动市场机制发挥作用。在此情景下，行政机制、协商机制是对市场机制的一种补充工具。当前，市场主导型网络化治理模式主要被用来开展水环境领域的合作生产服务，其合作事项既包括绿化项目、铺装工程、照明工程、雨污分流管道设施、污水处理厂等有形的配套设施生产类，有涉及沟渠、污水处理等无形的公共服务生产类。在具体的运作形式上，水环境网络化治理的市场主导型实践是通过政府购买公共服务、政府与社

---

① 郸益奋：《网络治理：公共管理的新框架》，《公共管理学报》2007 年第 1 期。

会资本合作展开的。①

协商主导型水环境网络化治理是协商机制在治理过程中发挥主导作用的模式。在该模式中，地方政府通过行政机制与协商机制，或是行政机制、市场机制、协商机制来与其他行动者互动。协商主导型模式中，地方政府对行政机制、市场机制的运用是为了更好地推动协商机制发挥作用。当前，水环境网络化治理的协商主导型模式主要被用于开展水环境合作整治工作或解决涉水污染问题等。在此情境下，地方政府往往依托某一个或某几个关键的非政府行动者来吸纳更多的利益相关者进入治理网络，其目的在于塑造水环境整治的合力。现实中，协商主导型模式表现为地方政府依托专业环保组织与当地群众、污染企业就某一具体的水环境问题展开持续协商互动的过程。

二 核心要素与研究假设

（一）核心要素

聚焦中国水环境领域的网络化治理实践，本书提出两个核心研究问题。第一，中国水环境领域存在哪些网络化治理模式？第二，同一种网络化治理模式为何产生不尽相同的治理结果？针对前述问题，本项研究通过建构"网络结构—管理过程"分析框架来做出探讨。"网络结构—管理过程"分析框架是从有限理性与反思理性的复杂人前提假设出发，强调网络化治理过程是在网络结构与地方政府管理策略的共同作用下塑造形成。接下来，依次对"网络结构—管理过程"分析框架中的核心解释变量—网

---

① 政府购买公共服务的实践与新公共管理理论密切相关。新公共管理理论主张，通过引入市场竞争机制，让更多的私营部门参与提供公共服务，以提高公共服务的供给效率。在新公共管理的改革实践中，私人部门通过与政府部门签订合同契约成为公共服务供给的重要主体。基于该视角，新公共管理理论所倡导的公共服务市场化管理理念与政府购买服务机制的运作流程一致。但之所以将政府购买公共服务作为市场主导型网络化治理模式的政策工具，是因为新公共管理理论的公共职能市场化与政府购买公共服务间仍存在差别。这体现为，相较于新公共管理理论的效率优先导向，政府购买公共服务在关注提供效率的同时，更加注重民主价值导向。此外，我们还可以运用美国学者奥斯本（Osborne）的观点对新公共管理与网络化治理作出区分。奥斯本在《新公共治理？——公共治理理论和实践方面的新观点》一书中提出的新公共治理概念与网络化治理的内涵一致，因此，新公共治理与新公共管理的区别亦体现网络化治理与新公共管理间的差异。具体地，奥斯本指出"新公共管理更注重组织内部的过程和管理……其核心的资源分配机制是竞争机制、价格机制及契约关系的多种组合"，而"新公共治理聚焦组织间的关系和对过程的控制管理……其核心的资源分配机制是组织间网络"。总之，政府购买服务在不同的理论视角之下、不同的发展阶段表现出不同的治理实践，本书是将其看作网络化治理的一种政策工具来作出分析。

络结构与管理过程的分析维度、测量方式作出说明（见表3-6）。

表3-6 关键变量

变量类型	变量名称	分析维度	测量方式
自变量	网络结构	资源依赖的对称性	网络行动者所需资源的可替代性的高低
		核心边缘关系的对等性	非政府网络行动者参与层次的高低
	管理过程	管理策略的明晰性	管理策略是否具备清晰的规定？
		管理策略的整合性	管理策略是否组合运用刚性与柔性管理策略？
因变量	治理结果	民间河长的活动层次	高/较高/低
		项目当下完成情况	好/较好/无效
		治理结果及行动网络的可持续性	高/低

具体而言，网络结构包括资源依赖关系的对称性、核心边缘关系的对等性两个维度。通常情况下，资源依赖的对称性程度越高，网络行动者间越容易形成相对平等的互动关系。此时，在面对网络化治理中的问题时，作为网络管理者的地方政府越有动力运用积极的管理策略加以应对。关于资源依赖的对称性，本书用"资源的可替代性"来对其作出衡量。"资源的可替代性"源自杰弗里和萨兰基克（Jeffrey Pfeffer & Gerald R. Salancik）提出的"资源控制力的集中"一词。① 所谓资源控制力的集中是指"投入或产出交易的范围由相对少数几个或者单个的组织来控制"，是"中心组织用其他资源替代原有资源的能力"。② 一般情况下，资源控制力越集中，资源的可替代性则越弱。为便于理解，书中用"资

① ［美］杰弗里·菲佛、杰勒尔德·R. 萨兰基克：《组织的外部控制：对组织资源依赖的分析》，闫蕊译，东方出版社2006年版，第55页。
② 杰弗里和萨兰基克在《组织的外部控制：对组织资源依赖的分析》一书中，总结了决定组织对其他组织的依赖程度的三个关键要素，即资源的重要性、对其他参与者掌握资源的分配和使用的决定权、替代资源的存在情况。书中之所以通过第三个要素来解析网络化治理实践中参与者间的关系，是因为前两个要素在区分行动者间的关系上并不明显。在资源的重要性方面，地方政府与非政府行动者都需要双方的资源来共同提供公共服务或生产公共产品；在对其他参与者掌握资源的分配和使用的决定权方面，地方政府能够通过资格认定、吸纳参与等方式来决定非政府行动者所拥有的某些资源，如对民间河长的资格筛选、对社会组织和企业的登记管理，而非政府行动者只能监督地方政府的执法行为，无权决定行政权力的分配和使用。

源的可替代性"来代替"资源控制力的集中"这一术语。对于核心边缘关系的对等性,是通过对治理网络中非政府行动者的行动范围进行衡量。一般而言,网络化治理中,非政府行动者越是靠近核心区域,越能够对地方政府的网络管理过程施加影响。需要说明的是,非政府行动者对地方政府行为的影响力通常是依托自身拥有的资源实现的。资源依赖关系的对称性与核心边缘关系的对等性具有逻辑上的一致性,即资源依赖的对称性程度越低,核心边缘的对等性程度则越低;资源依赖的对称性程度越高,核心边缘的对等性程度则越高。而之所以将两个维度都纳入对地方政府管理策略选择的分析,是因为地方政府的管理策略选择往往是在内在驱动力与外在推动力的共同作用下发生的。在这里,资源依赖的对称性指向内驱力,核心边缘的对等性则指向外推力。

管理过程包括管理策略的明晰性和整合性两个维度。当管理策略不清晰时,地方政府的管理行为通常体现出政策文本的模糊性。在这一情况下,地方政府网络管理策略的效力便十分有限。当地方政府采用清晰的管理策略时,本书进一步分析网络管理策略的整合性维度,这表现为是否通过兼用柔性管理和刚性管理两种策略形成组合策略。相对于采用柔性或刚性管理这类单向策略,组合策略能够更好地改善现有治理网络中的问题。

在被解释变量方面,本书分别从不同方面对三种网络化治理模式的治理结果进行测量。具体而言,分别依据民间河长的活动层次、项目当下完成情况、治理结果及行动网络的可持续性三个维度,依次对行政主导型、市场主导型、协商主导型三种网络化治理结果做出测量。

(二) 研究假设

在明确解释中国水环境网络化治理的"网络结构—管理过程"分析框架中核心要素的测量方式后,依据这一分析框架的基本逻辑形成以下研究假设:

第一,网络行动者间资源依赖关系越趋于对称,核心边缘关系越趋于对等,地方政府实施网络管理行为的动力则越强。进一步地,地方政府的网络管理动力越强,则越倾向于采用单向或组合这类积极的管理策略。

网络行动者间资源依赖关系越趋向于对称,核心边缘关系越趋向于对等,网络行动者间越容易形成平等协商的互动关系。此时,在面对潜在或现实的治理问题时，地方政府采取管理策略的内在驱动力和外在推动力越强，越倾向于采用积极的管理策略。

第二，同一种网络化治理模式中，相较于模糊策略，地方政府越是采取单向策略或组合策略，越会取得更好的治理结果。

模糊策略通常具备宏观、不明晰的特征，这使其在应对治理网络中的具体问题时，缺乏可操作性与落地性。相较而言，单向策略和组合策略都具备明确的管理路径，能够有针对性地解决合作中的问题，进而带来较好的水环境治理结果。

第三，同一种网络化治理模式中，相较于单向策略，地方政府越是采用组合策略，越会带来更好的治理结果。

单向策略或是因侧重柔性管理而面临约束力低的问题，或是因侧重刚性管理而存在灵活性差的问题。比较而言，组合策略通过整合柔性管理与刚性管理两种工具，能够提供更加完善的制度供给，从而形成更好的水环境治理结果。

三 案例选择原则

案例选择主要遵循两个原则：资料的充实性和案例的典型性。资料的充实性强调所搜集到的材料内容要丰富、完整，从而为形成对某一问题的全方位、系统性认识提供客观材料支撑。现实中，由于主客观原因，多数案例材料并不完善。为形成一个完整的案例分析，需要付出较大的时间成本、人力成本。案例的典型性是指所选取的案例在某一研究领域具备代表性或一定的社会影响力。综合案例选择的充实性与典型性两大标准，本书对三种网络化治理模式的代表案例作出说明。

（1）行政主导型网络化治理模式——双河长治理。当前，中国多地地方政府开展了双河长治理活动，并对这些治理活动做出宣传。综合考虑资料的充实性和案例的典型性，本书选取了远安县双河长治理实践、河源市双河长治理实践、湘潭市双河长治理实践等作为主要分析案例。

（2）市场主导型网络化治理模式——政府购买公共服务、政府与社会资本合作。当前，地方政府通过市场机制整合社会力量共同生产公共服务已成为普遍的治理实践。虽然围绕地方政府与社会力量互动过程的细节报道相对较少，但可以通过国家财政部、发改委所发布的示范项目数据库以及地方政府的官方文件作出选择。综合既有材料，本书选取了清镇市政府购买第三方环保监督服务、镇江市政府的海绵城市建设 PPP

项目、青岛西海岸生态环境分局的环保管家项目作为主要分析案例。

（3）协商主导型网络化治理模式——合作开展水环境整治。协商主导型网络化治理实践通常围绕小范围的水环境问题展开，表现为政府部门与环保组织联合当地民众、企业共同开展水环境保护与治理工作。对于此类实践，部分地方政府以社会治理创新的形式对相关活动做出报道。在本书中，选取了绿色江南环保组织分别与苏州工业园区环保部门、张家港市生态环境部门合作监督水环境的治理实践来作为分析案例。

第五节 小结

单一的结构观或行动观在分析中国水环境网络化治理实践时，均面临一定的局限性。对此，本书走出传统的将结构视角与过程视角进行对立的分析路径，将结构观与过程观进行整合。由此，本章综合运用政策网络理论、网络管理理论、"以行动者为中心的制度主义"框架，从反思理性的复杂人假设出发，提出理解中国地方政府水环境网络化治理实践的"网络结构—管理过程"的整合性分析框架。同时，对"网络结构—管理过程"分析框架中的制度环境、网络结构、管理过程、治理结果等要素作出阐释。为准确理解中国水环境领域的网络化治理实践，书中依据对网络化治理的类型作出区分。在明确现有模式划分不足的基础上，依据治理实践中发挥主导作用的机制差异性，区分了行政主导型、市场主导型、协商主导型三种网络化治理模式。在网络化治理类型学分析的基础上，提出三项研究假设。最后，对三种网络化治理模式的案例选择原则做出分析。

第四章 行政控制、策略选择与"双河长模式"

在水环境治理领域，行政主导型网络化治理模式吸纳了政府部门以外的行动者，但其运作过程仍主要依赖于传统的行政机制。此时，政府部门以外的行动者发挥协助地方政府推进水治理的补充作用。现实中，由"河长制"衍生而成的"双河长模式"是行政主导型网络化治理模式的典型代表。当前多地地方政府通过自行探索或横向学习开展了双河长实践。此类实践活动具有相似性，尤其是在官方河长的主导地位上，各地地方政府的实践过程呈现出高度的一致性。那么，同为双河长模式为何会产生不尽相同，甚至截然不同的治理结果？对此，本章依据"网络结构—管理过程"分析框架对行政主导型网络化治理的双河长实践展开阐释。在分析过程中，回答前述研究问题。

第一节 行政主导型结构与共同监督

作为行政主导型网络化治理模式的典型代表，双河长模式是在河长制的基础上形成的。可以说，双河长模式是对原有河长制的横向发展。鉴于此，为全面了解双河长模式，需首先明确河长制的产生背景、发展历程及其实施效果，通过分析具体案例探讨行政主导型网络结构中的张力，对网络结构与地方政府管理行为之间的互动关系作出解释。

一 河长制与双河长模式的发展演变

河长制是指由中国各级党政主要负责人担任"河长"，具体负责组织、领导管辖区范围内河湖的管理和保护工作的制度。河长制是由省、市、县、乡四级河长体系组成。各省（自治区、直辖市）设立总河长；各省（自治区、直辖市）行政区域内主要河湖设立河长；各河湖所在市、县、乡均分级分段设立河长。四级河长体系中，县级及以上河长设置河长制办公室。当前，河长的主要任务包括水资源保护、水域岸线管理保护、水污染防治、水环境治理、水生态修复、执法监管六个方面。[1] 作为一项在全国推广的制度，河长制起始于浙江省的实践创新。

（一）河长制的起源与发展

河长制起源于太湖流域的两个地区——浙江省长兴县和江苏省无锡市的环境保护管理创新实践。长久以来，浙江省长兴县在经济快速发展的同时，面临着诸多的生态环境问题。2003 年，为创建国家级卫生城市，长兴县着重推进水污染整治工作。在生态整治过程中，长兴县委办发布了《关于调整城区环境卫生责任区和路长地段建立里弄长制和河长制并进一步明确工作职责的通知》。该通知要求将先前探索形成的"片长、路长"这一责任包干机制运用到河流管护领域，"河长制"的雏形由此形成。自 2004 年以来，长兴县级河长制开始向乡镇和农村扩展，并于 2008 年初步构建起包括县、镇、村三级河长制的管理体系。可以说，长兴县是河长制的萌芽地。而在落实河长制政策中，长兴县的水生态环境也得到很大的改善。

河长制的进一步完善与发展与江苏省无锡市的太湖蓝藻治理过程密切相关。2007 年 5 月，无锡太湖区域因暴发大面积蓝藻而形成严重的饮水危机。对此，无锡市政府立刻启动一系列应急预案来解决蓝藻污染、居民饮水供给等问题。在危机过后，无锡市政府将水生态治理提上议事日程。2007 年 8 月，市政府印发了关于水质控制的考核办法，该办法明确要求"将河流断面水质的检测结果纳入各市（县）、区党政主要负责人政绩考核内容"。2008 年 6 月，江苏省政府办公厅印发了《关于在太湖主要入湖河流实行双河长制的通知》，该通知要求对流入太湖的 15 条河流实行"双河长制"，以此推进太湖水环境综合治理工作。[2] 同时，该文件还详细规定了河长的主要责任。在省政府的要求下，江苏省多地市逐步

---

[1] 《〈关于全面推行河长制的意见〉政策解读》，国务院新闻办公室网，2016 年 12 月 12 日，http://www.scio.gov.cn/34473/34515/Document/1535410/1535410.htm.

[2] 江苏省政府最初提出的双河长制是由省级和地方两个层面的政府官员组成。江苏省政府办公厅在文件中指出，"由省政府领导、省太湖水污染防治委员会部分成员和有关厅局负责同志担任省级层面的'河长'，地方层面的'河长'由河流流经的各市、县（市、区）人民政府主要负责同志担任"。本章所述双河长模式是指在原有河长制的基础上，加入民间河长，形成官方河长与民间河长共同治理水污染的合作实践。由此，本书的双河长模式与江苏省政府办公厅发文中的双河长制内涵完全不同。

推进了河长制的部署工作。其中，无锡市委、市政府于 2008 年 9 月联合印发了《关于全面建立"河（湖、库、荡、汈）长制"全面加强河（湖、库、荡、汈）综合整治和管理的决定》。该决定提出在全市推行河长制模式，并从组织原则、工作措施、责任体系、考核办法等方面对河长制的运作方式作出明确规定。在组织架构上，无锡市建成了涵盖市、区（县）、镇（街道、园区）的三级"河长制"管理工作领导小组。同时，为推进综合执法，无锡市政府对发改、规划、工程、城管等 12 个部门进行机构整合。在责任体系上，领导小组需负责对本片区河长制工作的指挥、督促、检查和验收，矛盾协调以及河长制实施情况汇报等多项工作。

2010 年 3 月，无锡市新区工作委员会、无锡市人民政府新区管理委员会印发了《无锡新区"河长制"全覆盖管理工作办法的通知》。这一文件明确指出河长制的总体要求为"实行属地行政首长负责制"，并对分阶段整治目标和断面水质达标任务、管理方式与责任、考核内容与结果奖惩等多项任务作出详细规定。2012 年 9 月，江苏省政府办公厅下发的河长制工作意见肯定了河长制的重要意义和现实价值，并对落实河长制的指导思想、基本原则、目标任务、组织体系、管护责任、工作保障六个方面作出明确规定。其中，在组织体系方面，意见指出要"建立省、市、县（市、区）河道管护联席会议制度，成立河长制管理办公室，办公室设在各级水行政主管部门，负责联席会议议定事项的落实工作"。自此，河长制在江苏全省范围内得到推广。

伴随江苏省河长制的有序推进，其他省市如北京、天津、安徽、江西、福建、海南等也开始借鉴河长制治水模式。在多地的治理实践中，河长制制度体系日趋成熟。2010 年，昆明市在总结河长制实践经验的基础上出台了《昆明市河道管理条例（征求意见稿）》，该条例明确规定"建立市、县（市、区）、乡（镇、街道办事处）三级管理网络体系，实行河（段）长责任制"。河（段）长的主要责任包括：对河道管护的监督协调、签订河道责任区的环境控制目标责任书、检查和考核河道环境控制目标的落实、指导河道管护整治工作等。昆明市政府通过将河长制纳入地方性法规来确保河长制发挥长效作用，这是河长制发展中的一大进步。2013 年，浙江省委、省政府出台了《关于全面实施"河长制"，进一步加强水环境治理工作的意见》，意见要求在全省范围内建立"省、市、县、镇（乡）四级河长体系"，这成为四级河长制体系的雏形。

（二）河长制的自上而下推广

肇始于长兴，发展于无锡，河长制在地方政府的实践探索之中逐步走向完善。2014 年，河长制受到国家环保部、水利部的关注，并由此开始进入国家顶层设计阶段。2016 年，中共中央办公厅、国务院办公厅印发了《关于全面推行河长制的意见》（以下简称"意见"），这标志着河长制开始在全国层面全面铺开。该意见指出，河长制的应用对象为"全国江河湖泊"，并详细规定"各省（自治区、直辖市）设立总河长，由党委或政府主要负责同志担任；各省（自治区、直辖市）行政区域内主要河湖设立河长，由省级负责同志担任；各河湖所在市、县、乡均分级分段设立河长，由同级负责同志担任。县级及以上河长设置相应的河长制办公室，具体组成由各地根据实际确定"。该意见强调"建立省、市、县、乡四级河长体系"的组织形式，并指明河长的主要任务为"水资源保护、河湖水岸线管护、水污染防治、水环境治理、水生态修复、执法监管"。在考核方面，由"县级及以上河长负责组织对相应河湖下一级河长进行考核"，考核结果则"作为地方党政领导干部综合考核评价的重要依据"。同年，水利部、环保部印发了《贯彻落实〈关于全面推行河长制的意见〉实施方案》，该方案提出各地方政府需自行编制当地的河长制工作方案，并明确要求全国各地在 2018 年底前全面建立四级河长制。在考核问责方面，方案强调"水利部将把全面推行河长制工作纳入最严格水资源管理制度考核，环境保护部将河长制落实情况纳入水污染防治行动计划的实施考核中"。

在多份文件的指导下，全国各省（自治区、直辖市）陆续制定了本地区的河长制实施方案。据水利部披露，全国 31 个省区市已于 2018 年 6 月底全面建成河长制制度。自此，河长制的组织系统、保障制度、问责机制等运作体系在全国层面初步建立。全国每一条河流都有了自己的河长，河长制步入"有名"阶段。为进一步深入推进河长制的落实，水利部在 2018 年 10 月印发了《关于推动河长制从"有名"到"有实"的实施意见》。该实施意见指出，各地方政府在进一步细化河长制实施工作的同时，要围绕"乱占、乱采、乱堆、乱建"四乱整治展开专项行动。同时，意见强调需要注重运用大数据技术推进"一河一档""一河一策"的编制工作，从而推动各地因地制宜地落实河长制工作。总体上看，当前中国多数地区的河长制工作已经进入"有实"阶段，但不可否认的是，也有一些地区的河长制建设进度仍停留在"有名"阶段。

（三）河长制的特征与作用

行政首长负责制是河长制首要的也是最为显著的特征。所谓行政首长负责制是"重大事务在集体讨论的基础上由行政首长定夺，具体日常行政事务由行政首长决定，行政首长独立承担行政责任的一种行政领导制度"。当前，中国地方的行政首长是地方各级人民政府的省长、市长、县长、区长、乡长、镇长，他们依据"国家法律所授予的行政权力，在政府管理系统中处于领导地位"①。河长制的属地首长负责制体现为由各级党委或政府主要领导担任"河长"职务，他们以水环境治理的五大任务为工作目标，依法保护和管理本辖区内的生态环境，并对其行为负责的制度。

党政同责是落实河长制的常态化制度。这与中共中央办公厅、国务院办公厅所印发的《党政领导干部生态环境损害责任追究办法（试行）》要求相吻合，即"地方各级党委和政府对本地区生态环境和资源保护负总责，党委和政府主要领导成员承担主要责任，其他有关领导成员在职责范围内承担相应责任"；而当出现生态环境损害事件时，"应当追究相关地方党委和政府主要领导成员的责任"。在推进河长制工作中，党政同责制度有助于在明确行政干部责任的同时，压实党务干部的职责，进而为河长制的有效落实提供制度保障。

第二，资源的综合运用。在横向层面，整合利用不同政府部门的资源共同治理水环境是河长制的重要特征。在落实河长制的过程中，县级及以上河长成立河长制办公室（以下简称"河长办"）。河长办的主要职责包括制定河长制的工作方案、组织实施河长制具体工作、协调河长办的日常工作、监督和考核各级各部门的履职情况等。多数地方河长办是挂靠在水利机构（水利厅、水利局、水利站）之下，并由对应的水利机构领导成员担任河长办主任一职，其成员单位涉及多个机构。以福建省为例，福建省河长制工作方案指出，省级河长办的成员单位包括省水利厅、省环保厅、省住建厅、省农业厅、省发改委、省经信委、省财政厅、省国土厅、省交通运输厅、省林业厅、省海洋与渔业厅、省卫健委等12

---

① 田兆阳：《论行政首长负责制与权力制约机制》，《政治学研究》1999 年第 2 期。

个机构。省河长制工作方案还进一步对这 12 个成员单位的职责做出具体规定。当前，河长办通过集中办公的方式有效整合了与治水相关的多个部门。同时，河长办通过定期召开成员单位联席会议显著提高了各部间的资源共享程度和共同行动的协作水平。

第三，压力型结构。在纵向层面，对河长制工作的执行过程体现出层层下压的特征，呈现出典型的压力型结构。压力型结构源自荣敬本所提出的压力型体制，这是指"一级政治组织（县、乡）为了实现经济赶超，完成上级下达的各项指标而采取的数量化任务分解的管理方式和物质化的评价体系"[1]。虽然"压力型体制"起源于经济领域，但部分学者已经将这一术语的适用性延伸至社会治理、生态整治等领域。[2] 在推进河长制工作中，压力型结构是通过上一级河长将压力层层传导给下级河长来具体呈现。通常来说，上一级河长主要通过以下方式向下层层传递压力。第一，上一级河长与下一级河长签订《河长制工作目标责任书》；第二，上一级河长派驻督导组监督下一级河长的工作落实情况；第三，县级及以上河长对下一级河长的工作情况进行考核，并将考核结果作为地方干部选拔任用的重要依据。

在对河北省某镇的调研中，政府工作人员提到，现在有"环保压力、水的问题，现在治理压力很大"。[3]

（四）从河长制到双河长模式

当前，中国地方政府形成了包括省、市、县、乡的四级河长体系。围绕河长制的工作效果，部分学者通过收集、分析水环境数据肯定了河长制在提升水生态质量上的成效。[4] 但不可否认，当前，河长制的落实中还存在一系列问题。

在对山东省桓台县某乡镇的实地调研中发现，镇政府工作人员对河长制的执行方式存有一定的疑虑。

---

① 荣敬本：《从压力型体制向民主合作体制的转变》，中央编译出版社 1998 年版，第 28 页。
② 参见以下文献：薛泉：《压力型体制模式下的社会组织发展——基于温州个案的研究》，《公共管理学报》2015 年第 4 期；李波、于水：《达标压力型体制：地方水环境河长制治理的运作逻辑研究》，《宁夏社会科学》2018 年第 2 期。
③ 访谈笔记，2018 年 6 月 26 日。
④ 参见以下文献：李强：《河长制视域下环境分权的减排效应研究》，《产业经济研究》2018 年第 3 期；卿漪、龙方：《基于河长制的东洞庭湖水环境治理》，《吉首大学学报》（自然科学版）2018 年第 4 期。

　　他们普遍强调，河长制的政策是好的，但若严格按照上级要求去推进，仍存在一定的难度。最为突出的难点在于人力资源有限。当前，河长制是与网格化相结合推进。在部分河道较多的乡镇，河长制工作的开展面临人手不足的问题。加之，基层干部还需负责处理日常办公中的各项琐碎繁杂和突发性工作，这使得他们面临繁重的工作压力。当地政府也试图通过聘任村民承担部分巡河工作来缓解人手不足的问题，但这也间接增加了基层的财政负担。

　　当前，学术界也对河长制的效果做出探讨。沈坤荣、金刚在运用双重差分法探索河长制的政策效应时发现，虽然"河长制达到了初步的水污染治理效果"，但"并未显著降低水中深度污染物"。[1] 进一步地，学者们通过不同案例具体分析了部分地区河长制尚未达到实际效果的原因。这包括：行政系统内部要素不完善，如部门间的沟通机制不完善、考核机制不健全、地方政府存在自利行为等；对体制外社会力量的调动、吸纳以及联动的不足等。[2] 事实上，体制外社会力量的参与既是重要的，也是必要的。这一方面源于社会力量在弥补河长制所面临的诸如治水资源有限、专业技能不足、行政系统内部自我考核等多重弊端上具备优势；另一方面源于社会力量是水资源的使用者和水环境质量的直接影响者。

　　为形成水环境治理合力，部分省市先行探索双河长模式的构建路径。所谓"双河长模式"是指赋予社会力量以民间河长的身份，并通过完善制度机制搭建起民间河长与官方河长之间的协商互动关系，从而推动社

---

①　沈坤荣、金刚：《中国地方政府环境治理的政策效应——基于"河长制"演进的研究》，《中国社会科学》2018 年第 5 期。

②　参见以下文献：李成艾、孟祥霞：《水环境治理模式创新向长效机制演化的路径研究——基于"河长制"的思考》，《城市环境与城市生态》2015 年第 6 期；王勇：《水环境治理"河长制"的悖论及其化解》，《西部法学评论》2015 年第 3 期；黄爱宝：《"河长制"：制度形态与创新趋向》，《学海》2015 年第 4 期；周建国、熊烨：《河长制：持续创新何以可能——基于政策文本和改革实践的双维度分析》，《江苏社会科学》2017 年第 4 期；李波、于水：《达标压力型体制：地方水环境河长制治理的运作逻辑研究》，《宁夏社会科学》2018 年第 2 期；王园妮、曹海林：《"河长制"推行中的公众参与：何以可能与何以可为——以湘潭市"河长助手"为例》，《社会科学研究》2019 年第 5 期；王伟、李巍：《河长制：流域整体性治理的样本研究》，《领导科学》2018 年第 17 期。

会力量与政府部门共同监督水环境。① 与河长制的自上而下推行不同，双河长模式是地方政府通过主动探索形成的一种政策创新，并由此呈现出官方河长与不同身份的民间河长合作监督水环境的多种运作形态。具体地，在民间河长的身份选择上，有乡贤河长、百姓河长、企业河长、社会组织河长等多种角色。② 浙江省瑞安市自 2018 年底开始招募民间河长，不到半年时间，全市已有 300 余名民间河长。民间河长是由知识分子、企业家、普通群众组成，他们与政府部门共同协作致力于形成全民治水的格局。③ 2017 年底，浙江省德清县组建了一支由企业家、乡贤、养殖户组成的 500 多名民间河长队伍，他们通过发挥自身资源优势和专业技能来提高社会公众对水环境的科学认知，并在此基础上引导公众有序参与治水。④

在形成机制上，双河长模式主要依托吸纳参与的方式，将民间河长吸纳为双河长模式的治理主体之一。需要说明的是，地方政府虽是搭建双河长模式的核心行动者，但并不总是双河长模式的发起者。当前，中国部分地区的民间河长是由社会组织招募而成。2019 年，河北省向社会公开招募了省妇联"燕赵她志愿"巾帼志愿者、河北环保联合会、华北环境前线、河北科技大学理工学院青年志愿者协会、河北化工医药职业技术学院志愿者团队等 8 个志愿团体。在对这些志愿团体进行统一授权和开展民间河长业务培训的基础上，由志愿团体负责选拔聘请民间河长，

---

① 当前，学术界在村一级是否属于基层政府的问题上存在争议。围绕河长制，村级河长通常是由村党支部书记、村委会主任担任，而村书记是中国最基层的党组织书记，需要接受上级党组织的考核。基于这一视角，本书将村级河长归为官方河长。这一归类同时便于将官方河长与民间河长的社会公众身份进行区分。

② 在实践中，广东省新会区双水镇探索形成人大代表担任民间河长的治理实践。当前，除了担任党政河长的人大代表外，双水镇共有 103 名人大代表民间河长。同时，双水镇还出台了《双水镇人大代表担任"民间河长"试行办法》《"民间河长"工作管理制度》《"民间河长"激励保障制度》《"民间河长"与党政河长结对联系制度》《"民间河长"评议河长制工作制度》等保障机制来确保民间河长的有效运作。鉴于人大代表担任民间河长可能在学术上面临民间河长还是官方河长的身份争议，书中仅对其作简单介绍。

③ 《300 余名民间河长守护家乡碧水清流》，《瑞安日报》2019 年 8 月 22 日，http://www.ruian.gov.cn/art/2019/8/22/art_1327206_37213057.html.

④ 《向着充分与平衡的发展进发——德清登顶省第 21 届水利"大禹杯"金奖》，《浙江日报》2017 年 12 月 5 日，http://zjrb.zjol.com.cn/html/2017-12/05/content_3099782.htm?div=-1#.

由省河长办负责指导并协助民间河长开展工作。①

在功能范围上，双河长模式依托民间河长的宣传、监督、反馈等功能，来推动官方河长对水环境整治问题做出回应。作为宣传者，民间河长需要向周边公众宣传保护河流的知识、方法，带动更广泛的公众参与到护水、治水之中。作为监督者，民间河长通过日常巡河来监督水环境质量，而在发现水污染情况后，需立即上报官方河长。作为反馈者，民间河长需要在搜集当地公众对水环境治理的意见与建议后，准确、及时地反馈给地方政府工作人员，从而为政府科学决策提供一手资料。当前，多数地方政府已经对民间河长和官方河长的职责做出明确划分。以湖南省邵阳县为例，县河长办明确指出，"党政河长对责任河段（库）负行政领导和主体责任，民间河长对责任河段负责监督、汇报和具体管理责任"。②

在运作机制上，官方河长需要对民间河长反馈的问题进行回应、处理。如《石排镇全面推行河长制"民间河长"管理办法》明确指出：镇河长办要督促河段"河长"或河道主体责任单位及时处理民间河长上报的问题，并要求官方河长在 7 个工作日内将处理结果反馈给民间河长。同时，官方河长可以通过开办民间河长培训会、交流会、座谈会来推动双河长之间的长效互动。2018 年，湖南省永州市召开了"民间河长工作座谈会"，对民间河长工作中遇到的问题进行交流，并联合民间河长共同商讨处理好河长办与民间河长间关系的机制与路径。2019 年，重庆市河长办、市水利局、市生态环境局、团市委共同邀请了 7 名基层河长和民间河长与官方河长进行面对面交流，双方共同分享了河库治理的经验。

在技术支撑上，民间河长主要依托三种沟通方式开展日常巡河。其一，智慧巡河软件。应用智慧巡河应用软件，民间河长以文字或图片形式实时上传巡河签到和巡河日志、上报巡河中发现的水环境问题以及查询针对反馈问题的处理进度等。相关软件如广东省东莞市和河北省沧州市的"智慧河长"App、江苏省无锡市的"河长"App、四川省成都市的"成都 e 河长"App 等。其二，通过微信或 QQ 工作群来与官方河长对接

① 《河北省加快构建民间河长巡河护河体系》，中华人民共和国水利部网站，2019 年 7 月 24 日，http：//www.mwr.gov.cn/ztpd/gzzt/hzz/gzbs/df/201907/t20190724_1351170.html.

② 《邵阳县：强力推行双河长制迎来江河美如画》，红网，2019 年 7 月 30 日，https：//baijiahao.baidu.com/s？id=1640469114770843539&wfr=spider&for=pc.

民间河长在巡河中发现的问题。如安徽省的冀河湖长办微信公众号、衡阳市河长制微信公众号等，这些公众号在公开民间河长诉求信息以及官方河长反馈处理进度的同时，还会对河长制的工作动态、实践经验等内容进行介绍。其三，直接拨打官方河长的电话。通过河长公示牌获取官方河长的电话，与官方河长进行即时沟通。

面对当下繁重的环境整治任务，社会力量的参与能够一定程度缓解官方河长面临的人力资源不足问题。加之，近年来社会力量的政治参与素养与能力得到不断进步。在此背景下，国家日益强调体制外社会力量参与生态环境治理的重要性。党的十九大报告提出，要构建以政府为主导、企业为主体、社会组织和公众共同参与的环境治理体系。[①] 2020 年中办、国办在《关于构建现代环境治理体系的指导意见》中明确指出，"构建党委领导、政府主导、企业主体、社会组织和公众共同参与的现代环境治理体系"。在国家与社会的共同关注下，各地地方政府也认识到社会力量参与环境治理的重要性与必要性。

> 首先我觉得这是党中央、国务院的要求，最近，中办、国办在《关于构建现代环境治理体系的指导意见》里就提出，要建立这种各社会各界共同参与的治理体系。一个是，从上面说，这是国家的要求。从计划上来说，我觉得环境这个东西是人人参与、人人享受，人人都在这个环境中，依然也享受这个环境污染治理的成果，人人都得参与。[②]

综上所述，构建政府部门与体制外社会力量之间的协同、合作治理网络成为应对繁重环境整治任务的重要渠道。在水环境领域，双河长模式便是践行构建多元互动的现代化治理体系的创新举措。

二　双河长实践与行政主导型模式

双河长模式是官方河长与民间河长共同监督水环境的过程，这类治理实践属于行政主导型网络化治理模式。实践中，双河长模式呈现出对

---

① 《决胜全面建成小康社会　夺取新时代中国特色社会主义伟大胜利——在中国共产党第十九次全国代表大会上的报告》，新华社，2017 年 10 月 27 日，http：//www.gov.cn/zhuanti/2017-10/27/content_5234876.htm.

② 访谈笔记，2020 年 5 月 22 日。

行政机制、协商机制的组合运用，或是对行政、市场和协商三种机制综合运用的两种情景。

首先，行政机制的运作表现在三个层次。第一，多数省市双河长模式的建立始于地方政府发布的指导性意见、招募通知，如市级河长办发布的《关于鼓励社会参与、增设民间河（湖）长的指导意见》《重庆市荣昌区河长办公室关于招募民间河长的通知》《霸州市河长制办公室关于在全市范围内招募"民间河长"的通知》等。这些通知或指导意见明确指出，自主报名的申请者需经过地方政府的资格审核后方被认定为民间河长，并分别对民间河长的选聘原则、主要职责、选聘流程、工作年限、工作待遇等方面都作出明确规定。第二，面对水污染主体，地方政府通常通过作出行政处罚责令其进行限期整改。在发现巡河中的环境污染问题后，民间河长将这些情况准确、及时地反馈给官方河长，由官方河长以警告、罚款等方式要求责任主体对污染问题作出处理。第三，面对民间河长反映的水污染问题，上一级官方河长通过行政命令的方式要求属地官方河长进行落实，并对其落实情况与执行效果进行内部监督与考核。

从协商角度看，双河长实践存在对协商机制的运用，这表现在官方河长与民间河长或污染主体就水污染问题进行协商。一方面，官方河长按照就近原则与民间河长商议划定巡河范围，但绝大多数地区官方河长与民间河长的商议事项也只限于此。另一方面，针对水污染问题，官方河长可能会与责任主体协商问题解决方案。

此外，部分地区的双河长实践过程还存在对市场机制的运用，这具体表现为两种形式。部分地区的民间河长工作是由地方政府联合环保组织共同开展。当地政府通常以直接委托的方式将民间河长工作交由环保组织管理。还有部分地区地方政府直接与当地民间河长签订有偿服务合同。如湖南省石湾镇将湘江、鳌洲岛四周、石湾河、小登河的部分水域保洁任务以费用总承包的方式，交由镇民间河长来治理。同时，镇政府负责对民间河长的工作情况进行督查考核。① 宁国市将民间河长分为巡查员、水库专管员和义务监督员三类。对于前两类，宁国市政府分别以补贴和政府购买服务的方式支持民间河长的运作，其中，对河流巡查员每

---

① 《民间河长护碧水，市场管理促成效——衡东县石湾镇河道保洁新模式》，湖南省水利厅，2018 年 8 月 21 日，http://slt.hunan.gov.cn/xxgk/sxsl/201808/t20180821_5076563.html.

人每年补贴 500 元, 对水库专管员团队每年支付 36000 元。[①] 2018 年, 安徽省明光市在各乡镇、街道设立了民间河长。明光市财政拨款 56.7 万元, 并按照每年每千米 1000 元的标准拨付到基层, 由基层按照合同约定发放民间河长的报酬。[②] 东莞市石排镇在《石排镇全面推行河长制"民间河长"管理办法》中提出, 对民间河长"实行月度包干制, 每月包干费用为 200 元/人, 主要包括交通费、误餐费、通讯费等费用"。[③]

总体而言, 双河长实践是通过动员更广泛的社会参与, 形成官方河长与民间河长共同监督水环境的合作关系, 以助力水环境质量提升的过程。双河长模式中, 民间河长扮演着党政官方河长的助手角色, 他们通过推动官方河长对水污染举报问题作出反馈来助力于河长制工作的落实。因此, 民间河长是对党政河长的一种有益补充。值得关注的是, 双河长实践中, 对协商机制或市场机制的运用是为了更好地推动行政机制的有效运转。基于这一视角, 双河长实践属于行政主导型网络化治理模式。

在制度环境方面, 地方政府是双河长领域相关制度规则的制定主体, 当地政府部门通过这些制度明确民间河长的工作职责, 以及官方河长与民间河长的互动方式。当前, 绝大多数地区双河长实践的功能被界定为合作监督水环境。

三 快速整合资源优势与低可持续性问题

双河长模式实质上是对河长制与民间河长制两种制度的融合, 是构建政府与社会多元主体共同开展水环境治理的一种创新实践。现实中, 双河长模式具备快速整合社会资源优势, 这一优势从以下几方面助推地方水环境治理工作。

第一, 通过整合民间河长的人力资源, 助力于提升水环境整治效能。通常情况下, 民间河长是在自主报名后, 由当地政府或政府部门联合相关环保组织筛选而定。经由官方筛选、认证后的民间河长通常具有较强的环境保护动力和热情。那么, 作为监督员的民间河长能够在定期巡河

---

① 《宁国试行民间河长制——乡镇、村设河流巡查员、水库专管员和义务监督员》,《安徽日报》(农村版) 2017 年 12 月 5 日。

② 《2018 年明光市河(湖)长制工作总结》, 明光市人民政府网, 2018 年 12 月 21 日, http://www.mingguang.gov.cn/public/161054376/307905472.html.

③ 《关于印发〈石排镇全面推行河长制"民间河长"管理办法〉的通知》, 中国东莞政府门户网站, 2019 年 1 月 4 日, http://www.dg.gov.cn/zwgk/zfxxgkml/spz/zcwj/gfxwj/content/post_1017825.html.

中积极主动发现自身所负责河段的水环境问题，进而确保民间河长的监督职责落到实处。与此同时，针对双河长治理的相关文件明确对官方河长回应民间河长诉求的时限做出规定，这为实现双河长间的有效互动提供制度保障，进而有助于提升水环境整治效能。在广东省东莞市，民间河长被要求每周至少巡河一次。在常态化巡河中，民间河长需要借助"智慧河长"线上软件实时登记巡河时间与内容、反馈事项，并通过该软件跟踪问题处理进程、评价官方河长问题处理满意度等。

第二，依托民间河长收集公众意见，为地方政府决策提供一手资料。作为联络员，民间河长在地方政府和当地公众之间发挥着重要的桥梁作用。民间河长在向当地公众宣传水环境保护知识的同时，能够深入基层一线了解公众在水环境问题上的意见、诉求以及建议。在汇总公众意见的基础上，民间河长将相关内容反馈给地方政府，进而为地方政府开展科学决策提供事实依据。湖北省远安县民间河长每年会设立一个议事主题，并围绕这一主题与公众展开对话。2020年的主题为整治钓鱼垃圾，引导公众树立文明钓鱼的理念。县民间河长在向当地公众宣传保护水生态与文明钓鱼理念的同时，还进一步汇总了公众对钓鱼垃圾收集的意见，并将相关意见反馈给官方河长。

第三，推动形成全社会共同参与水环境治理的合力。在巡河中，民间河长带领更多的志愿者加入水环境治理的队伍之中，越来越多的地方出现"河小青""河长助手""江河卫士"等志愿服务个人或团队。如未阳市建立了"河长+河道警长+民间河长+河长助手"的治理模式，这类探索性实践进一步推动了水环境治理中更广泛的社会参与。

虽然双河长模式能够发挥整合社会资源的优势，但同时面临着官方河长与民间河长合作的低可持续性问题，而这源于双河长模式中存在两个固有张力。

其一，民间河长的志愿性与行为动力问题。当前大多数地方的民间河长是以志愿者身份参与进来的，这种身份在提高民间河长的光荣感和使命感的同时，可能会面临民间河长行为动力不足的问题。虽然存有争议，但多数学者认可民间河长起源于2014年浙江省政府部署的五水共治工作。所谓五水共治是指治污水、防洪水、排涝水、保供水、抓节水这五项任务齐抓共治、协调共进。在推进五水共治工作中，浙江省杭州市尤为关注公众参与问题，并在2015年提出要推进民间河长制度。杭州市民间河长的出现不仅与当地官员对公众参与环保重要性的认知有关，还同当地社会力量的发展成熟密切相关。可以说，公众环保参与素养的提升、社会组织数量的增多、环保组织专业性的增强等共同为民间河长制的形成奠定基础。在此背景下，杭州市一经发起民间河长招募公告便得到当地公众的积极呼应。相对而言，其他省市或是主动学习杭州市的治理实践来开展民间河长制工作，或是迫于同行压力被动落实民间河长制。在此过程中，制度供给与治理情景不相匹配的问题便会出现。部分地区的社会力量发育尚不成熟，且囿于部分地区公众生活水平相对落后，作为志愿者的民间河长仅仅依靠精神奖励难以长期维持其自身的工作动力。

针对民间河长的行为动力问题，部分省份已经做出有益探索，如安徽省三界镇将民间河长的选聘工作与扶贫机制相结合，由行政村推荐贫困户担任民间河长职务。同时，镇政府与民间河长签订劳务协议，对每位河长每年提供 2000 元的劳务补贴。这极大地提升了民间河长的巡河动力，但也可能面临一个问题，即贫困户民间河长缺乏巡河的专业知识。需要指出的是，民间河长巡河的专业性问题不仅与自身的知识水平相关，也与地方政府对民间河长开展的巡河培训密切相连。民间河长对水环境问题的察觉和反馈是官方河长解决水环境问题的前提，也是双河长模式运作的第一步。当民间河长缺乏行为动力时，双河长治理的结果便可能走向低效。

其二，官方河长的主导性与选择性回应问题。双河长模式中，官方河长处于主导地位，这在方便对民间河长以及双河长间的互动进行管理的同时，可能会产生官方河长的选择性执行问题。在双河长模式中，民间河长与官方河长是相互配合的关系，二者缺一不可。当前，多地地方政府在民间河长招募公告或实施指导意见中明确规定了官员河长的履职方式。苏州市水利局发布的《关于组织开展社会力量参与河湖管护的工作方案》明确规定了对县、镇级河长办的工作需求。"负责落实业务培训，参观水环境治理样板工程，集中培训每年不少于一次。对上报的问题督促主体责任单位给予回应，并在 7 个工作日内将处理结果进行反馈。"[①] 反观实践，官员河长拖延处理民间河长反馈的污染问题，或选择

---

① 《关于组织开展社会力量参与河湖管护的工作方案》，苏州市人民政府网，2018 年 8 月 9 日，https：//www.suzhou.gov.cn/szsrmzf/bmwj/201808/RAIXCTHIJMHDZJVSOM181PD4A/WQOTCZ. shtml.

性落实水环境整治问题等情况依然存在。2019 年 12 月 14 日，深圳市民间河长在发现光明区农牧美益屠宰场旁边的河流出现红水后，联系深圳广电集团记者进行采访，同时将问题反馈给官方河长。然而，截至 12 月底，水务执法人员与环保所工作人员并未找出污染源，也仍未对民间河长的水污染整治诉求给予反馈。对此，深圳市民间河长年度工作报告中指出，"2019 年污染问题反映处理情况受理率达 67.59%，32.41%（105起）的问题或是仅收到官方河长的解释，或是没有得到任何回复"。[①] 事实上，官方河长的选择性回应并非是深圳市的个例，其他省市也面临相似的问题。

四　非对称性资源依赖、非对等性核心边缘关系与管理策略选择

（一）自主认知下的策略选择

双河长治理网络形成后并非总是走向成功，也面临着各种潜在的张力或现实的问题，这便需要作为网络管理者的地方政府采用具体的管理策略加以规避或回应。围绕地方政府会采取何种网络管理策略这一问题，本书从双河长模式中的行动者间的资源依赖关系、核心边缘关系两个维度做出探讨。

双河长模式中，官方河长与民间河长之间是一种非对称的相互依赖关系。一方面，官方河长与民间河长是相互依赖的。根据罗茨对资源类型的划分，中国官方河长具有权威性、合法性资源；而民间河长本身就是一种人力资源，同时还兼具信息资源。为更好地落实河长制工作提出的五大任务，官方河长需要借助民间河长的人力资源来更便捷地发现水环境问题。而民间河长也需要通过地方政府的官方聘任来提升自身巡河监督的权威性，并借此减少巡河过程中来自周边群众的质疑或不配合行为。另一方面，官方河长与民间河长间的相互依赖关系是不对称的。在双河长模式中，于官方河长而言，民间河长是可以被替代的。一方面，官方河长所招募的民间河长数量虽相对较少，但有志于成为民间河长的公众数量众多。另一方面，伴随双河长实践中考核机制和退出机制的不断完善，地方政府将逐步取消考核不合格的民间河长称号，从而为致力于改善水环境质量的其他公众提供民间河长岗位。对于民间河长而言，官方河长是不可替代的。在双河长模式形成之初，民间河长的合法性来

源于官方河长的公开聘任。而在发现水环境问题时，民间河长依赖于官方河长的执法权来确保反馈问题的有效解决。由此，官方河长和民间河长是非对称相互依赖关系，表现为民间河长对官方河长的资源依赖要大于官方河长对民间河长的资源依赖。

双河长模式中，网络行动者间是非对等的核心边缘关系。从政策过程来看，现有的双河长实践通常开始于地方政府的内部决策。为数不多的地区民间河长由社会组织发起，但同样需要通过建立与地方政府的联系来帮助民间河长获取官方的身份认证。双河长模式中，民间河长并未进入政策制定环节，其行动范围属于政策执行的操作层次。同时，多数地区地方政府对民间河长的政策落实作出明确规定。由此，在双河长治理网络中，官方河长处于核心区域，民间河长处于边缘区域。

综上所述，官方河长与民间河长间属于非对称性资源依赖以及非对等性核心边缘关系。资源依赖的非对称性意味着，官方河长与民间河长间存在明确的权力不平衡关系。此时，在面对治理网络中的张力时，官方河长采纳积极网络管理策略的内在驱动力很弱。核心边缘关系的非对等性则意味着，民间河长缺乏对官方河长网络管理行为的影响，甚至无法影响官方河长的行为选择。在此情景下，地方政府的网络管理策略选择表现出基于个人认知之下的自主选择过程，并由此呈现出积极或消极的管理策略并存的情景。需要说明的是，网络管理既可能发生在治理网络形成之时，也可能出现在治理网络出现运作问题时。

（二）管理策略的多种机制

围绕双河长模式的张力，地方政府从反思理性的复杂人逻辑出发，采取了差异化的网络管理策略，这些管理策略主要包括以下几种。

第一，沟通机制。沟通机制是指建立和完善官方河长与民间河长间的协商对话机制，它包括非正式的沟通方式和制度化沟通机制两种。在非正式沟通方面，官方河长与民间河长通过网络、电话等方式进行私下互动，这种方式具有操作方便、成本低的优势，但也存在约束力低的问题。与非正式沟通方式相比，制度化沟通机制为官方河长与民间河长之间的互动提供了一个固定平台。制度化沟通机制既有助于增强民间河长对巡河工作的认可，提升其自身的工作动力，也有利于减少官方河长在处理民间河长反馈的问题或诉求上的机会主义行为，进而推动官方河长切实严格履行职责。实践中，民间河长论坛、民间河长座谈会、民间河长培训座谈会、民间河长延伸工作座谈会、民间河长联席会、民间河长年度工作总结会、民间河长培训会等都属于制度化沟通机制的表现形式。

第二，联合行动机制。这是指官方河长与民间河长共同开展行动的过程。现实中，官方河长与民间河长共同巡河、查处水污染问题、开展水环保知识宣传等都是联合行动的具体表现。进一步地，依据联合行动的固定性特征，可以区分随机联动与固定联动两种。随机联动形式并未对联合行动的时间、内容或形式作出规定，通常是随机决定的。固定联动形式则通过制度明确规定联合行动的周期、内容、方式等事项。以福州市岳峰镇为例，岳峰镇通过构建固定联动机制来提升官方河长与企业河长的环保合力。该镇明确要求相关单位、镇村（社区）河长和企业河长每周联合开展一次河流巡查，其目的在于"把河道巡查与城管、环保、综治等网格巡逻相结合，推动涉河问题的快速处置"。①

第三，考核机制。依据考核对象的不同，可以区分对民间河长的考核和对官方河长的考核两种。对民间河长进行考核的目的在于提升民间河长的巡河动力。当前，部分地区的民间河长考核工作是由地方政府来负责。如瑞安市政府颁布的《瑞安市民间河长制规定》、岳塘区河长办制定的《岳塘"民间河长"工作制度（试行）》等官方文件都对民间河长的考核方式作出规定。部分地区的民间河长考核过程则由地方政府自行委托具备资质的环保组织来开展，如成都市温江区的民间河长工作是由区河长办、区水务局联合绿氧环保中心共同发起的。同时，温江区地方政府将对民间河长的考核任务委托给绿氧环保中心，由该中心具体负责。

对官方河长进行考核的目的在于确保民间河长反馈的水环境问题得到及时处理，从而真正形成官方河长与民间河长之间的环保合力。当前，为数不多的地区地方政府制定了这一约束机制，如绩溪县将民间河长的工作情况纳入对地方政府河长制工作的考核中；湘潭市水利局将对民间河长发现问题的反馈处理情况纳入河长制工作考核之中，其占比为10%。②

第四，激励机制。这是面向民间河长设置的，旨在通过评选表彰优秀民间河长来激发其工作动力，增强其工作信心。激励机制包括物质奖

---

① 《政企双河长共护河长治，我市打造建管合一的水系治理3.0版》，《福州日报》2020年8月14日。

② 《民间河长助力河湖管护》，《人民日报》2020年12月4日。

励和精神奖励两种。当前，多数地方是通过优秀评选活动来激励民间河长，相关形式如湖南省的"最美民间河长"、河北省的"十佳优秀民间河长"等。这种方式具有激励程度强、受益群体小的特点。此外，部分地区还创新形成影响范围更广的激励机制。以浙江省德清县下渚湖街道为例，下渚湖街道办在推进民间河长工作中开创性地建立"生态绿币"奖励机制。该区域公众护水平台每天会发布巡河任务，经由注册的民间河长可以主动接受其行动范围内的任务。① 而后，依据巡河内容如"水岸是否有垃圾或污染物？水面是否有明确的污染来源？"来完成水环境监督工作，并附以实时照片作为证明。街道办在核实民间河长巡河任务的有效性后，给予民间河长相应数量的"生态绿币"作为报酬。这些"生态绿币"可用来兑换盆栽、生态农产品、电影票等实物产品，也可以在绿币积累到一定数额后给予免担保低利率贷款资格。②

前述几种机制是双河长实践中地方政府的普遍策略选择。除此之外，也存在一些具有特殊的管理行为。上海市向化镇在推进民间河长队伍建设中，不仅搭建起民间河长与官方河长的沟通渠道，还依托民间河长吸纳村民参与水环境保护。向化镇向化村 84 号河在整治前面临着水质污染、水流不通等问题。对此，民间河长首先将对该河流的实地调研材料和村民意见反馈给官方河长。而后，参与到整治方案的决策全过程中。最终，在官方河长的支持下，84 号河的整治工作交由民间河长和村民来落实。③ 值得关注的是，84 号河在被清理干净后，由村民承担起对该河流的日常养护职责。

需要说明的是，在上述管理机制之外，地方政府的管理策略并不总是明确、清晰、可落地的，部分地方政府的管理策略相对模糊。对于此类管理行为与策略，将在下一节对双河长治理的案例分析中加以呈现。

---

① 下渚湖街道的民间河长与其他地区有所不同，该街道办并未规定民间河长的资格条件，任何一位公民都可以成为民间河长。那么。在运用"生态绿币"激励广大公众保护水环境的同时，也要注重加强对广大民间河长巡河能力的培训。

② 《浙江德清：生态绿币助水清岸绿》，《经济日报》2017 年 5 月 30 日。

③ 《崇明向化镇充分发挥民间河长及村民自治作用》，《崇明报》2020 年 4 月 22 日。

第二节　对双河长网络的管理过程

当前，中国多地开展了双河长治理活动。在实践中，面对双河长网络中存在的民间河长的志愿性特征与行为动力不足、官方河长的主导性与选择性回应问题，地方政府采取了差异化的管理策略来进行回应。接下来，对地方政府实施网络管理策略的多个案例进行描述与总结。

一　沟通、联动、激励与河源市双河长实践

（一）河源市双河长治理网络的形成与行政主导型模式

河源市隶属广东省，该市水系分为东江、北江、韩江三大流域，共有两个大型水库和近百条河流。在推进河长制工作中，河源市于2017年底全面建成涵盖市、县、镇、村的四级河长体系。2017年11月，河源市政府开始筹备民间河长项目，以期凝聚社会力量形成治水合力，并在此过程中推动官方河长工作的落实。

2018年1月，市政协委员在政协河源市七届二次会议上提交了《关于成立民间河长制的建议》。该提案建议，由政府部门招募民间志愿者参与江河湖库管理，全面形成民间河长制。同时，提案详细列出民间河长的六项职责。2018年7月，在市河长办公室、市环保局等单位的指导下，"市环保志愿者协会①与河源日报社、河源广播电视台、河源晚报社、河源乡情报社、河源论坛、河源生活网联合发起了该项目"。②同年9月，市河长办和市环境保护志愿者协会在对民间河长候选人进行培训、考核后，共选拔出36位民间河长，并向他们颁发了河源市民间河长、河源市民间河段长证书。自此，针对水环境整治的双河长治理网络初步形成。

2019年3月，在市河长办的指导下，河源市成立市河湖保护志愿者协会，并由该协会负责民间河长项目。2019年5月，在市河长办、市水

---

① 河源市环境保护志愿者协会成立于2015年5月12日，该协会是由志愿为环境保护事业和可持续发展做出贡献的企事业单位、社会各界人士、在校师生自愿组成的地方性、联合性、非营利性社会组织。

② 《我市民间河长制项目正式启动，36人受聘为首批民间河长》，河源市人民政府，2018年9月19日，http://www.heyuan.gov.cn/bmjy/hysswj/swdt/content/post_196006.html。

务局的指导下，市河湖保护志愿者协会发起第三批"河源民间河长"公开招募的工作。截至 2020 年 1 月，河源市共聘任 316 名民间河长，初步建立了覆盖市、县、镇、村的四级民间河长网络。[①]

河源市民间河长的身份由市河长办和市河湖保护志愿者协会共同赋予。民间河长的权利和职责以及履职方式则是在河长办的业务指导下，由市河湖保护志愿者协会制定。在具体的职责上，民间河长主要是扮演合作监督水环境的角色。在行动范围上，民间河长主要是落实双河长政策文件的各项要求，尚未进入政策制定环节。在运作过程中，官方河长发挥主导作用，民间河长发挥对官方河长有限人力资源的补充作用。综合这些要素，河源市双河长网络可以归为行政主导型网络化治理模式。为进一步推进双河长模式的落实，市政府部门采取了建立沟通机制、联动机制、激励机制等管理策略。

（二）建立沟通机制

其一，建立官方河长与民间河长的对接机制。在巡河中，民间河长可以通过广东智慧河长 App 上传水污染照片，并就污染问题提出相关建议。依据民间河长所举报的问题河流的位置，智慧河长系统将举报内容反馈给对应的县或区河长办，由河长办督促下级河长办及时作出回应。在此过程中，民间河长可以在软件上跟进问题处理情况。在接收到反馈问题已解决的通知后，民间河长需返回问题现场再次巡河，并在智慧河长平台上对处理结果作出如实评价。其二，召开民间河长培训交流会。2019 年 3 月，河源市河长办、市水务局联合市河湖保护志愿者协会召开民间河长座谈会。在会上，共同发起了"河源市内东江支流全民保洁行动网络项目"，该项目旨在为东江每条支流配备 3 位民间河长和数名河湖保护志愿者。民间河长和志愿者通过发挥宣传、监督的作用，带动社会公众参与河流保护。2019 年 12 月，市水务局、市河长办召开河源市民间河长座谈会，来自五县两区的 51 名民间河长代表参加了会议。在会上，民间河长互相交流巡河经验，并就清理水浮莲、净化河流等问题与官方河长展开讨论。

（三）建立联动机制

第一，开展联合宣传与巡河活动。河源市官方河长、相关政府部门

① 《河源有一群"净滩使者"捡拾垃圾 80 多吨》，河源文明网，2020 年 1 月 2 日，http://hy. wenming. cn/gdhy16/202001/t20200102_6225165. html.

多次与民间河长开展关于水环境保护的宣传活动，以及联合巡河活动。一方面，在重要节日开展河湖保护宣传和志愿巡河活动。2019 年 3 月，市河长办、市委宣传部、市直机关工委、团市委、市文明办、市民政局、市水务局、市学联、市少工委、市志愿者联合会共同发起建立"河小青护河志愿服务队"，该服务队由市河湖保护志愿者协会进行统一管理。2019 年 6 月，市河长办、市水务局联合民间河长、企业员工、志愿者、市民代表、河小青服务队共同举办"休渔放生节"河湖公益活动。民间河长还在学雷锋月、儿童节、世界环境日、世界水日、感恩节等节日发动周边群众共同巡河。另一方面，依托"2020 河湖保护宣传志愿服务活动"和"2020 河湖保护进农村系列公益活动"开展常规化环保宣讲和巡河。2020 年，市河长办、市水务局、市生态环境局联合市河湖保护志愿者协会和各镇政府工作人员，共同发起"2020 河湖保护宣传志愿服务活动"，来保护东江、韩江、北江、万绿湖等水域。该活动先后在柳城镇、涧头镇、龙川通衢镇、陂头镇、龙窝镇等地方开展。活动中，官方河长和民间河长共同入户宣传水资源保护与水污染防治知识，并带动广大公众参与净滩志愿活动。2020 年 7 月，源城区住房和城乡建设局、源城区东埔街道办事处、源西街道办事处、太平洋建设集团有限公司、市河湖保护志愿者协会开展了"赶走黑臭，与清水为邻"的宣传活动。此次活动共发放宣传资料 2118 份，入户宣传 184 户，路面宣讲 688 次，清理沿河垃圾 106 千克。①

第二，开展联合调研活动。针对市委书记提出的东江水浮莲民间收购计划，市河长办先后召开了 5 次民间河长会议、3 次村民座谈会来对该议题进行讨论。在市河长办的指导下，市河湖保护志愿者协会带领民间河长对东江各支流及其沿岸地区村民进行走访调研。在近半年的调研中，市河湖保护志愿者协会与民间河长共走访 13 个乡镇、101 个村寨，开展了 17 场村镇干部群众座谈会，收集了 1217 份意见与建议。② 依托民间河长汇总形成的公众意见与建议，市河长办、市水务局于 2019 年 12 月出台了《河源市东江支流水浮莲收购全民行动公益计划工作实施方案》（以下简称"方案"）。为实现河面源头净化，阻止水浮莲流入东江干流，该方

---

① 《民有呼，政有应》，"河源市民间河长"微信公众号，2020 年 7 月 5 日。
② 《收购水浮莲，保护东江水质安全》，"河源市民间河长"微信公众号，2019 年 11 月 22 日。

案提出水浮莲收购活动"采用 1+N 模式,每条支流由所在村(居)委会负责实施,市河湖保护志愿者协会负责监督。水浮莲收购按篓计量,经村民、村两委、河湖协会三方确认签名后,以每篓筐(不少于 30 千克)30 元的价格直接发放给村民"。① 为确保收购过程客观真实,村民在发现水浮莲后需通知民间河长,由民间河长现场监督村民打捞水浮莲。同时,村民需要提供河面水浮莲清理前后的对比照或视频。在核实这些材料后,3 名民间河长会在结算表、签名表上签名,而后向村民发放收购款。随后,民间河长将水浮莲送到指定地点进行科学处理。最终,民间河长将收集整理好的水浮莲收购佐证材料报送给市河长办进行存档。2020 年 5 月,该方案正式在河源市六个村实施,这极大地提升了村民保护河流的动力。

(四)建立激励机制

针对民间河长的激励,河源市河长办设置了个人激励和组织激励两类。在个人激励方面,由市水利局推荐民间河长参与"广东十位最美水利人"的评选。在 2019 年"广东十位最美水利人"的评选活动中,河源市共有 3 名民间河长入围。而最终,河源民间河长项目的发起人——肖玮成功当选。在组织激励方面,由政府部门对市河湖保护志愿者协会开展的优秀项目进行表彰奖励。2020 年 7 月,河源市政府向广东省政府推荐了市河湖保护志愿者协会提出的"为家乡河流奔走——河湖保护宣传进农村志愿服务活动"。在经过资格初审、专家评审后,该项目成功入选广东省优秀环保公益项目培育行动计划。在随后的项目落实中,市河湖保护志愿者协会组织与广东省环境保护宣传教育中心签订项目合作协议,该项目由此获得 2.5 万元的培育资金。

在河源市双河长实践中,市政府部门通过建立沟通机制、联动机制、激励机制来调适原有网络结构中的张力。在此过程中,双河长治理网络正式运转开来(见图 4-1)。

二 沟通、联动与远安县双河长实践

(一)远安县双河长治理网络的形成与行政主导型网络化治理模式

远安县隶属湖北省宜昌市,县域面积 1752 平方千米,辖 6 镇 1 乡、117 个村(居)。境内有沮河、漳河、西河三条较大的水系,中小河流 50

---

① 《收购水浮莲、保障水安全》,河源市人民政府网,2020 年 4 月 15 日,http://www.heyuan.gov.cn/bmjy/hysswj/hcz/content/post_365141.html.

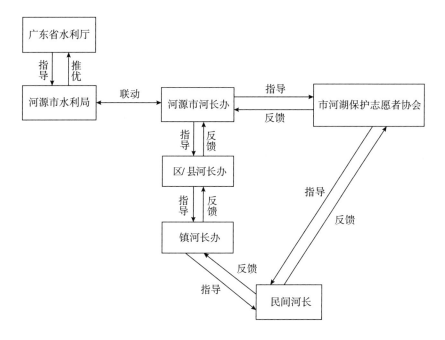

图 4-1　河源市双河长网络

条、总长 774.4 千米。① 2016 年，远安县委、县政府成立了河长制办公室。同年，为调动公众参与河流保护，县河长办主任、水利水电局长在与远安县水资源保护协会会长陈光文沟通后，确定由陈光文担任远安县民间总河长。2017 年，远安县河长办向社会公开招聘了 11 名民间河长。这些民间河长来自学校、非营利组织、企业、媒体以及当地群众等不同行业，他们共同组成了一支以公益为核心的民间河长队伍。2017 年底，县河长办联合县水利水电局召开了第一次民间河长会议。在会上，明确将民间河长的角色界定为宣传员、巡查员、联络员、示范员，并将民间河长的工作目标与官方河长的工作任务相统一，即"保护水资源、防治水污染、改善水环境、修复水生态、弘扬水文化"。

　　在双河长的运作方面，民间河长通过两个平台与官方河长进行互动。其一，依托远安论坛的生态远安一栏，民间河长公开上传巡河日志、曝光巡河中发现的各种问题。同时，在论坛上向社会公开官方河长以及政

---

① 《县情》，远安县人民政府网，2020 年 1 月 12 日，http://www.yuanan.gov.cn/content-1292-670529-1.html。

府部门的问题整改进度。其二，民间河长通过实时沟通软件如微信群将水环境问题反馈给县河长办或水利水电局，由官方河长督促辖区内责任主体作出整改。远安县的双河长实践是由县河长办推动形成。同时，民间河长的角色、职责以及双河长之间的运作形式等事项是由县河长办作出具体规定。此外，从民间河长的功能定位看，民间河长主要服务于为官方河长提供水环境监督信息，以此推动水环境整治进程。综上，远安县双河长实践属于行政主导型网络化治理模式。

在短期运作效果上，截至 2018 年 5 月，远安县民间河长"鼓励网友揭露电鱼、毒鱼事件 4 起，监督主管部门开展整治行动 5 次。河长们的巡河范围已经覆盖全县 7 个乡镇，涵盖河流 30 余条"。[①] 在取得一定治水成果的同时，远安县双河长实践也暴露出一些新问题，如官方河长与民间河长之间的沟通不足、部分村民不配合民间河长的工作、村级河长整改不到位等。这些问题既影响了民间河长的工作动力，也制约了双河长实践的有效落实。

（二）改进沟通机制

为加强官方河长与民间河长之间的互动，县河长办在原有日常沟通的基础上，建立了县民间河长半年工作总结会、年终述职会等制度化沟通机制。这类会议不仅着重强调对民间河长工作落实情况的考核，也为双河长之间的互动提供制度化平台。2018 年 6 月，县水利水电局开办了第一次民间河长工作总结会。截至 2020 年，当地已举办了 3 次半年工作总结会、两次年终述职会。会上，民间河长需要对其负责的流域情况作述职报告，并提供详细的民间河长巡河纸质台账。同时，民间河长可以根据巡河经验对官方河长提出双河长治理模式的优化建议。官方河长则需要主动公开对相应阶段的水环境治理进度与数据，如水质检测报告、黑臭水体污染数据等。如此，通过共享水环境信息，明确官方河长与民间河长合作监督的重点方向。并在此过程中，逐步增强双河长联合开展水环境整治工作的合力。而后，官方河长需要对民间河长的工作情况及意见建议作出回应，并就未来半年或一年的巡河工作提出具体的工资要求。最终，在官方河长的指导下，由民间总河长部署下一阶段的工作安

---

① 《远安：民间河长，也是治水主角》，宜昌文明网，2018 年 5 月 28 日，http://yc.wenming.cn/xscz/201805/t20180528_5231153.html.

排，并依据实际工作情况对民间河长的巡河区域做出调整。

（三）建立联动机制

远安县通过建立"民间河长＋专业部门"制度，形成联合巡河机制。官方河长职能的有效发挥既需要体制外民间河长的参与，以补充其自身在巡河时间、巡河范围上的有限性；也需要协调好河长办各成员单位间的关系，从而提高政府内部的整合力。远安县河长办将民间河长与政府职能部门进行对接，通过促成双方间的联合巡河，推动水环境问题的专业化解决。同时，参与巡河的政府部门通常是所巡查河流或区域的责任主体，由此，"民间河长＋专业部门"的联动机制还能够发挥倒逼官方河长履职的作用。

2018 年 6 月，县环保局联合民间河长共同对金桥河展开巡查。在发现部分河段存在塑料垃圾后，县环保局督促村居负责人及时整改。8月，民间河长及公益巡河志愿者跟随县经信局对温家河展开巡河。10月，民间河长先后跟随住建局、交通运输局、旅游委分别对笕口河、红岩河、鸣凤河展开巡查。至今，民间河长已先后跟随县国土资源局、县水电局、县卫计局、林业局、远安检察院、县农业执法大队、县生态环境分局等多个部门，分别对漳河、东干渠、五里河、罗汉峪、宝华村河道、马渡河、沮河等进行巡查。[①] 在联合巡河过程中，民间河长以文字、图片等形式将巡河情况公开发布在远安论坛，并随时跟进反馈问题的处理情况。同时，远安县民间河长在远安论坛创建了《远安县民间巡河曝光台账》，借此记录民间所反馈的问题及官方河长对这些问题的整改处理情况。民间巡河台账半年一累计、全年一总计，以数据的形式直观地展现民间河长与官方河长的工作情况。此外，在联合巡河期间，民间河长还向周边村民宣传环保知识、发放保护母亲河的宣传材料。总体上，河长办及其成员单位已与远安县民间河长形成了常态化联合巡河机制。

三　沟通、联动、考核、激励与湘潭市双河长实践

（一）湘潭市双河长网络的形成与行政主导型网络模式

湘潭市隶属湖南省，共有 222 条河流、381 座水库、493 条渠道、13

---

① 信息来源于远安论坛，http：www.yawbbs.com.

个公园湖泊、13 万余口山塘。① 为推进水环境整治工作，湘潭市政府在
2017 年全面构建了市、县、乡、村四级河长组织体系。在此期间，当地
两家环保组织——湘潭生态环境保护协会、绿色潇湘环保组织共同提出
"水环境的保护不仅需要政府官员来落实职责，也需要市民的共同参与"。
2017 年 5 月，湘潭市政府通过政府购买公共服务的方式与湘潭生态环境
环保协会合作开启了"河长助手·湘江卫士"项目。② 该项目设"河长
助手·湘江卫士"大队，并"按区域建立八个中队，以湘江湘潭段及涟
水河、涓水河、韶山灌区等河湖为重要阵地，全面对接湘潭河长体系"。③
"河长助手·湘江卫士"项目"分阶段招募 500 名河长助手·湘江卫士，
履行宣传员、信息员、监督员、清洁员的工作职责"，其运作宗旨是通过
整合社会公众的力量，助推河长制工作的落实。④ 2017 年 6 月，湘潭生态
环境保护协会联合绿色潇湘环保组织正式发起"河长助手·湘江卫士"
项目，并由湘潭市政府部门对项目大队和八个中队进行授旗。自此，官
方河长与河长助手之间的互动网络初步形成。截至 2018 年 4 月，湘潭市
共招募了 559 位"河长助手·湘江卫士"（个人 264 位，团体单位 295
个）。在这期间，个人河长助手累计巡查 9730 次；累计举报 174 例，其中
地方政府已处置并回应举报问题 148 例。⑤

湘潭市"河长助手·湘江卫士"项目体现出对行政机制、市场机制、
协商机制的综合运用。首先，双河长模式发挥作用的关键在于官方河长
通过行政机制层层下压责任，由辖区单位对河长助手所反映的污染问题
作出回应，并责令相关责任主体进行整改。换言之，河长助手工作能否
产生实效在很大程度上取决于官方河长对反馈问题的重视和落实情况。
其次，就项目本身而言，河长助手项目是地方政府以购买公共服务的方

---

① 《湘潭市深入推进河长制工作》，湘潭市人民政府门户网站，2020 年 3 月 23 日，ht-
tp：//www. xiangtan. gov. cn. http. 80. 36212d7779. a. proxy1. ipv6. xiangtan. gov. cn/109/171/172/con-
tent_824738. html.

② 王园妮、曹海林：《"河长制"推行中的公众参与：何以可能与何以可为——以湘潭市
"河长助手"为例》，《社会科学研究》2019 年第 5 期。

③ 《湖南湘潭招募 500 名河长助手保护湘江》，新华社，2017 年 5 月 24 日，http：//
www. xinhuanet. com//local/2017-05/24/c_1121027991. htm.

④ 《湖南湘潭招募 500 名河长助手保护湘江》，新华社，2017 年 5 月 24 日，http：//
www. xinhuanet. com//local/2017-05/24/c_1121027991. htm.

⑤ 《湘潭市举行河长助手·湘江卫士季度表彰会》，红网，2018 年 4 月 21 日，https：//
hn. rednet. cn/c/2018/04/21/4608857. htm.

式，交由湘潭生态环境保护协会承担。最后，政府部门与环保组织、环保组织与民间河长间存在互动协商行为。前者之间的互动表现为市政府部门就河长助手的项目内容、运作方式与环保组织进行沟通协商；后者之间的互动体现在湘潭生态环境保护协会对民间河长职责落实中遇到的问题与民间河长进行协商。与前述各项案例一致，地方政府对市场机制、协商机制的运用是为了更好地推进行政机制发挥效能，湘潭市双河长实践属于行政主导型网络化治理模式。

（二）建立沟通机制

为进一步发挥河长助手的作用，并对接民间河长的建设工作，湘潭市河长办首先对河长助手的身份作出重新界定，提出由"市、县（市）区各成员单位负责人及相关责任人担任河长助手"。[①] 原项目所招募的"河长助手"更名为民间河长。同时，市政府成立了民间河长办公室，该办公室由市河长办直接领导。2018 年 8 月，市河长办先后出台了《"民间河长"管理办法》《"民间河长"工作制度》。

在《"民间河长"管理办法》中，市河长办明确规定了民间河长的申报条件、工作范围、管理方式等事项。其中，在管理方式上，由民间河长办严格筛选来确定民间河长。民间河长在通过审定和培训后，由湘潭环境保护协会和民间河长办共同颁发"湘潭民间河长工作证"。为加强对民间河长的管理，市河长办联合湘潭环境保护协会在湘潭县、湘乡市、韶山市等 8 个地区成立民间河长中队，这 8 个中队分别由当地的河长办领导。[②] 截至当前，湘潭市共有 8 个民间河长中队和 6 个民间河长团体单位。[③]

《"民间河长"工作制度》则对民间河长的工作内容、工作方式以及考核机制等做出详细规定。首先，民间河长巡河常态化。依据《湘潭市河湖日常监管巡查制度》和有关法律法规，民间河长需对认领的河段（湖泊）开展巡查工作，且每周巡河次数不少于 1 次。同时，民间河长需

---

① 《湘潭市深入推进河长制工作》，湘潭市人民政府门户网站，2020 年 3 月 23 日，http://www.xiangtan.gov.cn.http.80.36212d7779.a.proxy1.ipv6.xiangtan.gov.cn/109/171/172/content_824738.html.

② 《湘潭市民间河长管理办法出台》，湘潭市人民政府门户网站，2018 年 8 月 13 日，http://www.xiangtan.gov.cn/109/171/172/content_68594.html.

③ 六个团体单位分别是小东门游泳队、湘潭电化河西污水处理厂、湘潭中环污水有限公司、水上生态中队、火炬学校、大唐湘潭发电有限责任公司。

及时登记巡查信息、填写河湖巡查日志表。据市民间河长办工作人员介绍"民间河长积极性很高，不少'民间河长'几乎每天都来巡河。截至2019年9月底，湘潭市民间河长共发布了50790条巡查日志"。①

其次，搭建民间河长与官方河长的对接平台。民间河长依托"湘潭河长制"微信公众号的河湖巡查平台对巡河中发现的水环境问题进行举报。官方河长这一第一责任人需在接到举报信息后的5—10天内拿出解决方案或解决相关问题，同时，将问题处理结果反馈至微信平台。若民间河长所举报问题尚未得到解决，微信举报平台会把举报问题自动跳转给该责任人的上一级单位，由上一级单位督促责任人做出回应。以此类推，直到问题解决为止。此外，民间河长还需对问题处理情况作出打分，并联系民间河长办对已处理的问题进行"销号"。

2018年9月，高新区民间河长将向家坝附近的油污问题上传到微信公众号举报平台。该平台在接收举报信息后立刻反馈给市生态环境局。在与民间河长的相互配合下，市生态环境局和高新区分局工作人员查明了污染源，并制止了污染行为。2019年4月，岳塘区五里堆街道民间河长在发现五里堆排渍口有黄泥水排入湘江后，将该问题上传至举报平台。经由市生态环境局、岳塘区分局、五里堆街道的共同排查发现，污染源来自时代公馆项目中的废水处理沉淀池。对此，市、区两级环保部门责令该项目做出整改。同时，市环境监测站对该项目工地的外排废水进行采样检测，市、区政府部门负责人及时追踪其整改效果。

再次，民间河长办的桥梁作用。在与民间河长的互动方面，民间河长办主要从事三方面工作。第一，对民间河长进行专业技能培训。民间河长办总结形成包括查水体、查排扣、查河床、查堤岸、查行为在内的巡河护河五查工作法，从而为民间河长开展工作提供指导。同时，民间河长办在周报中对民间河长巡查与举报的问题进行总结，并通过塑造优秀典型案例带动民间河长的巡河工作。此外，针对部分民间河长巡河热情不高的问题，民间河长办通过关爱走访、技能培训等方式来强化民间河长的巡河动力。第二，与民间河长共同开展河流保护宣传以及巡河活动，如"益起行、益起动——守护河道一公里""净滩行动""国际志愿者"等。第三，对民间河长的巡河问题进行总结，并提出下一阶段的工作计划与安排。

在与官方河长及政府相关部门的互动方面，民间河长办依托巡河问题台账将污染信息反馈给市级河长。同时，民间河长办还受邀参加政府部门召开的多个会议。2020年4月，民间河长办先后参加《土壤污染法》知识培训暨执法检查会、环境违法行为举报会议、湘潭市2020年第一次河长办主任会议，以及2020年湘潭市总河长会议。

而后，成立河长制培训中心和民间河长工作站。2019年9月，市河长办联合湖南科技大学成立河长制培训中心。10名民间河长代表参加了专题培训。2020年3月，湘潭市首个民间河长工作站在市河长办的指导下成立。民间河长工作站不仅为民间河长提供面对面交流、学习巡河经验的平台，还为学生、市民、社会组织等提供实地参观工作站的机会，和讲解河长制、民间河长、水体整治等方面的政策法规与治理现状的服务。此外，2020年4—5月，民间河长工作站分别接待了来自株洲市河长办、岳阳市河长办学习组，这有助于增强其他城市对民间河长运作体系的政策学习。2020年9月，岳塘区水利局建立了本地区的民间河长岳塘工作站。岳塘工作站通过"河东污水处理厂、中环水务自来水厂、湘江防洪泵站等连成一个网，系统地为公众提供一个河长制宣传、水源保护、湿地保护、防洪知识、黑臭水治理的科普平台"。①

最后，信息技术的支撑作用。官方河长与民间河长之间的沟通有赖于电子信息技术作为载体。当前，双河长间的互动主要依托"湘潭河长制"微信小程序展开。河湖巡查举报平台实行"集中受理、闭环运行、销账管理，举报信息以短信形式告知各河段河长及河长助手"。② 此外，2017年12月，市政府通过政府购买公共服务方式，将湘潭市河长制信息化管理服务交由湖南省第二测绘院（简称"省测绘二院"）承接。该项目把河长制与"互联网+"、地理信息系统技术相结合，为河长制工作的推进提供了统一的、标准的数据与系统。

---

① 《打好污染防治攻坚战湘潭民间河长岳塘工作站成立》，"湘潭民间河长"微信公众号，2020年9月21日。

② 《湘潭市深入推进河长制工作》，湘潭市人民政府门户网站，2020年3月23日，ht-tp：//www.xiangtan.gov.cn.http.80.36212d7779.a.proxy1.ipv6.xiangtan.gov.cn/109/171/172/content_824738.html。

此外，在完善双河长间沟通互动的同时，湘潭市政府还引入了河道警长、村民等新网络行动者。其一，对河道警长的吸纳。2019 年，湘潭市开启了河道警长建设，即由辖区派出所所长、教导员或干警担任河道警长职务，由此将公安部门纳入水环境治理的队伍中。在职责方面，河道警长需要及时受理民间河长与公众对涉河、涉湖治安的报警求助，还要"及时依法办理由其他行政部门移送的涉嫌犯罪案件，及时收集、掌握涉河、涉湖维稳工作信息并上报"。① 2020 年 5 月，湘潭经开区河长办联合湘江大堤管理所执法队对湘江区域"乱建、乱采、乱占、乱堆"四乱问题展开排查。在发现居民违法搭建帐篷养蜂后，执法队员联系河道警长进行联合执法，最终责令当事人拆除违建帐篷并清理四周环境。其二，对村民的吸纳。自 2020 年 4 月以来，湘潭市湘乡市将河长制工作纳入村规民约之中。湘乡市 22 个乡镇街道 297 个村、48 个社区根据当地实情，增加了本村村规民约在河长制工作方面的规定。以华西村为例，该村将"公民有权对破坏水源地保护设施、污染水源地水质的行为进行劝阻、举报；禁止向河道倾倒垃圾、清洗储油或有毒污染物容器；禁止在河道电鱼、侵占河道水库、禁止在河道范围内采（洗）砂；禁止在河道范围内违法建筑"等六项内容补充到村规民约中。② 为便于村民理解，村干部进一步对《村规民约补充规定》作出宣传与解读。通过村规民约将村民吸纳到水环境治理网络中，能够提升村民对官方河长和民间河长日常巡河工作的配合度，同时有助于提高村民的环保意识。

（三）建立联动机制

依据联合行动内容的差异性，可以区分联合宣传、联合巡河、联合调研三种活动。在联合宣传方面，湘潭市相关部门多次与民间河长共同向公众宣传水环保知识。2019 年，在市河长办的指导下，民间河长组织了 14 场水环境专题宣传活动，发放了 3000 余份河长制宣传材料。③ 在"世界水日""世界清洁日""世界地球日""中国水周""中国河流净滩

---

① 《湘潭市深入推进河长制工作》，湘潭市人民政府门户网站，2020 年 3 月 23 日，http：//www. xiangtan. gov. cn. http. 80. 36212d7779. a. proxy1. ipv6. xiangtan. gov. cn/109/171/172/content_824738. html.

② 《河长制纳入村规民约，湘乡市管出河畅水清好环境》，湘潭市水利局，2020 年 8 月 9 日，http：//xtsl. xiangtan. gov. cn/14508/14509/19107/content_861647. html.

③ 数据来源：湘潭生态环境保护协会"民间河长"项目 2019 年工作总结报告。

日"等重要节日，市河长办或各区河长办联合民间河长办陆续开展了一系列水环保类知识科普活动。通过向公众讲解用水、护水知识以及水上垃圾的分类处理方法，提升公众在环保方面的专业性。在联合巡河方面，官方河长及地方政府相关部门与民间河长共同展开河流巡查活动。这包括以下两类。其一，常规联合巡河。市河长办每季度组织民间河长对全市的河流、水库开展 15 天的暗访督查工作。2020 年 6 月，市河长办的 12 名工作人员分成 3 个工作组，与民间河长共同暗访了 8 个县市区，实地勘察 20 多条河流和 2 个湖泊。其二，随机联合巡河。2018 年 11 月，昭山示范区河长办组织昭山镇河长办、民间河长，共同开展域内黑臭水体的巡河和保洁工作。2019 年 8 月，高新区河长办联合民间河长高新中队发起"河流净滩日"活动。2019 年 12 月，民间河长联合市住建局、高新区环保局、高新区河长办等部门共同察看黄獭港的污水直排情况。在联合调研方面，2019 年市住建局、水利局联合民间河长以及湖南科技大学化工学院学生，共同对 24 条已完成治理的城区水体进行实地走访。通过现场采样，民间河长团队绘制了水体污染地图，并撰写了城区水污染调查的阶段性报告，这些报告材料为地方政府的科学决策提供了事实依据。

（四）建立考核机制

在对民间河长的考核方面，市河长办委托市民间河长办具体负责。市民间河长办综合运用季度考核、年终述职等方式加以落实。季度考核是指市民间河长办以季为单位对民间河长的工作情况进行考评，对其中表现优秀的中队长与民间河长进行表彰奖励。筛选过程是依托湘潭民间河长公众号收集的巡河信息来进行。自 2019 年以来，市民间河长办创办了湘潭民间河长公众号。通过在公众号上发布周报、月报，对本市 8 个民间河长中队和 6 个民间河长团体的巡河记录进行总结。如 2020 年 8 月 24—30 日，全市微信公众号共收到 619 条巡查信息。其中，个人民间河长巡查 590 条，民间河长团体单位巡查 29 条。河长监督举报信息 10 条，当中 4 条已得到官方河长的回复。对于举报问题，市民间河长办以图片、视频的方式详细列出，并及时跟进、更新官方河长的回复情况。在年终述职方面，市水利局在每年年底组织召开民间河长年终述职大会。会议要求每个中队选取 3—5 名民间河长代表来对全年工作情况进行述职。在述职中，民间河长还需对积累的巡河经验进行总结，并就下一步工作的安排提出具体建议。

值得关注的是，湘潭市双河长治理活动还建立起对官方河长的绩效考核机制。自 2018 年以来，市河长办把各级河长和河长助手在微信举报平台中的问题处理情况、问题销号率纳入对河长制的年度考核工作中。①市河长办联合市水利局规定，将对民间河长举报问题的处理情况纳入对各级河长及相关责任部门的考核工作，占分 10%。具体的考核过程采取月计分、季评比的方式，对于排名靠后的部门，负责人将被市长约谈。②

（五）建立激励机制

激励机制是通过前述对民间河长的季度考核和年终述职来推进的。在民间河长述职大会上，通过全体民间河长工作人员评议打分和公众网络公开投票的方式，选拔出 20 名年度优秀民间河长。2017—2020 年，市水利局组织召开了三届民间河长总结表彰大会，评选出一批优秀团体和优秀民间河长。在对优秀个人和单位授予"突出贡献奖""道德风尚奖""民间河长宣传展示奖""年度优秀中队称号""年度最佳团体"等荣誉称号的同时，还给予获奖个人或群体一定数额的金钱奖励。这类会议激发了民间河长的工作动力，提升了社会公众对民间河长工作的认可和配合度。同时，通过相互交流巡河经验，民间河长的巡河技能得到不断增强。

总体上，湘潭市政府部门通过建立沟通机制、联动机制、考核机制、激励机制，推动当地双河长网络成员之间的规范化、常态化互动（见图 4-2）。

四　模糊管理行为与部分地区的双河长实践

围绕双河长治理实践，全国各地区的推进进度各有不同。早在 2014 年，浙江省杭州市城管委河道监管中心便已向社会公开招募"杭州民间河长服务队"。相对而言，其他地区地方政府通常是在落实河长制工作中，独立或联合当地环保组织发起民间河长招募工作，行动开始时间集中在 2017—2018 年。从全国范围看，大多数地方政府公开招募、聘请了本地的民间河长，并在双河长的运作过程中运用了相同或相近的管理策略，如构建官方河长与民间河长间的沟通机制、联动机制等。

① 《湘潭市河长制推行河长+河长助手+民间河长模式》，湘潭文明网，2018 年 8 月 10 日，http：//hnxt.wenming.cn/ywyq/wmbb/201808/t20180814_5385150.html.

② 《民间河长助力河湖管护》，《人民日报》2020 年 12 月 4 日。

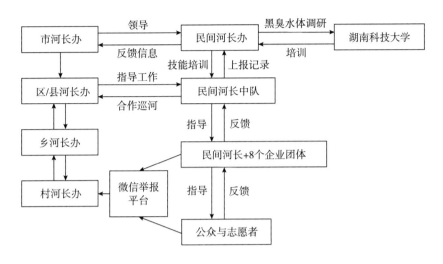

图 4-2　湘潭市双河长网络

　　双河长模式的固有张力，是地方政府对行政主导型网络化治理实践进行网络管理的直接原因。在民间河长的志愿性与行为动力方面，可以通过培育民间河长的使命感、责任感来增强自身在水环境监督上的内驱力，但其仍面临着长期行为动力不足的困境。对此，地方政府可以通过物质激励来提高民间河长的工作热情。然而，部分地区地方政府尚未建立清晰明确的激励办法。这通常表现为：地方政府虽提出要对民间河长进行年度考核评优，并对于工作业绩突出者给予一定奖励，但并未公布关于考核主体、考核内容、奖励主体、奖励方式等事项的操作办法。以山东省莱西市夏格庄镇为例，镇河长办于 2017 年任命 9 位村民为民间河长，并具体界定了民间河长的工作职责。①但镇河长办并未对民间河长的工作奖惩形成明确规定，这导致民间河长长期工作动力不足，并由此加剧监督的形式化问题。需要说明的是，不明确的物质激励策略会增加不尽理想的治理结果出现的可能性，但不会必然导致这一结果的到来。前述案例中，远安县河长办虽未形成明确的民间河长激励机制，但通过不断完善双河长运作的其他配套机制如沟通机制、联动机制，该县双河长实践仍处于良性运作状态。这意味着，不明确的物质激励机制是否会带

---

　　① 《关于民间河长和义务护河队的任命通知》，2017 年 9 月 14 日，莱西市人民政府网站，http://www.laixi.gov.cn/n43/n6428/n6434/171203164827809561.html。

来不好的治理结果，还与双河长实践中配套机制的完备情况相关。

针对双河长的第二个张力——地方政府的主导性与选择性回应问题，地方政府因其权威资源优势和网络管理者的合法身份在双河长实践中发挥主导作用，而这也在一定程度上为地方政府选择性地处理水环境举报问题提供了空间。事实上，双河长模式能否产生良好的效果取决于民间河长的监督能够在多大程度上影响官方河长的行政执法行为或公共决策行为。换言之，构建和完善官方河长与民间河长的互动机制是缓解或解决地方政府选择性回应问题的重要保障。

然而，在双河长间的互动方面，部分地方政府的管理策略存在政策内容不明确的问题。2018 年 2 月，广东省江门市都斛镇政府发布了《关于聘用都斛镇"民间河长"的通知》。该通知向社会公示了 14 位民间河长的名单，并对民间河长的职责作出说明，这包括：以一个社会监督人的身份参与治理河道，协助党政河长开展治水监督工作；负责河道保洁、河道违章及偷倒偷排等的监督举报；负责相关治水项目的建议参考与落实监督；反映相关涉水问题等。该通知虽明确提出民间河长的职责范围，但在民间河长巡河问题的反馈渠道、双河长之间的沟通方式、对民间河长的考核等方面尚未作出明确说明。在这种情况下，民间河长不仅面临着工作路径不清晰的问题，还难以形成与官方河长的联动关系。此时，官方河长是否会对民间河长反馈的巡河问题做出回应，在很大程度上取决于官方河长的责任意识，而这可能会导致双河长治理模式退化为民间河长对水环境问题的一种举报机制。与之相似，2018 年 5 月，山东省平度市云山镇政府发布的《中共云山镇委云山镇人民政府关于建立云山镇民间河长志愿者和志愿者服务队的通知》明确列出民间河长的姓名及其负责的河库（段）。同时，该通知要求民间河长在"河库治理效果监督、环境保护宣传、调动民间力量参与河库的保护等方面发挥作用"，但也并未就民间河长与官方河长之间的互动方式作出明确且具体的规定。① 至今，云山镇政务网站仍未显示或更新针对民间河长工作实施方案的配套规定以及当地民间河长的治理实践情况。

前述模糊、不够详尽的制度供给尚未为双河长之间的互动提供良好

---

① 《中共云山镇委云山镇人民政府关于建立云山镇民间河长志愿者和志愿者服务队的通知》，平度政务网，2018 年 5 月 31 日，http://www.pingdu.gov.cn/n2/n973/n974/n976/180531090326504466.html。

的制度环境，并往往导致双河长模式处于低效运作，甚至是形式化的状态。综上所述，模糊策略的运用既不会改变原有行政主导型网络化结构，也无法对网络结构中的张力产生任何实质影响。

第三节　差异化管理策略之下的地方间治理结果比较

本节通过比较前述双河长实践中，地方政府的网络管理过程，来探讨不同地区地方政府在网络管理策略、治理结果方面的异同，并在此过程中对管理策略与治理结果之间的关系进行阐释。

一　对管理策略的比较

围绕双河长实践，中国各地的运作方式存在一定差异。如在发现水环境问题后，部分地方的民间河长直接联系当地官方河长，由其对问题河流做出整治；也有部分民间河长将巡河中发现的问题上传至微信举报平台，由该平台联系责任河长进行整治。但事实上，除最初江浙地区少数地方政府是以社会治理创新的形式探索双河长模式外，多数地区的地方实践更多的是对初始双河长模式的本地化"复制"，并由此显示出相似的治理特征。其中，官方河长的角色被界定为主导者、民间河长的职责被规定为合作监督水环境是各地双河长实践最为主要的共性。

双河长实践中，官方河长与民间河长之间存在资源相互依赖的不对称性、核心边缘关系的不对等性特质。资源依赖的不对称表现为官方河长占据网络核心地位，并由此导致官方河长通常缺少与民间河长的平等协商动力。核心边缘关系的不对等性体现在民间河长处于治理网络的边缘位置，且尚未进入政策制定环节，并由此缺少对地方政府管理行为选择的影响。此时，官方河长的管理策略表现出自我认知下的自主选择：单向策略、组合策略、模糊策略都可能成为地方政府的网络管理行为。

在河源市双河长实践中，市政府部门运用沟通机制、随机联动机制、激励机制来管理双河长网络。第一，沟通机制包括两类。一类是针对日常巡河问题的事务沟通，即官方河长与民间河长依托智慧河长技术，对巡河中发现问题展开日常互动。另一类是技能培训、交流会与座谈会。虽然河源市河长办、水务局组织召开了交流会，但由于召开次数较少，且未形成制度化的沟通渠道，该市官方河长与民间河长间的互动仍以基于水污染问题的私下沟通为主。第二，联动机制主要包括联合宣传与巡河、联合调研。在早期，联合宣传与巡河活动是在环保节日开展。2020年，该市官方河长发起了"2020河湖保护农村系列公益活动"，由官方河长联合民间河长在地方政府下辖的各乡镇依次开展。需要说明的是，该市双河长共同开展的联合巡河行动是以环保公众宣传为主要目的，联合巡河过程更多关注对村民的环保教育，而非基于水污染问题开展协商互动。在联合调研方面，河源市双河长围绕市委书记所提出的"水浮莲收购"议题展开联合调研。总体上看，河源市政府采取的联动机制更多的是随机的，而非固定的。第三，对激励机制的运用体现在，由市政府推荐民间河长个人、组织参加广东省优秀民间河长与优秀公益项目的评选活动。综合而言，河源市地方政府采取的网络管理策略能够在官方河长与民间河长的互动中得到具体落实，因而是清晰的。同时，由于双河长间的互动以非正式沟通为主，联动机制具备随机性，以及缺乏来自市级政府部门的激励机制，河源市政府部门的网络管理行为属于柔性管理方向的管理策略，并由此呈现出低整合性特征。

在远安县双河长实践中，县政府部门采取了沟通机制、联动机制来管理治理网络。在沟通机制方面，远安县在构建论坛、电话等对话方式的同时，还形成了民间河长半年工作总结会、年终述职会等制度化沟通渠道。制度化沟通渠道通常具备固定的互动事项：民间河长对巡河情况做总结报告，官方河长与民间河长共享水治理数据，双河长共同总结现有合作中的问题并共同对下一步工作作出安排。在联动机制方面，远安县河长办联合多个政府部门建立了"民间河长+专业部门"的共同巡河制度。同时，明确将联合巡河范围划定为官方河长的责任流域。依据共同巡河制度，各政府部门先后与民间河长共同开展实地巡查。而对于巡河中发现的问题及其整改情况，民间河长会在远安论坛上以巡河台账的形式进行公开，以此增强社会公众对双河长工作的过程监督。总体上看，远安县政府部门的管理策略在治理活动中得到切实推进，故是清晰的。同时，相较于河源市政府部门的管理行为，远安县政府部门的管理策略因其正式化沟通特征和制度化联动机制而表现为刚性管理方向的单向策略，并由此具备低整合性特征。

在湘潭市双河长实践中，市政府部门的网络管理表现为建立沟通机制、联动机制、考核机制、激励机制。在沟通机制方面，湘潭市政府部门制定了明确的民间河长工作制度，从而为官方河长与民间河长办、民间河长之间的制度化互动提供制度保障。同时，当地政府部门注重建立民间河长与社会公众、河道警长、当地村民之间互动，以此扩展了双河长行动网络。此外，依托民间河长工作站，搭建起民间河长与其他地区河长办学习组之间的联系，在此基础上进一步对本地双河长实践做出宣传。在联动机制方面，既在重要环保节日开展了双河长随机巡河与公众环保教育活动，同时建立了季度双河长暗访督查制度。在考核机制方面，由市民间河长办通过日常考核和年终述职两种方式对民间河长的巡河情况进行考核。依据考核结果与公众投票，市民间河长办联合市河长办共同对年度优秀民间河长给予精神和物质奖励。对官方河长的考核体现在，将官方河长与民间河长的互动情况、巡河问题解决成效纳入对官方河长工作的考核之中。综合而言，湘潭市政府部门的管理策略是可操作的，故是清晰的。同时，市政府部门的管理策略表现出对柔性管理方向（非正式沟通、随机联动）与刚性管理方向（考核机制、激励机制）的整合运用，并由此具备高整合性特征。

在接下来的三个案例中，当地政府部门采取的管理策略都属于模糊策略①，且存在制度供给单一的特征。在中国多地开展双河长实践的大环境下，广东省都斛镇、山东省夏格庄镇与云山镇分别招募了当地的民间河长。三地都在民间河长招募的政策文本中规定了民间河长的职责范围，强调民间河长需要协助官方河长开展水环境整治。但同时，三地政府部门都未对官方河长与民间河长间的具体互动形式作出明确安排。由此，可以说，三地地方政府的网络管理策略均缺乏可操作性。加之，考虑到官方河长与民间河长在自身所拥有的资源上存在显著差异，处于边缘位置的民间河长难以对占据中心位置的政府部门的管理行为施加影响。实践中，这类缺乏落地性的模糊策略通常无法产生制度效力。

比较而言，河源市政府部门、远安县政府部门采用的是单向策略，它具备高明晰性、低整合性特征。需要说明的是，河源市政府部门的单向策略是柔性管理方向的，而远安县政府部门的单向策略是刚性管理方

---

① 书中未对模糊策略的整合性维度进行探讨，是由于当地政府的策略供给是模糊的，即便地方政府综合运用柔性和刚性（整合性）的管理行为，但相关制度仍因自身的模糊性特征而处于低效运作，甚至失效的状态。

向的。湘潭市政府部门则运用组合策略来管理网络。组合策略具备高明晰性、高整合性特征,是对刚性管理与柔性管理的整合运用过程。山东省夏格庄镇、云山镇以及广东省都斛镇的地方政府的管理策略属于模糊策略,此类管理策略具有低明晰性特征(见表4-1、表4-2)。

表4-1 管理策略的明晰性和整合性

地区	属性	
	明晰性	整合性
河源市	高	低
远安县	高	低
湘潭市	高	高
山东夏格庄镇与云山镇、广东都斛镇	低	

表4-2 地方政府管理策略差异性的多案例比较

地区	机制			
	沟通	联动	考核	激励
河源市	基于水污染问题的私下沟通为主	依托环保宣传活动的联合巡河		向广东省民间河长评选活动推优
远安县	民间河长半年工作总结会、年终述职会	"民间河长+专业部门"共同巡河制度		
湘潭市	依托湘潭河长制微信公众号举报平台进行线上沟通;民间河长办参与地方政府召开的会议	随机联合巡河与环保教育;季度联合暗访	综合日常巡河日志和年终述职等数据进行考核;将双河长的互动情况纳入对官方河长的考核	举行民间河长年度总结表彰大会
夏格庄、云山、都斛镇	政策文本模糊,难以落实			

二 民间河长的活动层次与治理结果

由于中国各地在水资源属性、水污染严重程度、民间河长的招募人数等方面存在差异,运用这些要素难以对治理结果形成有效的比较分析。鉴于此,本书从民间河长的活动层次这一维度对治理结果进行阐释

(一)河源市双河长网络:良性但发展缓慢

河源市地方政府采用的网络管理策略是柔性管理导向的单向策略。

具体而言，市政府部门通过建立沟通机制、联动机制来强化官方河长与民间河长间的沟通互动，这在一定程度上约束了地方政府的选择性回应问题，促使政府部门以积极的态度和管理行为参与到双河长治理中。同时，通过建立激励机制，提升了民间河长的巡河动力，进而有利于改善民间河长的长期志愿性不足这一问题。值得关注的是，在水浮莲收购决策中，市民间河长团队通过提供调研报告参与到政策方案的完善中。这反映出，河源市双河长实践中增加了对协商机制的运用。

柔性导向的单向策略有助于推动官方河长与民间河长对双河长实践达成共同认知，提升治理网络中行动者之间的信任水平。但同时，这种低强制力的管理策略得以良性运转的前提和关键在于地方政府的重视与支持。换言之，当地方政府的注意力转移到其他公共议题时，双河长网络便面临难以正常运转的风险。这也意味着，河源市地方政府的管理策略并未很好地解决双河长实践的第二个张力，即地方政府的主导性与选择性回应问题。但值得肯定的是，当前河源市地方政府仍比较重视当地的双河长工作。总体上看，河源市政府部门的管理策略对原有的网络结构做出局部调适，这在一定程度上缓解了原有网络结构中的张力。此外，有鉴于河源市民间河长及市河湖保护志愿者协会仍依赖于市河长办的业务指导来开展活动，以及官方河长仍在双河长治理中关键的主导作用，经由政府部门管理后的双河长治理活动仍属于行政主导型模式。

在治理结果上，河源市政府部门采取的单向策略推动了双河长治理实践的良性发展。在地方政府的支持下，当地民间河长开展了大量的巡河活动。2018 年 9 月至 2019 年 9 月，河源市 316 名民间河长"开展常规巡河 4286 次，足迹遍布东江 112 条支流和万绿湖周边 61 个乡村支流；组织了 14231 人次参与河湖公益活动，净滩捡拾垃圾超过 81.3 吨"。① 2020 年 6 月，市河湖保护志愿者协会开展了第四批民间河长招募工作。在严格筛选后，60 名志愿者被授予聘任证书，并明确了各自的寻河范围。民间河长人数的不断增加有助于拓展双河长治理网络的行动范围，推动当地双河长实践的可持续发展。但同时可以注意到，河源市民间河长的实践活动是围绕独立巡河以及开展公众环保宣传教育展开。在共同处理水

---

① 《河源有一群净滩使者捡拾垃圾 80 多吨》，河源文明网，2020 年 1 月 2 日，http：// hy. wenming. cn/gdhy16/202001/t20200102_6225165. html.

环境问题上，官方河长与民间河长的互动却相对有限。在此情景下，河源市民间河长的功能主要体现在延伸官方河长的水环境监管网络，搭建起政府与社会共同监督水环境的治理网络，而治理网络的运作成效则完全取决于政府部门对双河长实践的认知与重视程度。由此，河源市民间河长的活动层次较低。

对此，市河湖保护志愿者协会强调要进一步完善农村小支流民间河长队伍建设，并加强对民间河长的培训。同时，在广东省东江流域管理局的指导下，民间河长需主动参与构建东江流域民间河长跨界联盟，从而联合各市民间河长共同解决跨界河流问题。民间河长代表则希望，应强化官方河长和民间河长共同巡河机制。此外，通过案例分析发现，河源市双河长实践还存在一些问题。首先，官方河长与民间河长的对接机制尚不成熟。虽然智慧河长软件为双河长互动提供技术支撑，但保障双河长治理成效的配套措施有待完善。例如，在官方河长有意忽视来自民间河长的河流举报信息时，智慧河长软件链接双河长互动方面的效果便大打折扣。其次，对民间河长的激励不足。当前，地方政府及市河湖保护志愿者协会对民间河长的激励是以精神激励为主。长久来看，这不利于维持和提升民间河长的巡河动力。最后，缺少民间河长退出机制。在退出机制上，需要在统计好各民间河长巡河次数和范围数据的基础上，对巡河效率差的部分民间河长进行劝退，从而为更多的公众打开加入民间河长的渠道。针对这些问题或发展需求，地方政府需要在下一轮的网络管理中运用管理策略进行完善。总体上看，河源市双河长治理实践处于一种良性的，但发展缓慢的状态。

(二) 远安县双河长网络：良性但发展缓慢

远安县政府部门采取了基于刚性管理的单向策略。通过形成制度化沟通机制，推动官方河长与民间河长间的常态化沟通。在此过程中，民间河长的巡河动力与热情得到进一步强化。通过建立联动机制，提高双河长之间的协作水平。此外，县政府部门还赋予民间河长一定的行动空间，具体表现在民间河长可以安排下一阶段的巡河工作，这不仅有助于调动民间河长的巡河动力，也有利于提升双河长间的沟通层次。总体上看，通过建立与完善沟通机制、联动机制，推动县河长办及其成员单位在主导双河长实践发展方向的同时，及时对民间河长反馈的水污染问题做出有效反馈。前述网络管理策略主要缓解了民间河长的志愿性与行为动力不足的张力，缺乏对地方政府的主导性与选择性回应张力的改进。

总体上看，远安县政府部门的管理策略表现出对原有的网络结构的局部调适。需要说明的是，县政府部门所采取的沟通机制、联动机制并未在实质上改变网络结构的属性，而是对网络结构的局部调适。因此，经由县政府部门管理后的双河长实践仍属于行政主导型网络化治理模式。

当前，远安县民间河长"带动了更多行业和人群加入治水队伍，全民治水格局已初步形成，生态环保意识已慢慢深入人心"。① 在治理结果上，远安县政府部门采取单向管理策略推动了官方河长与民间河长间的制度化互动。2017 年至 2020 年 5 月，远安县民间河长"累计巡河 1000 余次，发布巡河小记 800 余篇，曝光电鱼、毒鱼环境污染等各类问题 500 余个，全部整改销号；自发组织 500 余人次开展清除流域垃圾等公益活动 40 余次；开展河流保护宣传活动 40 余次"。② 同时，2020 年，远安县双河长治水模式凭借其良好的治理成果得到了省河库长办的高度肯定和重点推介。通过对该县双河长实践的观察发现，官方河长与民间河长围绕水污染举报问题展开了密切互动。在此过程中，民间河长的主要活动事项为独立或联合巡河，以及对接官方河长解决水污染问题。虽然远安县民间河长因其与官方河长之间存在固定联动与制度化互动关系，但双河长治理网络的运作效果仍取决于当地政府部门的注意力分配情况。由此，可以说，远安县民间河长的活动层次相对较低。

需要注意的是，在人的有限理性之下，基于刚性管理的单向策略仍面临制度设计不完善的问题。这体现在远安县政府部门在管理双河长治理网络时，缺乏对民间河长激励机制的设计与考量。当前，远安县民间河长通过参加由水利部、全国总工会、全国妇联三部门联合发起的"寻找最美河湖卫士"活动来获得正向激励，如 2020 年，民间河长陈光文荣获国家"民间河湖卫士"荣誉称号。然而，在评选过程中，远安县政府部门既没有参与到评选环节，也尚未在县一级制定明确的激励方案。长此以往，将会影响民间河长的持续工作动力。对此，远安县河长办主任、水利局局长在介绍远安县双河长模式时强调，双河长模式还面临着双河长间沟通有待进一步深化、民间河长工作空间有待拓展、奖惩措施有待

---

① 《远安：为民打造幸福河》，《三峡日报》，远安县人民政府网站，2020 年 8 月 24 日，http：//www. yuanan. gov. cn/content-24-678110-1. html？from = groupmessage&isappinstalled = 0。

② 《远安民间河长助力乡村依法治理》，《三峡日报》2020 年 5 月 29 日。

完善、巡河队伍有待加强以及缺少必要的支持保障等多重问题。

总体上看，远安县民间河长的活动层次虽然较低，但由于县政府部门仍比较重视当地的双河长治理工作，远安县双河长实践亦处于良性发展状态。但与此同时，由于当前激励机制的缺失，远安县双河长治理网络发展速度缓慢。针对这一情况，地方政府需要在下一轮网络管理中做出应对。

（三）湘潭市双河长网络：良性且发展较快

在湘潭市双河长实践中，市政府部门采取了组合型网络管理策略。市政府部门首先对民间河长、民间河长办、市河长办、河长助手的角色与职能做出清晰界定。而后，通过建立与完善沟通机制、联动机制、激励机制来调动民间河长的工作信心与热情，并提升官方河长与民间河长的互动水平。依托联动机制、考核机制来督促官方河长按期回应民间河长举报的水环境问题，这有利于改善地方政府的选择性回应问题。总体上看，湘潭市政府部门的网络管理策略对原有的网络结构做出较大调适，极大地缓解了原有网络结构中的两大张力。

值得关注的是，湘潭市在开展双河长实践中还注重吸纳河道警长参与治水，进而将打击涉水犯罪工作增加到双河长工作范畴中。同时，通过吸纳村民参与治水，将双河长的行动范围延伸至村一级。由此，湘潭市建立了"河长+河长助手+民间河长+河道警长+村民"的管理体系。在治理结果上，截至 2019 年底，湘潭市共招募民间河长 1140 人，其中个人 520 人，团体单位 620 人。民间河长全年累计发布巡查日志 34372 篇，共举报岸坡及河道垃圾、"四乱"、河道病死畜禽、江面油污等问题共计 542 例，其中已处理或回复意见 506 例。[①] 值得关注的是，湘潭市民间河长的实践活动为独立或联合巡河、联合暗访、与官方河长解决举报问题，以及联合政府部门就水环境议题展开调研。与前述两个案例相比，湘潭市民间河长的活动范围不仅体现在落实民间河长、双河长政策环节，也发生在围绕水环境议题展开的调研分析之中，故其活动层次相对较高。

湘潭市政府部门采取的组合策略在增强民间河长的巡河动力，提升官方河长的反馈效率，推动双河长之间的联动等方面具有积极作用，但同样面临着制度供给不完善的问题。在对民间河长公布的环境污染问题

---

① 数据来源：湘潭生态环境保护协会"民间河长"项目 2019 年工作总结报告。

的观察中发现，第一责任人未给出处理回复意见的情景依然存在。以2020 年 7 月民间河长工作总结汇报为例，湘潭市河长制微信巡查举报平台当月共收到举报信息 40 例，其中已处理 29 例，回复意见 2 例，未处理未回复意见 9 例。这反映出，仍存在部分官方河长有选择地回应水环境举报问题的情景。同时，当前湘潭市各区民间河长之间、民间河长与非营利组织之间以及民间河长与志愿者之间已经形成较强的联合行动关系，但官方河长与民间河长间的制度化沟通机制有待进一步完善。

　　总体上看，湘潭市民间河长与官方河长之间的互动较为密切，双方能够共同对水污染问题进行通力合作，实现了本地双河长网络的良性运作。同时，市政部门通过提供相对完善的组合管理策略，推动当地双河长网络得到快速发展。2020 年，湘潭市民间河长办再次公开招募民间河长，并将民间河长的职责从合作监督扩展到为"改善河道水环境质量出谋划策"。① 这意味着，政府部门进一步扩大了民间河长参与水环境决策的渠道，进而有利于提升民间河长的活动层次。

（四）模糊策略之下走向"沉寂的"网络

　　广东省都斛镇、山东省夏格庄镇与云山镇等三地政府部门均采用模糊策略来管理双河长网络。这种缺乏制度效力的管理策略难以对网络结构中张力施加任何实质性影响。这意味着，三地的双河长网络仍面临着民间河长的志愿性与行为动力不足、官方河长的主导性与选择性回应等问题。在此情景下，民间河长的巡河动力可能会随时间推移而弱化，甚至出现民间河长应付巡河的敷衍行为。同时，三地官方河长普遍缺乏对双河长工作的重视，随意回复甚至不予回复民间河长举报问题的消极应对行为将随之出现。此时，民间河长的活动内容退化为独立巡河。与前述三个案例相比，模糊策略之下的民间河长活动层次最低，而这可能会导致当地的双河长行动网络最终走向"沉寂"。

　　总体上看，河源市政府部门的单向策略（柔性导向）对原有网络结构中的张力作出微小调适。在此情境下，民间河长的主要活动事项是独立巡河、开展环保宣传教育，该地双河长网络呈现良性但发展缓慢的特征。远安县政府部门的单向策略（刚性导向）对原有网络结构作出局部

---

　　① 《湘潭再次招募"民间河长"身份不限、名额不限》，湘潭在线，2020 年 1 月 8 日，http://news.xtol.cn/2020/0108/5300533.shtml.

调适。此时，民间河长的主要实践活动是独立或联合巡河以及对接官方河长解决水污染问题，当地双河长网络呈现出良性但发展较慢的特征。湘潭市政府部门的组合策略对原有网络结构中的两大张力做出较大程度的调适。在此过程中，民间河长的主要活动为独立或联合巡河、联合暗访、对接官方河长解决举报问题以及联合调研，同时，湘潭市双河长网络表现出良性且发展较快的特征。广东省都斛镇、山东省夏格庄镇与云山镇所采取的模糊策略导致网络结构中的张力依然存在，而三地民间河长的活动范围退化为独立开展巡河。此时，当地的治理网络面临走向"沉寂"的可能（见图4-3）。

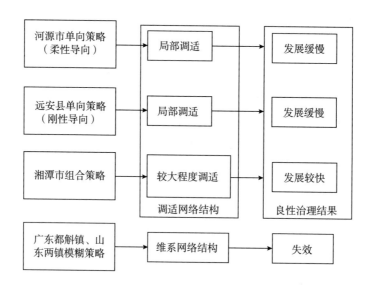

图4-3 对多地地方政府的管理策略与治理结果比较

依据前述比较案例分析，得出以下研究结论：第一，在双河长治理模式（行政主导型网络化治理模式）中，相较于模糊策略，地方政府越是采取单向策略或组合策略，越会取得更好的治理结果。第二，双河长治理模式（行政主导型网络化治理模式）中，相较于单向策略，地方政府越是采用组合策略，越会带来更好的治理结果。值得关注的是，组合策略的特征表现在对柔性管理与刚性管理方向的结合。在前述案例中，河源市政府部门可以通过学习湘潭市政府部门所采取的联动机制、考核机制，实现从柔性导向的单向策略向组合策略转变。远安县政府部门也可以学习湘潭市运用的考核机制、激励机制，实现从刚性导向的单向策略向组合策略转变。

第四节　小结

本章运用多个双河长案例检验了网络结构、管理策略对水环境网络化治理结果的影响。中国双河长治理实践是由地方政府赋予公众民间河长的身份，来吸纳社会参与水环境监督。实践中，双河长的运作过程表现为：在民间河长向官方河长反馈巡河问题后，由官方河长责令相关责任主体作出处理的过程。双河长模式在拥有整合社会力量优势的同时，也面临着民间河长的志愿性与行为动力不足、地方政府的主导性和选择性回应两个张力。对此，地方政府与民间河长间不对称的资源依赖关系以及不对等的核心边缘关系，使得地方政府的网络管理行为呈现出显著的差异。部分地方政府运用清晰的单向策略、组合策略来调适原有网络结构中的张力。河源市政府部门通过构建沟通、联动、激励机制，推动当地双河长网络的良性发展，但同时还面临着发展速度缓慢的问题。远安县政府部门通过构建和完善沟通、联动机制，推动了双河长网络的良性发展，但总体发展速度相对缓慢。湘潭市政府部门综合采用沟通、联动、考核、激励等机制，构建了"官方河长+民间河长行动中心+民间河长+民众"的治理模式，并实现了双河长网络的良性且较快发展。比较而言，部分地方政府则采用了模糊策略，表现为其所提供的政策方案或管理策略缺乏落地性。这类管理行为无改善双河长网络中固有的两个张力，其双河长网络最终可能走向"沉寂"，并由此带来（潜在的）治理失效问题。

第五章　市场契约、管理策略与水环境治理项目

在水环境治理领域，市场主导型网络化治理模式表现为地方政府与社会力量共同提供水环境公共服务或生产公共产品的过程，其运作形式有政府购买服务、政府和社会资本合作。近年来，伴随中国行政体制改革的不断深化，地方政府在转变职能的同时，通过政府购买的方式提供公共服务，这为市场主导型网络化治理实践营造了良好的制度环境。然而，在相同的制度情境下，各地地方政府通过政府购买服务、政府和社会资本合作所形成的水环境治理项目却存在不尽相同的治理结果。诚然各地区的水污染程度存在显著差异，但在客观要素之外，又有哪些共性因素影响着水环境治理项目的效果？对此，本章基于"网络结构—管理过程"分析框架，剖析市场主导型网络化治理实践的内在机理，并在此过程中回答前述研究问题。

第一节　市场主导型结构与共同生产

在水环境治理领域，政府购买公共服务、政府和社会资本合作项目具备以下共性：都遵循了地方政府运用市场机制将部分公共服务事项交由社会力量来承担的行动逻辑；都是通过签订项目合同这一契约化方式来构建地方政府与社会力量之间的互动关系；都在合作项目的运作中体现出地方政府与社会力量的共同行动。接下来，首先，对政府购买公共服务、政府和社会资本合作的制度环境进行梳理。其次，对市场主导型网络化治理模式中的张力进行阐释。最后，对市场主导型网络结构影响地方政府管理策略选择的过程机理予以分析。

一　项目化运作与市场主导型模式

（一）政府购买公共服务

所谓政府购买公共服务是指"政府按照一定的方式和程序，把属于政府职责范围且适合通过市场化方式提供的服务事项，交由符合条件的社会力量和事业单位承担，并根据服务数量和质量等向其支付费用的行为"。① 2013 年 9 月，国务院办公厅发布了《关于政府向社会力量购买服务的指导意见》，该行政法规提出"到 2020 年，在全国基本建立比较完善的政府向社会力量购买服务制度"的目标任务，并对政府购买服务的总体方向、工作流程、组织保障等多项内容作出明确规定。② 2013 年 11 月，党的十八届三中全会审议通过的《中共中央关于全面深化改革若干重大问题的决定》（以下简称"决定"）明确提出，"推广政府购买服务，凡属事务性管理服务，原则上都要引入竞争机制，通过合同、委托等方式向社会购买"。③ 2018 年，党的十九届三中全会进一步强调，要推进非基本公共服务市场化改革，引入竞争机制，扩大购买服务。

为规范化推进政府购买公共服务工作，国家部委先后出台了多份政策文件。依据文件内容的综合性，可以区分关于政府购买服务某一环节的文件和综合性文件。单一环节的政策文件涉及预算管理、信息平台运行管理、地方政府融资、绩效评价以及政府购买服务目录等不同方面。其中，代表性文件包括《关于政府购买服务有关预算管理问题的通知》《关于政府购买服务信息平台运行管理有关问题的通知》《关于坚决制止地方以政府购买服务名义违法违规融资的通知》《关于推进政府购买服务第三方绩效评价工作的指导意见》等。

与单一环节的文件相比，综合性文件的内容涉及对政府购买服务的全流程的说明。进一步地，综合性文件又可以分为单一政策领域的政府购买公共服务文件和普适类文件。单一政策领域的文件是针对某一具体领域制定的政府购买服务政策文件。具体如：2014 年 4 月，财政部联合

---

① 《政府购买服务管理办法》（财政部令第 102 号），中华人民共和国中央人民政府网站，https：//www. gov. cn/gongbao/content/2021/content_5582627. htm.

② 《国务院办公厅关于政府向社会力量购买服务的指导意见》，国务院办公厅，2013 年 9 月 26 日，中国政府门户网站，http：//www. gov. cn/xxgk/pub/govpublic/mrlm/201309/t20130930_66438. html.

③ 《中共中央关于全面深化改革若干重大问题的决定》，国务院新闻办公室网站，2013 年 11 月 15 日，http：//www. scio. gov. cn/zxbd/nd/2013/Document/1374228/1374228. htm.

多部门印发的《关于做好政府购买残疾人服务试点工作的意见》；2014 年 8 月，财政部、国家发改委等联合印发《关于做好政府购买养老服务工作的通知》；2015 年 5 月，国务院办公厅转发的《关于文化部等部门关于做好政府向社会力量购买公共文化服务工作意见的通知》；2016 年 2 月，财政部、交通运输部联合发布的《关于推进交通运输领域政府购买服务的指导意见》；2017 年 9 月，民政部、中央编办、财政部、人力资源社会保障部联合出台的《关于积极推行政府购买服务加强基层社会救助经办服务能力的意见》；2019 年 5 月，农业农村部办公厅发布的《关于 2019 年度金融支农创新试点政府购买服务有关事宜的通知》等。这些政策和规范性文件为地方政府在不同政策领域开展公共服务购买工作提供了指导。

普适类文件适用于地方政府对各类公共服务的购买工作，是开展政府购买公共服务的纲领性文件。具体包括以下三份政策文件：

第一，财政部在 2014 年 4 月出台的《关于推进和完善服务项目政府采购有关问题的通知》。该文件对政府采购服务项目的类别、需求管理、开展方式、验收管理、绩效评价等方面做出详细规定，目前仍处于有效状态。

第二，财政部联合民政部、工商总局在 2014 年 12 月印发的《政府购买服务管理办法（暂行）》（以下简称"暂行办法"）。该办法明确固定了政府购买公共服务的购买主体、承接主体、购买内容、购买方式及程序、预算及财务管理、绩效和监督管理等具体环节。2020 年，在财政部发布《政府购买服务管理办法》后，《政府购买服务管理办法（暂行）》同步废止。

第三，财政部在 2020 年 1 月发布的《政府购买服务管理办法》（以下简称"管理办法"）。与前述暂行办法相比，新的管理办法在以下几个方面做出调整。在购买主体方面，暂行办法规定购买主体为各级行政机关、具有行政管理职能的事业单位、党的机关、纳入行政编制管理且经费由财政负担的群团组织。[①] 本次管理办法新增了政协机关、民主党派机关的购买主体资格。同时，明确规定公益一类事业单位、使用事业编制

---

① 如工会、共青团、妇联。

且由财政拨款保障的群团组织不能作为购买主体。① 在承接主体方面，暂行办法指出承接主体为社会组织，公益二类或转为企业的事业单位，依法登记成立的企业、机构等社会力量。本次管理办法规定，农村集体经济组织、基层群众性自治组织以及具备条件的个人都可以作为承接主体。同时，管理办法取消了公益一类事业单位、使用事业编制且由财政拨款保障的群团组织的承接主体资格。在购买服务内容方面，暂行办法明确规定了纳入政府购买服务的六类事项。管理办法则以负面清单的形式规定了不得作为购买服务的六类事项，以此防止政府购买服务中的违规滥用行为。在服务合同方面，管理办法新增合同及履行一章，明确指出"政府购买服务合同的签订、履行、变更，应当遵循《中华人民共和国合同法》的相关规定"。在预算管理方面，暂行办法提到"对预算已安排资金但尚未明确通过购买方式提供的服务项目，可以根据实际情况转为通过政府购买服务方式实施"，而管理办法则明确规定"未列入预算的项目不得实施"。综上，管理办法是对原有暂行办法的继承和创新，其目的在于强化对政府购买服务的管理，进而预防、减少政府购买服务工作中可能出现的违法违规情况。

需要说明的是，本书的研究对象发生在新的管理办法实施之前，《政府购买服务管理办法（暂行）》仍处于有效期阶段的政府购买服务行为。鉴于此，本章从暂行办法的宏观制度背景出发，探讨政府购买水环境服务的多项实践。

作为政府购买服务的承接主体，社会力量的服务生产能力直接关系到公共服务的生产质量。当前，中国社会力量在服务承接能力方面的差距较为明显，尤其是不同社会组织间的专业能力水平存在显著不同。一般而言，成功的社会组织体现了这样的发展秩序："从有能力且有公益心的领导者到与志同道合的人形成核心秩序圈，再到接触更多的人后形成扩展的社会组织结构，最后走向一个扁平化的合作网络秩序。然而，由

---

① 在中国，目前承担行政职能的事业单位有登记管理局、流域管理局、公路管理局、渔政渔岗监督管理机构、动物卫生监督所等。从事公益服务的事业单位具体分为公益一类、公益二类。公益一类承担义务教育、基础性科研、公共文化、公共卫生及基层的基本医疗服务等公益服务，相关单位如小学中学、农产品质量安全监督检测中心、疾控中心、乡镇卫生院等；公益二类是承担部分公益服务职能和部分生产经营职能的单位，如公共资源交易中心、地质勘察院、高等学校、报社等。

于社会组织发展中面临各种障碍，并非所有社会组织能够走向成功"。①对此，来自国家层面的制度支持至关重要。

当前，中国在推进政府向社会力量购买服务的工作中，也注重出台相关文件来强化对社会力量服务承接能力的支持和培育。2014年，财政部、民政部联合印发了《关于支持和规范社会组织承接政府购买服务的通知》，该通知从加强社会组织培育发展、扩大政府购买服务范围、加大社会组织承接政府购买服务支持力度、健全社会组织信用记录管理等方面作出具体规定。2015年9月，财政部发布了《关于做好行业协会商会承接政府购买服务工作有关问题的通知（试行）》。该文件在肯定行业协会承接政府购买服务重要性的同时，明确了购买服务的内容与方式、财政支持、过程监管等具体内容。2016年12月，民政部发布了《关于通过政府购买服务支持社会组织培育发展的指导意见》。这份指导意见提出，在"十三五"时期，形成一批运作规范、公信力强、服务优质的社会组织，公共服务提供质量和效率显著提升的主要目标，并对社会组织的准入环境、分类指导和重点支持、能力建设、采购管理、绩效管理以及保障措施等运作流程做出详细规定。2021年国务院办公厅发布了《关于鼓励和支持社会资本参与生态保护修复的意见》。该意见在明确生态保护修复的领域、内容、要求等方面的同时，对社会资本参与生态保护修复的支持政策和保障机制做出规定。

总体上看，伴随国家层面制度设计的不断完善，各地地方政府也同步制定并颁发了本地区政府购买服务的政策条例、规范性文件。其中，部分文件聚焦政府购买服务的规范化操作问题，部分文件关注在不同领域推进政府购买服务工作的运作流程。

在水环境领域，环境保护部于2015年2月发布了《关于推进环境监测服务社会化的指导意见》。该意见指出，要在环境质量自动监测站和污染源自动监测设施的运行维护、固体废物和危险废物鉴别等监（检）测业务上，开展政府购买公共服务工作，并积极引导社会力量广泛参与环境监测。2018年3月，由水利部办公厅颁发的《关于印发水利部政府购买服务指导性目录的通知》详细列出了政府购买服务的三级目录。依据这一文件精神，地方各级水利（务）部门制定了本省本地区的政府购买

---

① 毛寿龙：《社会组织发展的秩序维度》，《和谐社区通讯》2017年第1期。

服务指导性目录，如 2019 年 12 月，安徽省财政厅、水利厅联合发布了《关于印发安徽省水利厅政府购买服务指导性目录的通知》；2018 年 11 月，昆明市财政局、水务局联合发布了《关于发布昆明市水务局政府购买服务指导性目录的公告》；2020 年 7 月，曲沃县财政局、水利局联合发布了《关于公布曲沃县水利局政府购买服务指导性目录的通知》等。总体上，全国各级水利（务）部门已经制定完成本地区在水环境领域的政府购买公共服务指导目录，并依照指导目录具体开展政府购买服务的各项工作。

（二）政府和社会资本合作

政府和社会资本合作模式并非新事物。2002 年，北京市政府便通过建设—运营—移交（Build-Operate-Transfer，BOT）的方式实施了北京第十水厂项目。但在早期，政府与社会资本合作项目多是地方政府的实践探索，与之相关的制度设计有待于完善。而政府和社会资本合作模式的正式开展是在党的十八届三中全会之后。2013 年，党的十八届三中全会《决定》明确提出，"允许社会资本通过特许经营等方式参与城市基础设施投资和运营……建立吸引社会资本投入生态环境保护的市场化机制，推行环境污染第三方治理"。①

此后，国务院办公厅、财政部、发改委等部门相继出台了鼓励、规范政府和社会资本合作的多份规范性文件。其中，部分政策文件是针对政府和社会资本合作中的某一或某些环节而制定。例如 2014 年，由国务院印发的《关于创新重点领域投融资机制鼓励社会投资的指导意见》对社会资本的融资机制提出十条意见；2014 年，由财政部印发的《关于规范政府和社会资本合作合同管理工作的通知》对合同管理的核心原则、工作方式做出规定；2015 年，由国家发展改革委办公厅印发的《关于政府和社会资本合作项目前期工作专项补助资金管理暂行办法的通知》对 PPP 项目前期工作专项补助资金的使用管理、监督与检查等内容作出具体规定。

部分政策文件是围绕政府与社会资本合作的运作程序而制定，并成为开展政府和社会资本合作项目的指导性文件。这主要包括：财政部发

---

① 《中共中央关于全面深化改革若干重大问题的决定》，国务院新闻办公室网站，2013 年 11 月 15 日，http://www.scio.gov.cn/zxbd/nd/2013/Document/1374228/1374228.htm.

布的《政府和社会资本合作模式操作指南（试行）》（以下简称"113号文件"）①、《关于推进政府和社会资本合作规范发展的实施意见》；国家发改委发布的《关于开展政府和社会资本合作的指导意见》（以下简称"2724号文件"）、《传统基础设施领域实施政府和社会资本合作项目工作导则》（以下简称"2231号文件"）、《关于依法依规加强PPP项目投资和建设管理的通知》（以下简称"1098号文件"）；国务院办公厅转发的财政部、发展改革委、人民银行《关于在公共服务领域推广政府和社会资本合作模式的指导意见》（以下简称"42号文件"）；国务院法制办发布的关于《基础设施和公共服务领域政府和社会资本合作条例（征求意见稿）》（以下简称"征求意见稿"）。此外，国家多部委还在环境污染、水利工程、养老服务、农业发展、林业建设、城镇棚户区和城乡危房改造、市政工程以及能源等多个领域发布了实施PPP项目的规范性文件。综合前述政策文件，接下来对政府和社会资本合作的概念、运作方式、项目操作过程等内容进行一一介绍。

对于政府和社会资本合作的概念，国家多部门在其发布的文件中做出明确界定。② 书中采用国务院42号文件中的定义，即政府和社会资本合作是指"公共服务供给机制的重大创新，政府采取竞争性方式择优选择具有投资、运营管理能力的社会资本，双方按照平等协商原则订立合同，明确责权利关系，由社会资本提供公共服务，政府依据公共服务绩效评价结果向社会资本支付相应对价，保证社会资本获得合理收益"。③

依据财政部113号文件，社会资本方指向已建立现代企业制度的境内外企业法人，但不包括本级政府所属融资平台公司及其他控股国有企业。值得关注的是，在2019年财政部财办金发起的《政府和社会资本合作模式操作指南（修订稿）》（以下简称"94号文件"）中，社会资本方的

---

① 需要说明的是，虽然该文件已处于废止状态，但本书选取的案例是在该文件有效期内实施的，故在文中列出这一文件的相关规定。

② 2014年，国家财政部、发改委先后在其发布的文件中对"政府和社会资本合作"的概念做出解释。虽然表述有所不同，但基本围绕公共领域、长期合作、平等协商等关键特征来对政府和社会资本合作做出界定。为减少争议，体现共性，书中采用国务院办公厅42号文件中对政府和社会资本合作概念的界定。

③ 国务院办公厅转发《关于在公共服务领域推广政府和社会资本合作模式的指导意见》，新华社，2015年5月22日，http：//www.gov.cn/xinwen/2015 - 05/22/content_ 2867174.htm？Gov.

范围被扩大为依设立的境内外企业法人或契约型基金、社会组织、合伙企业等法律法规规定具有投资资格的其他组织，但同时，本级政府作为实际控制人的企业不得作为社会资本参与本级 PPP 项目。在 PPP 项目的适用范围上，国务院法制办在关于《基础设施和公共服务领域政府和社会资本合作条例（征求意见稿）》中提出，运用 PPP 项目需要符合"政府负有提供责任、需求长期稳定、适宜由社会资本方承担"① 三个条件。财政部在 2017 年印发的《关于规范政府和社会资本合作（PPP）综合信息平台项目库管理的通知》还对不适宜采用 PPP 项目的情形作出明确规定："不属于公共服务领域，政府不负有提供义务的，如商业地产开发、招商引资项目等；因涉及国家安全或重大公共利益等，不适宜由社会资本承担的；仅涉及工程建设，无运营内容的；其他不适宜采用 PPP 模式实施的情形。"②

在运作方式上，政府和社会资本合作项目包括以下几类：委托运营（Operations & Maintenance，O&M）、管理合同（Management Contract，MC）、建设—运营—移交（Build-Operate-Transfer，BOT）、建设—拥有—运营（Build-Own-Operate，BOO）、转让—运营—移交（Transfer-Operate-Transfer，TOT）、改建—运营—移交（Rehabilitate-Operate-Transfer，ROT）、建设—拥有—运营—移交（Build-Own-Operate-Transfer，BOOT）、设计—建设—融资—运营—移交（Design-Build-Finance-Operate-Transfer，DBFOT）等。同时，国家发改委发布的 2724 号文件进一步对 PPP 项目模式的选择作出说明。其中，经营性项目可以采用 BOT、BOOT 等模式；准经营性项目可以采用 BOT、BOO 等模式；而非经营性项目可以采用 BOO、OM 等模式。

在项目操作过程方面，不同国家部门分别作出说明。发改委 2231 号文件从项目储备、项目论证、社会资本方选择、项目执行等方面作出具体规定。发改委 1098 号文件则注重从项目可行性论证和审查、决策程序、方案审核、项目资本金制度、在线监管平台等环节对政府和社会资本合

① 国务院法制办：《关于〈基础设施和公共服务领域政府和社会资本合作条例（征求意见稿）〉公开征求意见的通知》，中华人民共和国商务部网站，2017 年 9 月 29 日，http：//www.mofcom.gov.cn/aarticle/b/g/201709/20170902653358.html.

② 《财政部印发通知规范政府和社会资本合作（PPP）综合信息平台项目库管理》，2017 年 11 月 16 日，财政部网站，http：//www.gov.cn/xinwen/2017-11/16/content_5240219.htm.

作项目予以详细规定。国务院法制办发布的征求意见稿对政府和社会资本合作项目的发起与实施、监督管理、争议解决、法律责任等方面作出说明。财政部财办金94号文件将PPP项目简化为项目准备、采购和执行三个阶段，共14个步骤（见图5-1）。财政部113号文件则将政府和社会资本合作项目过程划分为项目识别、项目准备、项目采购、项目执行和项目移交五个阶段，共19个步骤（见图5-2）。

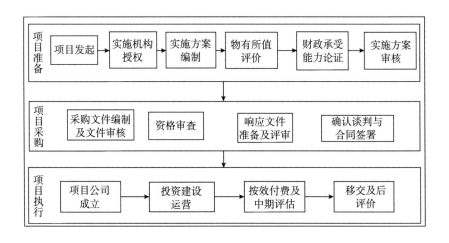

图 5-1　新版 PPP 项目流程

资料来源：财政部：《关于征求〈政府和社会资本合作模式操作指南（修订稿）〉》。

在水环境治理领域，国家部门也发布了规范性文件。2014年，国务院办公厅发布了《关于推行环境污染第三方治理的意见》，该意见从第三方治理市场与机制、政策引导与支持、组织实施协调等方面对环境污染第三方治理的具体方式加以规范。同时，该意见还提出"到2020年，环境公用设施、工业园区等重点领域第三方治理取得显著进展，……社会资本进入污染治理市场的活力进一步激发"①的工作目标。2017年，财政部、住房和城乡建设部、农业部、环境保护部联合发布了《关于政府参与的污水、垃圾处理项目全面实施PPP模式的通知》。该通知指出在"政府参与的新建污水、垃圾处理项目上全面实施PPP模式，并有序推进

---

① 《国务院办公厅关于推行环境污染第三方治理的意见》，中华人民共和国中央人民政府网站，2015年1月14日，http://www.gov.cn/zhengce/content/2015-01/14/content_9392.htm.

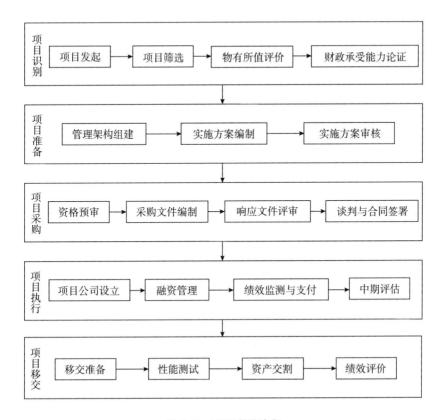

图 5-2 PPP 项目流程

资料来源：财政部：《关于印发政府和社会资本合作模式操作指南（试行）的通知》。

存量项目转型为 PPP 模式"①，同时对可转为 PPP 项目的适用范围、操作流程、优惠政策、组织保障等内容作出介绍。2017 年，国家发展改革委、水利部联合印发了《政府和社会资本合作建设重大水利工程操作指南（试行）》。该文件明确规定"水利 PPP 项目由项目所在地县级以上人民政府授权的部门或单位作为实施机构，运营有关单位作为实施机构，应包括地方国有企业等"，并对社会资本参与重大水利工程建设运营项目的适用范围做出明确界定。在 PPP 项目的运作流程方面，该文件与发改委 2231 号文件中的工作导则相一致。2020 年，财政部办公厅发布了《关于印发污水处理和垃圾处理领域 PPP 项目合同示范文本的通知》，该通知为

---

① 《关于政府参与的污水、垃圾处理项目全面实施 PPP 模式的通知》，财政部网站，2017 年 7 月 19 日，http：//www.gov.cn/xinwen/2017-07/19/content_5211736.htm.

地方政府签订污水和垃圾处理 PPP 项目合同提供了示范文本，以此推进 PPP 项目合同的规范化、标准化。综合而言，水环境 PPP 项目的文件虽数量相对不多，但现有政策文件已对项目的运行方式做出比较详细的规定。

（三）市场主导型模式的形成

虽然政府购买服务、政府和社会资本合作在具体的运作流程上存在差异，但其实施过程都表现出政府和社会力量共同生产公共产品或公共服务的核心特征。实践中，政府购买服务、政府和社会资本合作体现出对行政机制、市场机制、协商机制的综合运用过程。

对行政机制的运用表现在以下情景：第一，合作项目生产前，地方政府通过发布规范性文件来开启水环境领域的政府购买服务或 PPP 项目；第二，合作生产过程中，地方政府需要履行对合作项目的管理、监督等行政职能，从而确保合作项目始终服务于公共利益。如 2015 年 4 月，宁波市鄞州区环保局与青年志愿服务及公益性社会组织孵化中心签订了"我为家乡护河道"项目。通过该项目，区环保局向公益环保组织购买为期一年的公共服务，服务内容涉及河道巡查、污染溯源、满意度调查、公众体验、传播与互动五个方面。[①] 其中，在河道巡查、污染溯源方面，区环保局需要配以行政机制如行政处罚、行政命令来处置巡察中发现的企业或个人污染源，进而保障政府购买服务产生实效。PPP 项目的运作过程同样需要地方政府充分利用行政机制。以水利工程建设 PPP 项目为例，当此类项目涉及征地、拆迁等问题时，需要由当地政府部门综合运用行政机制、协商机制来形成政府部门间以及上下级政府间的合力，从而共同推动复杂项目的有序开展。

对协商机制的运用主要体现在地方政府就合作项目中的非核心事项、部分合同条款与社会力量展开协商。发改投资 2231 号文件提到，在编制实施方案的过程中，应重视征询潜在社会资本方的意见和建议。财政部发布的《政府采购竞争性磋商采购方式管理暂行办法》第二十条也明确规定，"磋商小组可以根据磋商文件和磋商情况实质性变动采购需求中的技术、服务要求以及项目合同草案条款，但不得变动磋商文件中的其他

① 《团鄞州区委推动政府购买公益组织环保服务》，中国共青团网站，2015 年 4 月 21 日，https：//www.zjgqt.org/Item/12010558.aspx。

内容"。① 需要注意的是，即便是针对同类公共服务，不同地区地方政府与社会力量的协商程度也存在一定差异。

对市场机制的运用直接体现为地方政府与社会力量签订协议或合同。当前，中国政府购买服务、政府和社会资本合作项目体现出行政机制、市场机制、协商机制共同发挥作用的过程。但值得注意的是，在政府购买服务或政府和社会资本合作项目中，行政机制和协商机制是配合市场机制发挥作用。换言之，对行政机制、协商机制的运用是为了更好地推动市场机制发挥应有的制度效能。由此，政府购买服务、政府和社会资本合作这类项目共治实践属于市场主导型网络化治理模式。

二　低成本专业化供给与合作的信任问题

政府购买服务、政府和社会资本合作都是地方政府运用市场机制，签订合同契约来提供公共服务的方式。这一方式能够提升服务效率和服务质量，并由此成为地方政府运用市场机制来与社会力量共同生产公共服务的初衷。②

具体而言，一方面，社会力量生产公共服务具备低成本的供给优势。党的十九大报告指出，中国社会主要矛盾已经转化为人民日益增长的美好生活需要和不平衡不充分的发展之间的矛盾。③ 在生态环境领域，提升生态环境质量、建设美丽中国、满足公众对美好环境和美好生活的追求是当下中国地方政府的一项重要工作。然而，地方政府在开展生态环境整治工作时往往会面临一定的财政压力，这制约着其生态环境整治服务的提供能力。对此，基于市场竞争机制运作的政府购买服务机制有助于降低地方政府的服务采购成本，并由此在一定程度上缓解地方政府的财政压力。如 2020 年，山东省张店区综合行政执法局（区市容环卫事业服务中心）通过政府购买服务项目来开展本区环卫保洁工作。在招标过程中，区综合行政执法局的预算资金为 19170.54 万元/年，实际中标价格为

---

① 《政府采购竞争性磋商采购方式管理暂行办法》，中央政府门户网站，2015 年 1 月 21 日，http://www.gov.cn/xinwen/2015-01/21/content_2807371.htm.

② 毛寿龙：《政府向市场买服务的深意》，《中国报道》2013 年第 8 期。

③ 《决胜全面建成小康社会　夺取新时代中国特色社会主义伟大胜利——在中国共产党第十九次全国代表大会上的报告》，新华社，2017 年 10 月 27 日，http://www.gov.cn/zhuanti/2017-10/27/content_5234876.htm.

18897.48 万元/年，每年节约资金 273 万元。[①]

　　同时，在环境基础设施的建设方面，政府和社会资本合作项目具有多渠道融资的优势，能够为中国环境治理提供资金和技术上的支撑。[②] 此外，通过市场机制来提供环境公共服务还能够缓解基层环境治理面临的人力与技术资源欠缺的问题。如 2018 年，海南省东方市实施了城乡环卫一体化 PPP 项目。由两家竞标成功的企业共同负责城区和乡镇环卫、园林、市容、城区沟河、海岸带等绿化保洁服务。截至当年 12 月，两家企业共投入约 6100 万元更新环卫设备，实现了城区机扫率由改革前的21.62%向改革后的 71.56%大提升。[③]

　　另一方面，社会力量生产公共服务具备专业化的生产优势。地方政府在提供技术类公共服务，如水利工程、污水处理、地下管廊等基础设施建设方面，往往面临着专业能力有限的问题。相较而言，通过市场竞争参与到公共生产中的社会组织或企业具备丰富的治理经验和行业领域的专业整治技术，这将有助于提升公共产品或公共服务供给的专业性。如 2017 年 6 月，福建省将乐县每年安排专项资金 150 万元，采用公开招投标购买服务的方式，委托福建首创嘉净环保科技有限公司对乡镇污水处理设施进行运营管理。通过这种方式，将专业的事交给专业的机构来负责，有助于提升污水处理设施的管理效率。此外，中央和地方政府在对政府购买服务和 PPP 项目出台的多份政策和规范性文件中都明确提出，地方政府需要对实施项目制定明确、可执行的绩效考核标准，从而促使社会力量提升公共服务或公共产品的生产质量。如 2017 年 5 月，贵州省清镇市以政府购买服务的方式开展红枫湖水域环境综合整治工作。在项目实施过程中，市政府按照《清镇市红枫湖水域周边农村环境综合整治服务采购项目环境卫生作业考核办法（试行）》聘请第三方监督机构对中标企业进行监督考核。与此同时，市综合执法局、红枫湖镇政府、站街镇政府采取定期或不定期的方式对中标企业的服务生产进度进行督察，

---

　　① 《山东省淄博市：政府购买服务助力环卫一体化建设》，《中国政府采购报》2020 年 9 月22 日。
　　② 杜焱强、刘平养、吴娜伟：《政府和社会资本合作会成为中国农村环境治理的新模式吗？——基于全国若干案例的现实检验》，《中国农村经济》2018 年第 12 期。
　　③ 《海南东方市通过政府购买服务推进环境保洁管理全域覆盖》，《海南日报》2018 年 12月 10 日。

从而推动企业所提供的服务达标。①

虽然市场主导型的网络化治理模式具备低成本、专业化供给优势，但其在实际运作过程中也面临着一定的合作风险问题。针对此类问题，国家发改委 2724 号文件就提出 PPP 项目"原则上，项目的建设、运营风险由社会资本承担，法律、政策调整风险由政府承担，自然灾害等不可抗力风险由双方共同承担"。

同时，学术界也对项目合作生产实践中的潜在或现实的问题做出探讨。王春婷对政府购买服务实践中存在的逆向选择风险、道德风险、公共财政风险和目标置换风险作出分析。② 明燕飞、谭水平从委托代理视角分析了政府部门面临着腐败、逆向选择、合谋、公共责任缺失的风险；而企业或第三部门面临着企业道德和团体卸责风险、竞争不充分和私人垄断风险、公共服务供给的短视行为和俘获政府的风险。③

黄民锦进一步区分了 PPP 项目中的过程风险和阶段性风险。过程风险包括认知、政治、法律、政策、合同、金融、不可抗力风险等；阶段性风险包括建设、市场及运营、所有权移交风险等。④ 曾莉、罗双双依据不完全契约理论对 PPP 项目运作中的不可抗力风险、诚信风险、财政风险以及运营风险等作出探讨。⑤ 亓霞等通过分析失败的 PPP 项目总结提出影响项目成败的十三种风险：法律变更、审批延误、政治决策失误/冗长、政治反对、政府信用、不可抗力、融资、市场收益不足、项目唯一性、配套设备服务提供、市场需求变化、收费变更、腐败。⑥

综上所述，无论是政府购买服务还是政府和社会资本合作，其运作过程都存在多种合作风险问题，这些问题往往导致项目共治实践面临着相互信任的危机。反过来，信任危机又加剧了前述合作风险的严重程度，

---

① 《贵州清镇：政府购买服务，保护市民水缸》，《贵阳日报》2018 年 9 月 4 日。

② 王春婷：《政府购买公共服务的风险识别与防范——基于剩余控制权合理配置的不完全合同理论》，《江海学刊》2019 年第 3 期。

③ 明燕飞、谭水平：《公共服务外包中委托代理关系链面临的风险及其防范》，《财经理论与实践》2012 年第 2 期。

④ 黄民锦：《PPP 风险类型及其防范提示》，《预算管理与会计》2018 年第 3 期。

⑤ 曾莉、罗双双：《不完全契约视角下 PPP 项目的风险规避——以 H 市环一体化为例》，《长白学刊》2018 年第 1 期。

⑥ 亓霞、柯永建、王守清：《基于案例的中国 PPP 项目的主要风险因素分析》，《中国软科学》2009 年第 5 期。

同时损害着地方政府的公信力。事实上，国内学者已经对信任与合作项目的风险以及项目运作效果之间的关系做出探讨。邵颖红等学者运用结构方程模型对收集的 PPP 项目问卷数据进行分析，研究发现"公共部门和社会资本间的信任会对合作效率产生正向的促进作用"。[①] 赵延超等学者通过分析 4 省市地区 PPP 项目数据提出，能力的信任、善意的信任、制度的信任分别与项目绩效存在显著的正相关关系。[②] 由此，结合国内实证研究提出，当组织间呈现出良性的相互信任关系时，政府和社会力量在共同生产公共服务的过程中所面临的可抗性风险会显著减少。

市场主导型网络化治理模式之所以面临潜在或现实的信任问题、合作风险问题，是源于该模式在实践中存在固有的两大张力。第一，公共服务的公共性与社会力量的逐利性。公共服务的核心特征在于公共性，而环境公共产品又属于典型的公共物品，具有明显的外部性特征。然而，参与到项目共治实践中的社会力量，尤其是企业，往往是以获取经济利润为主要目标。在公共服务的公共性与社会力量的潜在逐利行为之间存在张力，这导致项目共治实践中可能会出现社会力量的机会主义行为和道德风险问题。第二，多主体间的平等协商与地方政府的强势地位。虽然政府购买服务、政府和社会资本合作项目中都对地方政府与社会力量的协商空间作出规定。但现实中，地方政府与社会力量间的不对等地位影响了可协商的空间与协商的有效性。当前，部分地区地方政府仍将市场主导型的网络化治理实践看作非政府部门参与公共服务生产的手段，缺乏与社会力量尤其是社会组织间的平等协商对话，并由此呈现出行政干预市场[③]或行政过度干预的问题[④]。

总体而言，协商主导型网络化治理实践面临两大张力。其中，公共服务的公共性与社会力量的逐利性张力会带来地方政府对社会力量的不信任问题。多主体间的平等协商与地方政府的强势地位张力则会导致社

① 邵颖红、韦方、褚芯阅：《PPP 项目中信任对合作效率的影响研究》，《华东经济管理》2019 年第 4 期。

② 赵延超、李鹏、吴涛、段江飞：《基于合同柔性的 PPP 项目信任对项目绩效影响的机理》，《土木工程与管理学报》2019 年第 4 期。

③ 温来成、刘洪芳、彭羽：《政府与社会资本合作（PPP）财政风险监管问题研究》，《中央财经大学学报》2015 年第 12 期。

④ 徐国冲、赵晓雯：《政府购买公共服务的"公共性拆解"风险及其规制》，《天津社会科学》2020 年第 3 期。

会力量对地方政府的不信任问题。这两种张力都不利于地方政府与社会力量之间良好协作关系的形成与维持，并最终影响着合作项目治理实践的最终效果。

三　低对称性相互依赖、低对等性核心边缘关系与管理策略选择

（一）自主认知之下的策略选择

项目共治网络（市场主导型网络）形成后并非必然达成政策目标，还面临着前述多重风险和合作过程中的信任问题。这便对地方政府提出进行网络管理的需求。围绕项目共治实践中地方政府的网络管理策略选择问题，本书从地方政府与社会力量之间的资源相互依赖关系、核心边缘关系两个视角进行分析。

在项目共治网络中，地方政府与社会力量之间是一种低对称性相互依赖关系。一方面，地方政府与社会力量之间存在资源上的相互依赖性。对于社会力量而言，社会力量在组织运作与发展上对地方政府的权威、资金以及合法性资源存有依赖性。首先，地方政府的权威资源表现在两个领域。地方政府在项目承接方的选择上拥有合法的最终决定权。这意味着，地方政府能够通过规范项目准入条件明确哪些社会力量具备项目承接资格，并最终抉择出合作生产公共服务的某一社会力量。地方政府的权威资源还表现在地方政府依法对社会力量进行评估的工作之中，相关评估工作如企业环境信用评价、社会组织等级评估等。这类官方评估会影响社会力量在信用贷款、补助奖励以及政府服务承接的优先权等方面的行为空间，并由此成为社会力量的一种隐形资产。其次，地方政府的资金支持对于社会力量的生存和发展具有较大影响，甚至成为部分社会组织的第一大收入来源。水环境 PPP 项目具备典型的公共性和外部性特征，且面临着投资回收期较长的问题。在此情景下，地方政府的付费机制与可行性缺口补贴成为水环境项目承接方的重要收入来源。最后，政府购买服务、政府和社会资本合作项目都需要地方政府通过合法且公开的程序予以推进，从而获取包括公众在内的项目相关方的支持。

对于地方政府而言，社会力量拥有信息、组织能力或资金等资源优势。其一，通过市场竞争机制参与到市场主导型网络化治理实践中的社会力量通常具有较为完备的信息资源和组织资源，而这源于社会力量在组织发展或企业运营中逐步掌握形成的环境治理信息、专业技术和经验。其二，资金支持。参与到政府和社会资本合作项目中的社会资本方通常

拥有一定的资本金、投资实力以及融资能力。

另一方面，地方政府与社会力量之间的资源依赖关系具备低对称性特征。对地方政府而言，参与到项目共治实践中的某一社会力量主体是可以被替代的。这是源于，参与到公共服务生产中的社会力量之间存在内部行业竞争，这在竞争性磋商采购中尤为凸显。事实上，财政部113号文件在介绍政府和社会资本合作指南时也明确提出，"按照候选社会资本的排名，依次与候选社会资本及与其合作的金融机构就合同中可变的细节问题进行合同签署前的确认谈判，率先达成一致的即为中选者"。对于社会力量而言，社会力量可以在登记注册地区之外，依法申请参与公共服务共同生产项目。从这种意义上说，地方政府在一定程度上是可以被替代的。需要注意的是，虽然社会力量可以参与由不同地域地方政府发起的项目共治实践，但跨域申报往往面临当地政府对地方社会力量的保护主义以及新合作关系的构建成本较高等问题，这便对社会力量的行动空间产生一定约束。

在项目共治实践中，网络行动者间是低对等性的核心边缘关系。通常而言，项目化治理的第一步是由地方政府发布政府购买服务的相关公告。而后，经由政府部门筛选后，符合条件的社会力量得以进入项目治理网络之中。而政府购买公共服务的内容通常是由地方政府的内部决策形成。这意味着，社会力量并未进入关于公共服务需求的政策制定环节。但值得关注的是，社会力量可以围绕公共服务供给的非核心条款与地方政府展开有限协商。在此情景下，社会力量的主要参与层次是政策执行与操作阶段，同时，政策执行过程需要依照与政府部门协商达成的合同条款进行。简言之，在项目化治理网络中，地方政府处于核心位置，能够决定公共服务的内容和提供方式。社会力量则处于在核心与边缘之间的位置，能够就有限范围的合同事项与政府部门展开协商。由此，项目化治理网络中的地方政府与社会力量之间是低对等性的核心边缘关系。

在项目共治实践中，社会力量处于核心与边缘之间的位置。这意味着，社会力量对地方政府的管理策略选择存在一定影响，且社会力量的这种影响力要大于双河长治理网络中民间河长对地方政府管理行为的影响。但也要看到，社会力量的影响力并不是地方政府网络管理策略选择的决定要素，实践中的地方网络管理行为仍主要体现为基于个人认知的自我抉择过程。

综上所述，在项目共治实践中，地方政府和社会力量之间是低对称性相互依赖关系。这表现为，社会力量对地方政府的资源依赖要大于地方政府对社会力量的资源依赖。同时，地方政府和社会力量之间存在低对等性核心边缘关系。这体现在，地方政府占据核心位置，社会力量则处于核心与边缘之间。在此情景下，地方政府的网络管理策略仍呈现为政府部门自主选择的结果。此时，地方政府的网络管理策略既可能是单向策略或组合策略等积极的管理行为，也可能是模糊策略这类消极的管理行为。

（二）网络管理策略的组成机制

围绕项目化治理实践中的潜在压力或现实困境，地方政府基于反思理性的复杂人逻辑，运用不同的网络管理策略进行应对。对项目共治理实践的观察发现，地方政府的网络管理策略是由沟通、联动、监管、考核等机制组成。需要说明的是，项目共治实践中的沟通机制、联动机制、考核机制与其在双河长治理实践中的操作形式相似。可以说，是同类管理机制在不同治理场景的运用。

第一，沟通机制。沟通机制是指建立地方政府与项目承接方之间的沟通渠道。通常而言，治理项目无法完全按照合同契约所预设的流程运转，其在运作过程中或多或少面临着新的问题。针对这些新问题，政府部门需要通过与社会力量的沟通与协商来做出应对。

在实践中，沟通机制表现出正式沟通与非正式沟通两种。正式沟通通常拥有固定的沟通流程、正式的沟通场所，并以正式会议的形式加以呈现。以政府和社会资本合作为例，PPP 项目运作中的再谈判机制便是一种正式沟通机制。一般情况下，PPP 项目的生命周期较长，同时，地方政府与社会力量无法准确预测未来内外部环境的变化。此时，经由地方政府与社会力量协商所达成的合同往往具备契约的不完全性特征。[①] 对此，地方政府需要再次开启与社会力量的谈判，来共同对项目合同的部分条款进行调适，从而确保共治项目能够正常推进。以青岛威立雅污水处理厂项目为例，在了解到污水处理定价高于市场价格后，当地政府部门发起关于污水处理定价的再谈判会议。最终，地方政府与污水处理企

---

① 参见以下文献：张喆、贾明、万迪昉：《不完全契约及关系契约视角下的 PPP 最优控制权配置探讨》，《外国经济与管理》2007 年第 8 期；张羽、徐文龙、张晓芬：《不完全契约视角下的 PPP 效率影响因素分析》，《理论月刊》2012 年第 12 期；安慧、郑寒露、郑传军：《不完全契约视角下 PPP 项目合作剩余分配的博弈分析》，《土木工程与管理学报》2014 年第 2 期。

业共同达成降价协议。① 需要强调的是，国内学者和法律界专家在肯定再谈判机制对不完全契约具备弥补作用的同时指出，要关注到再谈判过程中地方政府或私营企业的行为动机，从而规避双方潜在的机会主义行为。② 相对而言，非正式沟通没有固定的沟通时间、流程、形式，它是通过政府部门与社会力量的私下互动具体体现。

第二，联动机制。在项目共治实践中，地方政府需要通过联动机制来提升地方政府与社会力量之间的合作水平，以确保项目目标的达成。在政府购买服务中，联动机制通常表现为政府部门与环保组织联合开展的环保巡察活动。在政府和社会资本合作中，联动机制则更多地体现在地方政府为推进 PPP 项目所提供的配套保障措施。水环境 PPP 项目通常涉及用土、用水、用电等问题。对此，社会力量依赖于地方职能部门发起的联合行动来共同解决相关问题。如 2016 年，山东省临沂市中心城区的水环境综合整治项目涉及用地问题。对此，当地政府在与社会资本方共同商议项目用地范围、年限、形式等事项的同时，还进一步联合社会资本方与相关职能部门对用地问题做出协调处理。

第三，监管机制。监管机制是指地方政府对共治项目运作过程和结果的监督与管理。当前，地方政府的监管方式主要有"履约管理、行政监管和公众监督"三种。财政部财办金 94 号文件明确规定行政监管需要"重点关注公共产品和服务质量、价格和收费机制、安全生产、环境保护和劳动者权益等"。同时，94 号文件要求，项目参与方应依法公开项目全生命周期的信息，并自觉接受公众监督。以海南省海口市南渡江引水工程 PPP 项目为例，政府出资人代表以股东身份监督项目公司的日常经营活动。市水务局负责对项目投资、建设、服务质量等多方面进行全过程监管。在工程建设期间，南渡江引水工程治理监督项目站代表地方政府对项目施工质量进行监督。在项目运营期间，地方政府定期展开项目评估，来监督项目运营管理水平。③

---

① 亚洲开发银行：《中国城市水业市场化（PPP）推进过程中遇到的一些重要问题及相关建议》，2005 年 1 月。

② 居佳、郝生跃、任旭：《基于不同发起者的 PPP 项目再谈判博弈模型研究》，《工程管理学报》2017 年第 4 期。

③ 财政部政府和社会资本合作中心、E20 环境平台编著：《PPP 示范项目案例选编——水务行业》（第二辑），经济科学出版社 2017 年版，第 33—35 页。

第四，考核机制。考核机制是指地方政府依照指标体系对合作项目进行考核的过程，其目的在于保障合作项目按期完成，并提高公共服务的供给效率。2020 年 3 月，财政部在印发的《政府和社会资本合作（PPP）项目绩效管理操作指引》中规定，绩效考核指标要符合"指向明确、细化量化、合理可行、物有所值"四项要求。这是中国第一部关于PPP 项目全生命周期绩效管理的官方指南。在这一文件出台前，各地政府在国家政策文件的指导下，自行制定本地区 PPP 项目的绩效考核指标。以福建省龙岩市乡镇污水处理厂网一体化 PPP 为例，市政府在项目合同中规定，绩效考核分为污水处理厂出水水质和污水处理设备运营维护两部分。在水质方面，市政府明确规定污水处理厂水质要符合《城镇污水处理厂污水排放标准》（GB18918-2002）一级 B 标准和《福建省乡镇污水处理技术指南》相关要求。若水质不达标，每发现一次罚款 3 万元。在污水设施运营维护方面，市政府制定了量化的考核方案和考核系数（见表 5-1、表 5-2）。[①] 市政府每一季度开展一次考核，并直接将考核结果与绩效付费进行挂钩。

表 5-1　　龙岩市乡镇污水处理 PPP 项目运营绩效考核方案

序号	项目	考核内容	分数
1	污水处理收集率	运营期的前五年污水收集率达到 60%，之后逐年提高 5%，直至污水收集率不低于 90%	10
2	人员情况	运行管理机构是否健全，岗位职责是否明确	10
3	运行管理	是否依据标准建立污水收集及处理设施工艺流程	5
		运行记录及统计报表	5
		生产运行情况	5
4	管网管理	管渠是否畅通，管渠周边是否有覆盖物，管渠是否有破损	5
		排水管渠应定期检查、定期维护	5
		盖板沟保持墙体无倾斜、无裂缝、无空洞、无渗漏	5
		对岸边式排放口应定期巡视和维护	5

①　财政部政府和社会资本合作中心，E20 环境平台编著：《PPP 示范项目案例选编——水务行业》（第二辑），经济科学出版社 2017 年版，第 241—242 页。

续表

序号	项目	考核内容	分数
5	水质管理	是否按要求设置水质检测化验机构	5
		水样取样和保管是否规范	5
		检测周期是否满足要求	5
6	设备管理	设备检修和更新改造计划	5
		设备实际运行情况	5
7	安全管理	是否制订应急预案和安全管理档案材料	5
8	形象管理	绿化养护是否到位	5
		建筑物、构筑物以及附属设施	5
9	其他	档案管理是否规范	5

资料来源：财政部政府和社会资本合作中心、E20 环境平台编著：《PPP 示范项目案例选编——水务行业》（第二辑），经济科学出版社 2017 年版，第 33—35 页。

表 5-2　龙岩市乡镇污水处理 PPP 项目考核分数与考核系数对应

考核分数（S）	S≥90	89≤S<90	70≤S<80	60≤S<70	50≤S<60	S<50
考核系数	1	0.9	0.8	0.7	0.6	0.5

资料来源：财政部政府和社会资本合作中心、E20 环境平台编著：《PPP 示范项目案例选编——水务行业》（第二辑），经济科学出版社 2017 年版，第 33—35 页。

第二节　对项目网络的管理过程

一　沟通、联动与清镇市环保第三方监督项目

（一）贵阳公众环境教育中心简介

贵阳公众环境教育中心（以下简称"贵阳环境中心"）成立于 2010 年 3 月，是首家在贵阳市民政部门登记注册的环保组织。贵阳环境中心由公众、媒体记者、高校学者、法律专家、工程师、研究员等各行各业的志愿者组成，目前主要从事环境公益诉讼、第三方监督、公众环保教育以及参与地方人大立法等活动。

在环境公益诉讼方面，贵阳环境中心依据群众的举报信息对反映问

题进行实地调研。在收集、整理相关证据后，贵阳环境中心向贵阳市中级生态保护审判庭提起环境公益诉讼案。这些案件的诉讼对象既有污染企业，也有当地政府部门。例如，2012 年 9 月，针对清镇市屋面防水胶厂随意排放有毒化工废液所造成的严重环境污染问题，贵阳环境中心志愿者对该厂提起环境公益诉讼。该案件以屋面防水胶厂负责人赔偿 30 万元环境污染治理费用为终结。2015 年 12 月，针对龙里县存在的黄泥哨水库水污染问题，贵阳环境中心对龙里县人民政府提起环境公益行政诉讼案。2016 年 12 月，龙里县人民政府、双龙管委会与贵阳环境中心共同签订水污染整治的《人民调解协议书》。

第三方环保监督是贵阳环境中心通过承接政府购买服务，来对排污主体的环境影响行为进行监督的过程。第三方环保监督的对象包括环境保护行政机关和排污企业。相对于行政监督或企业自我监督，第三方监督的独立性有助于提升环境监督过程与结果的公正性、专业性。同时，第三方环保监督能够有效地缓解地方环保部门在开展环境监管方面存在的人力资源有限问题。

在公众环保教育、参与立法方面，贵阳环境中心在组织环保宣传活动的同时，注重广泛收集公众意见。在整理、分析公众环保意见的基础上，贵阳环境中心代表贵州省公益组织先后参与了《贵州省生态文明建设促进条例》《贵阳市促进生态文明建设条例》《贵阳市湿地公园保护管理条例》《贵阳市中级法院环境民事公益诉讼审理规程》《贵阳市南明河保护管理办法》等多项法规的修订工作。

（二）第三方环境保护监督网络的形成与市场主导型网络化模式

清镇市位于贵州省中部，是贵阳市下辖县级市。清镇市境内有鸭池河、猫跳河、暗流河等主要河流，流域面积分别为 18610 平方千米、3195平方千米、299.2 平方千米。同时，清镇市是贵州省的重要工业基地，其境内拥有多家大中型企业，涉及能源、化工、纺织、冶金等多个行业。

清镇市政府在发展经济的同时，十分关注当地的环境保护问题。为提升辖区内企业的环保意识，市政府在加大对污染企业的行政监督和行政处罚力度的同时，注重通过"三联动"机制来形成环境监督与整治的工作合力。所谓"三联动"机制是指公众参与机制、行政联动执法机制和司法联动机制。在公众参与方面，市政府组建了生态文明志愿者队伍、生态保护信息员队伍、生态文明专家咨询团。在行政联动执法方面，市政府成立了生态保护综合执法大队。在司法联动方面，市检察院成立生态保护检察院，市法院设立生态保护法庭。在"三联动"机制的作用下，当地企业的乱排污行为不断减少。[①] 但与此同时，环境监督过程中公众的参与动力不足、专业性缺乏等问题也慢慢暴露出来。

为进一步提升公众参与环境监管的效能，并增强企业自身的环保动力，清镇市政府在2013年底决定创新性地开展环境保护第三方监督工作。在选择第三方环保监督的承接主体时，时任清镇市副市长提出以下两点要求：第一，承接主体要在本地有较大的社会影响力；第二，承接主体需要掌握环境污染监督领域的专业技能，并在该领域具有一定的权威性。综合考虑这两个方面，市政府以政府购买公共服务的形式与贵阳环境中心签订了《公众参与环保第三方监督委托协议》（以下简称"协议"）。该协议明确规定，由贵阳环境中心对清镇市辖区范围内的37家大中型企业的排污情况，以及政府职能部门的"三联动"履职情况展开为期两年的监督（2014年1月1日至2015年12月31日），监督费用由清镇市政府以每年12万元的标准提供。在具体的监督形式上，协议指出，由贵阳环境中心人员联合专家和当地公众进行环境监督，并配合环保部门对企业进行守法教育、环境监督与整改。第三方环保监督服务的最终目的在于监督污染企业实现达标排放，并逐步提高当地公众的环境满意度。

通过签订政府购买服务协议，清镇市政府与贵阳环境中心在环境污染监督方面形成协作关系。同时，市政府及其职能部门、企业、贵阳环境中心、当地公众等行动者之间的互动共同塑造了环境污染监督网络。在环境污染监督网络中，市政府及其职能部门既要负责监督辖区内企业的环境污染行为，又需接受来自贵阳环境中心的监督。贵阳环境中心与当地公众是监督者，需要对企业的污染情况进行监督，并由贵阳环境中心将监督结果反馈给市政府。企业是被监督者，需接受来自地方政府、贵阳环境中心以及当地公众的监督。在实践过程中，贵阳环境中心重点对触犯法律、由中心或其他机构告上法庭的企业进行监督，同时辐射周边的178家企业。[②]

环境污染监督网络体现了对市场机制、行政机制、协商机制的综合

---

① 《贵阳清镇：政府购买社会服务，公众参与环境监督》，《贵阳日报》2014年1月16日。

② 《贵阳清镇市：政府主导、第三方监督、共守碧水蓝天》，《贵州日报》2016年6月22日。

运用过程。首先，市政府通过政府购买服务的市场化运作方式，将第三方环保监督职责委托给贵阳环境中心。其次，地方政府与贵阳环境中心之间存在协商关系。双方通过沟通达成合作意向，并对第三方协议的落实方式展开协商互动。最后，地方政府通过行政机制来监督、约束企业的环境污染行为。在市场、行政、协商三种机制的关系层面，对行政机制、协商机制的运用都是为了更好地推动基于市场机制运作的治理项目的有效运转。由此，清镇市政府与贵阳环境中心签订的第三方监督项目属于市场主导型的网络化治理实践。

（三）改进沟通机制

在沟通机制方面，市政府通过定期召开联席会议来加强与贵阳环境中心以及公众的沟通。自 2014 年开始，市政府定期组织召开第三方监督联席工作会议，环监局、企业、贵阳环境中心人员以及群众监督员等共同参会。联席工作会议旨在通过共享环境监督信息，实现合作监督网络成员间的信息对称，进而确保第三方监督工作有序进行。如 2014 年 8 月，贵阳环境中心参加了市生态局主持召开的第三方监督工作汇报会。会上，贵阳环境中心主任对市政府职能部门、贵州广铝、三联乳业的监督工作作出说明。同时，市生态局与贵阳环境中心共同对下一步监督工作的开展进行协商。[①] 同年 10 月，贵阳环境中心再次参加市生态局主持召开的工作联席会。市生态局局长、副局长与贵阳环境中心主任对环境监督工作中的困难和问题展开讨论。[②] 此外，依照第三方协议规定，贵阳环境中心每月形成企业监督报告，并将其递送给市生态局。

（四）建立联动机制

依据联合行动内容的差异性，将清镇市政府采取的联动机制区分为联合巡查、联合培训两类。联合巡查是指市生态局联合贵阳环境中心的环境监察人员、中心驻厂专职人员以及群众监督员共同对企业开展环境监督与巡查。值得关注的是，环境监察人员、中心驻厂专职人员都属于贵阳环境中心的成员。群众监督员则是在贵州广铝、时光贵州古镇、三联乳业 3 家企业所在地村委会推荐后，由贵阳环境中心筛选出在当地德

---

① 《清镇政府项目介绍》，贵阳公众环境教育中心官网，2016 年 8 月 15 日，http：//www.gyepchina.com/557/583/115.

② 《清镇政府项目介绍》，贵阳公众环境教育中心官网，2016 年 8 月 15 日，http：//www.gyepchina.com/557/583/115.

高望重的 10 名村民来有偿担任。在对群众监督员开展法律知识、环保监督技能培训与考核后，贵阳环境中心联合市生态局向考核通过的群众颁发监督员聘书。同时，为确保群众监督工作有序且有效开展，贵阳环境中心还与群众监督员签订聘请协议。该协议不仅完善了依法依规举报制度，还制定了明确的绩效考核标准。①

在工作流程方面，环境监察人员、中心驻厂专职人员以及群众监督员共同对排污企业展开全天候监督。在发现污染源后，监督人员立刻向贵阳环境中心进行举报，由市政府联合贵阳环境中心对涉事企业展开联合巡查与现场监测。市生态局依据监测结果对企业提出整改意见，并同监督人员共同督促企业整改到位。自 2014 年以来，清镇市生态局监察局代表与中心人员分别对三联厂区、贵州广铝、时光贵州古镇、三联乳业等多家企业展开联合巡查。2014 年 9 月 23 日，市生态局与贵阳环境中心共同对时光贵州古镇项目的污水管道、污水提升泵站等环保设施的建设与运行情况进行巡查。针对巡查发现的问题，市生态局主持召开了专家咨询会，市职教城管委会、贵阳环境中心、环保专家以及时光贵州项目负责人共同参会。会上，环保专家提出了环保设施整改意见。同时，参会人员共同对生态屏障建设、商户环保培训等问题提出优化。②

联合培训是指市生态局联合贵阳环境中心对辖区内的企业开展环境保护知识培训。贵阳环境中心联合市环境监察局共同邀请环保部门、环保法律专家和学者来对企业宣讲《新环保法》的相关法规，以及环境友好型企业项目的建设工作。

在与政府部门沟通和联合行动的过程中，贵阳环境中心还独立开展了多方面的工作：其一，邀请专家为企业提供技术服务，帮助企业制定整改方案。③围绕市环保部门对贵州广铝企业提出的整改要求，贵阳环境中心组建了一支由瑞典环科院、北京大学、清华大学和省内环保专家组成的咨询团队，共同为贵州广铝企业的整改工作进行远程会诊与现场指

---

① 《清镇市政府公众参与环保第三方监督项目》，贵阳公众环境教育中心官网，2016 年 8 月 19 日，http://www.gyepchina.com/557/583/176.
② 《第三方监督工作被纳入环保设施建设》，贵阳公众环境教育中心官网，2014 年 9 月 23 日，http://www.gyepchina.com/searchView/%E6%96%B0%E9%97%BB/41.
③ 《贵州清镇市深化司法体制改革先行先试环境公益诉讼》，《贵州改革情况交流》2019 年第 94 期。

导。针对卫城奶牛养殖场存在的水污染问题，环境中心专家团队快速介入，并与养殖场共同商议形成整改方案，最终该养殖场的污染源得到控制。其二，不定期组织当地居民监督员进入企业监督环境，从而增强居民对地方环境治理重要性的认知，并提升居民参与环境保护的动力。其三，通过与企业签订环保承诺书，为第三方环保监督的推进提供一种"非对抗"式友好环境。例如，贵阳环境中心与贵州广铝铝业有限公司在2014年1月共同签订了为期两年的共建环境友好型企业项目。在项目结束后，贵州广铝于2016年4月再次与贵阳环境中心签订了《共同创建环境友好型企业委托协议书》。

清镇市第三方监督网络大致如图5-3所示。

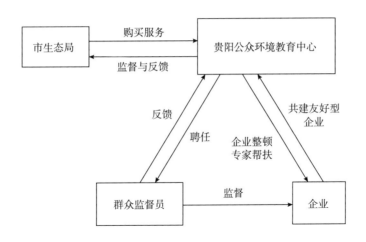

图5-3　清镇市第三方监督网络

二　沟通、监管、考核与镇江市海绵城市建设项目

（一）江苏省镇江市海绵城市 PPP 项目基本介绍

2014年底，财政部发布了《关于开展中央财政支持海绵城市建设试点工作的通知》。该通知指出：由中央财政对试点城市给予专项资金补助，并对采用 PPP 模式的给予额外奖励。在国家对 PPP 项目建设的倡导和政策支持下，江苏省镇江市积极申请开展试点工作。2015年4月，镇江市在获批为海绵城市建设试点城市后，立即成立了海绵城市建设指挥部，由指挥部负责开启镇江海绵城市 PPP 项目的准备工作。

镇江海绵城市 PPP 项目总投资 25.85 亿元。其中，中央财政专项资金投入 12 亿元，项目公司投资 13.85 亿元。海绵城市项目采取建设—运营—移交的运作方式，其建设内容包括 A、B 两部分。A 部分是对海绵城市源头项目的建设，具体包含道路及海绵型小区改造、生态修复和饮水活水工程、湿地生态系统等。这部分项目建设的资金来源为中央财政专项资金。B 部分是围绕海绵城市过程和末端项目展开的，其建设内容涉及污水处理厂、雨水泵站、排口排涝、径流、面源污染治理等。B 部分由项目公司来负责投资、建设、运营与维护，并在运营期满后将项目移交给地方政府。海绵城市项目的合作期限为 23 年，其中建设期 3 年、运营期 20 年。项目采用污水处理费收入和政府付费的回报机制。在政府付费方面，市财政局依据监督机构对项目运转情况做出的绩效考核结果，向项目公司支付费用。在风险分配方面，海绵城市项目从政府、市场、项目自身、不可抗力四个层面确定了 24 项风险，涉及地方政府、项目公司、第三方、设计院、承包商、保险公司等多个风险承担方。①

（二）PPP 项目网络的形成与市场主导型网络化模式

海绵城市 PPP 项目网络的形成包括两个步骤。

第一步，地方政府与社会资本方构建项目共建网络。在完成项目审批、预算安排、物有所值评价和财政承受能力论证后，镇江海绵城市项目进入采购阶段。为确保社会资本竞争的充分性和公平性，镇江市住建局委托江苏省政府采购中心按照项目实施方案的资格条件对社会资本方展开资格预审。在通过资格审查的 15 家投标人中，有 9 家参与了该项目的竞争性磋商工作。经过综合评分，海绵城市项目最终由中国光大水务有限公司（以下简称"光大水务"）承接。2016 年 4 月 18 日，市住建局与光大水务签署了 PPP 项目协议。同时，光大水务与镇江市水业总公司（以下简称"镇江水业"）签署了股东投资合作协议。由此，围绕镇江海绵城市的项目共建网络初步形成。此时，共建网络中的成员包括市住建局、镇江水业、光大水务。

第二步，地方政府与项目参与方建立合作网络。2016 年 6 月，政府出资方代表镇江水业出资 30%，光大水务出资 70%，共同创办了光大海绵城市发展（镇江）有限责任公司（以下简称"光大海绵城市公司"）。

---

① 财政部政府和社会资本合作中心、E20 环境平台编著：《PPP 示范项目案例选编——水务行业》（第二辑），经济科学出版社 2017 年版，第 267—295 页。

在市财政局的高度支持下，光大海绵城市公司分别与农业银行江苏分行镇江支行、建设银行江苏分行镇江支行、储蓄银行江苏分行镇江支行三家银行机构签署了贷款意向协议。三份协议中，贷款期限均商定为23年。自此，镇江海绵城市项目的共建网络正式形成，其网络成员涉及市住建局、市财政局、镇江水业、光大水务以及光大海绵城市公司（见图5-4）。

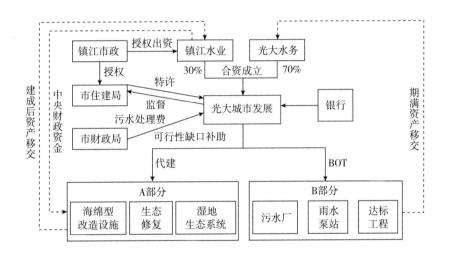

图5-4　镇江海绵城市 PPP 项目运作

资料来源：笔者结合《PPP 示范项目案例选编——水务行业》（第二辑）材料自制。

在海绵城市项目共建网络中，不同组织承担着不同的角色。市住建局负责对项目全过程进行监管、评估、审计。同时，市住建局需要协助其他政府部门开展针对海绵城市项目的拆迁和补偿工作，以及协助光大海绵城市公司获取项目建设需要的批准与相关手续。市财政局主要负责将政府付费事务纳入本市中长期财政预算中。光大水务负责项目规划、环境影响评价，以及光大海绵城市公司的日常经营管理工作。镇江水业主要负责按照项目合资协议投入资本金。光大海绵城市公司负责按协议开展项目融资、建设与运营工作，并在此过程中，接受政府部门与第三方部门的监管。农业银行、建设银行、储蓄银行三家银行支行则负责为光大海绵城市公司提供融资支持。

镇江海绵城市 PPP 项目共建网络的形成与运作体现了对行政机制、市场机制、协商机制的共同运用。对行政机制的运用体现在市住建局对光大海绵城市公司的监管、对海绵城市项目建设中涉及的拆迁和补偿工作下达行政命令；对市场机制的运用体现地方政府与光大水务通过签订PPP合作协议书，以市场化方式开展污水处理厂、雨水泵站等环保设施建设和提供生态修复、湿地保护等整治服务；对协商机制的运用集中体现在海绵城市项目采购过程中，地方政府与光大水务对PPP合同协议的部分内容展开商议。在行政、市场、协商三种机制的共同作用中，市场机制发挥主导的作用。这体现为，对行政机制和协商机制的运用都是为了更好地推动市政府与光大水务共同按照合同契约来提供海绵城市项目建设与运营服务。由此，镇江海绵城市PPP项目共建实践是一种市场主导型网络化治理模式。

（三）建立沟通机制

作为国家首批试点建设项目，镇江海绵城市PPP项目在建设过程中并没有治理经验可以作为参考。事实上，海绵城市项目构成复杂，包含数量众多的子项目，且项目采购阶段仍有相当部分建设内容的设计方案尚未确定。加之，在人的有限理性之下，项目合同具备契约的不完全性特征。在此情境下，市住建局运用运营费用再谈判机制来应对前述问题。

具体而言，围绕运营期的定价问题，市住建局对海绵城市项目的两项服务内容设置了灵活的调整机制。其一，对不同阶段的雨水泵站运营维护费进行灵活定价。在采购阶段，由光大水务依据自身经验判断来测算雨水泵站的维护费，并将测算价格明确体现在竞争性磋商文件中。在合作有效期间，因成本变动而导致项目维护成本增加时，可以相应地对维护费用进行调价。其二，达标工程运营维护费。在项目建成投运一年后，由市政府或被聘请的第三方机构依照光大海绵城市公司提供的运营成本支出凭证，来重新核算运营成本。但在此之前，暂由地方政府确定维护费用。

为避免再谈判中社会资本方的机会主义行为，市住建局将协商谈判的内容限定为前述两项服务领域的几个关键技术。除此之外，依据项目实际进展情况，市住建局与光大海绵城市公司共同对原有的项目协议进行协商。在就协商问题达成一致意见后，市住建局与光大海绵城市公司于2018年12月共同签订了《镇江市海绵城市建设PPP项目协议之补充协议》。该协议涉及对原有协议部分条款的变更或补充，共有19项内容。

（四）建立监管机制

监管机制主要体现为行政监管、履约管理和公众监督三个方面。在行政监管方面，镇江市住建局、财政局、环保局、审计局、物价局等政府部门依据职责分工对项目实施情况进行监管。同时，市政府部门对涉及项目建设全过程的环节展开全过程监管。以工程造价为例，市政府对海绵城市建设项目实行造价咨询全过程跟踪评审和财务决算全过程跟踪审计。在履约管理方面，市住建局明确要求社会资本方提供项目建设、运营以及移交担保。在公众监督方面，市政府主要从两方面推进。其一，在项目建设期和项目竣工后，分别邀请社会公众参观海绵城市建设工程。其二，选拔社会监督员。由社会监督员监督项目建设过程，并负责收集公众对项目建设的意见。

（五）完善考核机制

在项目绩效考核方面，市住建局牵头制定了《项目设施管理养护标准的绩效考核办法》。该考核办法包括 B 部分建设内容的污水处理厂、雨水泵站、达标工程三项内容。针对这些内容，市住建局分别制定了绩效考核的二级指标体系。以雨水泵站绩效考核为例，雨水泵站的绩效考核体系分为维修计划、汛期检查、日常管理 3 个一级指标，计划上报、维修项目、计划完成、水泵机组、电气设备、辅助设备及设施、安全、台账材料、日常养护、汛期值班、环境卫生 11 个二级指标。在指标分类的基础上，市住建局还对二级指标体系的评价内容与分值做出详细规定。此外，市住建局还规定在雨水泵站商业运行一年后，将根据实际运营情况更新绩效检查项目，从而确保绩效考核工作的灵活开展。

为保障绩效考核工作的有效落实，镇江市政府于 2017 年 7 月出台了《镇江市海绵城市管理办法》。该办法明确规定了各政府部门的职责，并为开展绩效考核提供了规范的技术指导。同时，为保障绩效评估工作产生实际效果，市政府将绩效评估结果与政府付费挂钩，以此促使项目公司、社会资本方不断提升项目的建设与运营水平。

三　沟通、联动、监管、考核与西海岸新区环保管家项目

（一）环保管家项目网络与市场主导型网络化治理模式

2016 年，环保部在《关于积极发挥环境保护作用促进供给侧结构性改革的指导意见》中明确提出，"鼓励有条件的工业园区聘请第三方专业环保服务公司作为环保管家"，这是环保管家首次出现在国家的政策文件

中。2017 年，环保部印发了《关于推进环境污染第三方治理的实施意见》。该意见指出，鼓励在工业园区污染治理中引入专业的第三方机构。2020 年，中共中央办公厅、国务院办公厅所印发的《关于构建现代环境治理体系的指导意见》再次强调要积极推行第三方治污，开展园区污染防治第三方治理的示范工作。事实上，环保管家可以被看作第三方治理的一种类别，它所体现的是地方政府通过市场化机制，委托第三方提供专业化环境整治服务的过程。

在国家的提倡和政策支持下，多地地方政府开展了环保管家治理实践。在这当中，山东省青岛市生态环境局西海岸分局（以下简称"生态环境分局"）于 2020 年 7 月初展开环保管家试点工作。首先，依据当地实际情况，生态环境分局决定在区、镇街两级开展环保管家试点工作。其中，在街镇一级，选取了企业数量较多的胶南街道、隐珠街道、珠海街道、灵山卫街道、王台街道、辛安街道六地作为试点。

围绕环保管家项目，生态环境分局编制了政府购买服务文件。在文件中，生态环境分局强调，新区政府购买服务的目标在于减轻环境污染和生态破坏，提高当地生态保护的专业能力，提高治污投入产出比。同时，文件提出了针对本区重点监管企业（第一包）和重点行业企业（第二包）的两类服务需求，并分别制定了相应的考核机制。2020 年 7 月 16日，通过竞争性磋商确定由青岛京诚检测科技有限公司、山东绿之缘环境工程设计院有限公司分别承担第一包与第二包环保管家服务事项。自此，针对西海岸新区重点监管企业和行业企业的环保管家项目网络形成。

西海岸新区环保管家项目网络的形成过程体现出对行政机制、市场机制以及协商机制的综合运用。对行政机制的运用体现在，地方政府通过行政决策做出政府购买环保管家项目的决定；对市场机制的运用体现在，通过竞争性磋商签订环保管家环境整治项目合同。对协商机制的运用体现在，生态环境分局与项目承接方共同就项目服务合同的非核心条款进行有限协商。由于地方政府运用行政机制与协商机制的目的在于更好地推进市场机制的运转，即确保政府购买环保管家服务效能的实现，那么，市场机制便是环保管家项目网络的主导型机制。相应地，环保管家项目共治实践属于市场主导型网络化治理模式。

（二）建立沟通机制

生态环境分局运用沟通机制搭建起政府部门与环保管家以及环保管

家与企业之间的沟通互动渠道。在政府部门与环保管家的沟通方面，生态环境分局通过召开正式工作会议，来强化与环保管家、试点街镇环保工作人员之间的联系。2020 年 8 月，生态环境分局召开环保管家试点工作启动会议。在会上，政府部门对环保管家工作方案做出解读，并强调参加试点的六个街镇负责人需要强化属地监管作用，从而做好与环保管家的配合工作。2020 年 11 月，生态环境分局再次召开环保管家试点工作会议。在会上，环保管家对项目进度、企业复核情况等内容进行汇报。围绕汇报内容，综合执法大队指出，需要加强街道、中队与环保管家之间的沟通互动，并对街镇提出进一步完善企业巡查记录工作台账的工作要求。① 2020 年 3 月，政府部门主持召开环保管家座谈会。在对环保管家工作进行阶段性总结的基础上，生态环境分局对下一步工作的开展作出安排部署。

在环保管家与企业的沟通方面，除了主动造访企业并对企业开展安全与生态隐患检查之外，生态环境分局还公布了环保管家的多种联络渠道。同时，环保管家强调对于企业提出的部分无法直接回复的问题，环保管家将在组织专家论证后给予专业答复。

（三）建立联动机制

联动机制主要体现为联合监督和联合培训两方面。在联合监督方面，建立了生态环境分局指导、镇街主导、环保管家巡察的工作模式。环保管家的职责不仅包括监督企业环境污染情况，还需要帮助企业制定污染整改方案，并督促责任企业做出整改。为确保环保管家与污染企业之间的有效对接，生态环境分局环境监察大队、镇街环保办工作人员、环保管家共同对企业开展现场检查。自项目开展三个月以来，两家环保管家共为企业提供 564 次服务。②

在联合培训方面，生态环境分局联合环保管家共同开办生态环保大讲堂。如 2020 年 8 月，山东大学环保专家被邀请为全区挥发性有机物重点排放企业开展现场培训。环保管家项目开展三个月以来，生态环境分局与环保管家共同邀请省厅执法专家开展环保执法培训 2 次、现场培训

---

① 《西海岸生态环境分局组织召开"环保管家"街镇试点工作会议》，"西海岸新区环保"微信公众号，2012 年 12 月 1 日。

② 《全面排查+精准服务，西海岸生态环境分局助力企业发展》，"西海岸新区环保"微信公众号，2020 年 10 月 22 日。

17 次，聘请高校环境研究教授对企业开展 4 次业务培训。①

（四）完善监管与考核机制

在对环保管家工作情况的监督方面，生态环境分局主要通过公众监督、企业监督两种方式来开展。在公众监督方面，生态环境分局通过向社会公开环保管家监督电话以及发起关于环保管家工作效果的调查问卷，收集公众对环保管家工作情况的意见和建议。在企业监督方面，生态环境分局通过向企业发放监督反馈卡来收集、汇总企业对环保管家工作方式，以及工作效果的意见。

在考核机制方面，由执法大队综合科负责起草"环保管家"服务管理办法。随后，《青岛市西海岸新区"环保管家"服务管理办法》得到正式实施。该管理办法明确规定了对环保管家服务的考核内容、考核标准，并强调，将考核结果与政府部门对该项目的资金支付进行挂钩，从而致力于提升环保管家的工作动力与工作效果。②

四　模糊策略与部分地区政府的项目化治理实践

前述几个案例属于地方政府的探索性治理活动。其中，清镇市政府与贵阳环境中心签订的第三方环保监督服务项目被称为中国首例第三方环保监督委托协议。镇江市政府与光大水务签订的海绵城市 PPP 项目是中国第一批海绵城市建设试点单位，该项目还先后入选了财政部 PPP 示范项目和国家发改委第二批 PPP 典型案例。

这些先行先试的治理实践不仅为政府与社会力量合作生产提供了宝贵的经验，而且对其他地区地方政府推进环境治理项目形成带动与示范效应。同时，伴随政府与社会力量合作领域国家层面制度供给的不断完善，各地方政府在制定形成本地区的政府购买服务目录表的同时，也逐步开展了政府与社会力量合作实践。围绕水环境治理，水环境项目共治实践在全国范围的推进进度虽有所差异，但已成为各地方政府提供复杂水环境服务的现实选择。在这些治理实践中，部分地区地方政府采用了相似的网络管理策略来调适治理网络中的张力。如在贵阳市南明河水环境综合整治二期 PPP 项目中，市政府通过完善绩效监督内容与体系、项目监管机制，推动该项目产生了良好的经济效益、环境效益、社会效益。

---

① 《西海岸蹚出"环保管家"第三方治污新路子》，《青岛日报》2020 年 1 月 18 日。

② 《西海岸蹚出"环保管家"第三方治污新路子》，《青岛日报》2020 年 1 月 18 日。

但同时，部分地方政府所采取的网络管理策略不清晰，缺乏可执行性。这便导致初始网络结构中的潜在张力依然存在，甚至被不断强化。

在市场主导型网络化治理实践中，公共服务的公共性与社会力量的逐利性、平等协商与地方政府的强势地位是作为网络管理者的地方政府需要应对的两个张力。围绕公共服务的公共性与社会力量的逐利性问题，地方政府需要制定并落实监管机制、考核机制，进而对可能出现的社会力量因追求私利而做出损害公共利益的行为进行约束。然而实践中，部分地区地方政府的管理策略过于模糊，缺乏落地性、可操作性。这表现为，虽然部分地方政府制定了监督机制、管理机制或考核机制，但由于制度内容不够明确，而导致相关制度的效力大打折扣。

现实中，因为管理策略的模糊化而导致共建项目走向低效甚至是失效的案例是存在的。为解决横山桥镇的污水问题，横山桥镇政府与常州同济泛亚污水处理有限公司在 2005 年 1 月签订了一份 BOT 协议。该协议规定，常州同济泛亚公司负责投资建设污水处理厂，并运营污水处理厂 30 年后，无条件地将其移交给镇政府。而在项目建成后，污水处理厂却经常关闭进水闸门，这导致污水溢出窨井，并造成了更多的河流污染问题。针对这一污染情况，当地居民早在 2009 年底便向镇政府进行举报，但污染问题并未得到及时解决。事实上，在项目监管方面，项目协议中提到采用政府监管、公众监督等方式，但并未对监管方式的落实方法以及考核机制做出详细说明。在此情境下，项目承接方得以主动规避地方政府的监管。加之，公众监督难以产生实际效果，该项目最终以横山桥镇政府强制接管污水处理厂结束。[1] 简言之，本案例中，投资方的逐利性以及地方政府监管策略供给的不明确、不完善是导致该项目走向失败的主要原因。

2014 年，福建省某欠发达地区地方政府为改善当地生猪养殖所造成的水污染问题，以 BOT 形式开展了禽畜养殖污染治理 PPP 项目。该项目限期为 10 年，金额为 400 万元。在实施该项目后，乡镇河道水质检测结果达到项目合同规定的标准。然而，在 2016 年初，项目承接方在企业私利的驱动之下，经常偷排生猪养殖产生的废渣废液。[2] 针对该问题，地方

---

① 《投资者建污水处理厂经营方关水闸污水四处漫溢》，《现代快报》2012 年 2 月 19 日。

② 杜焱强、刘平养、吴娜伟：《政府和社会资本合作会成为中国农村环境治理的新模式吗？——基于全国若干案例的现实检验》，《中国农村经济》2018 年第 12 期。

政府缺乏明确且持续的监管。加之区政府主要领导成员发生变更，地方政府的注意力发生变化。最终，禽畜养殖污染治理 PPP 项目提前结束。该案例中，PPP 项目的失败是多种因素共同导致的结果，但社会力量的逐利趋向与政府部门缺乏明确的监管策略是其中的主要影响因素。

对于平等协商与地方政府的强势地位问题，地方政府应通过构建沟通机制、联动机制等促成网络成员间的互动向平等协商转变。而部分地方政府的模糊管理行为不仅没有促成多主体间的平等互动，反而可能为地方政府的"一言堂"行为提供空间。围绕这一问题，相较于地方政府与社会资本之间的关系探讨，地方政府与社会组织之间的关系分析得到更多关注。当前，学者们用"嵌入"一词描述地方政府与社会组织之间的关系。在这里，"嵌入"是指某一事物对另一事物的决定或塑造作用。[1]多数学者认同，政府购买服务中，地方政府对社会组织存在一种嵌入关系。当前，地方政府或是通过非正式关系嵌入社会组织的成员构成中；或是通过出台文件和建立管理部门，形成对社会组织的结构性嵌入。[2] 在地方政府的嵌入之下，社会组织的自主性程度往往被弱化。在此情境下，"社会组织的公共服务供给往往只看到政府的需求与要求，而非社会的需求与要求"。[3]

第三节　基于不同管理策略的项目结果比较

前述案例中，无论是政府购买公共服务项目，还是政府与社会资本合作项目，都属于地方政府与社会力量共同开展水环境治理的实践活动，这为比较分析地方政府间网络管理策略与治理结果的差异性提供前提。在比较分析的基础上，进一步对地方政府网络管理策略与治理结果之间的关系作出解释。

---

[1]　龙翠红：《政府向社会组织购买服务：嵌入性视角中的困境与超越》，《南京社会科学》2018 年第 8 期。

[2]　参考以下文献：吴月：《嵌入式控制：对社团行政化现象的一种阐释——基于 A 机构的个案研究》，《公共行政评论》2013 年第 6 期；彭少峰、杨君：《政府购买社会服务新型模式：核心理念与策略选择——基于上海的实践反思》，《社会主义研究》2016 年第 1 期。

[3]　毛寿龙：《政府向市场买服务的深意》，《中国报道》2013 年第 8 期。

一　管理策略的差异化

在清镇市第三方环保监督共治实践中，市政府采取了沟通机制、联动机制的网络管理策略。其一，在沟通机制方面，政府部门制定了联席会议制度。但同时，由于多方联席会议召开次数较少，政府部门与贵阳环境中心之间的联系仍以基于联合巡查的私下沟通为主。其二，联动机制包括联合巡查和联合培训两类。在联合巡查方面，市政府并未形成固定的巡查时间、巡察范围以及巡察任务，更多表现为其与贵阳环境中心随机发起的联合巡查行为。在联合培训方面，政府部门联合贵阳环境中心开展了环保知识培训。但总体来说，联合培训次数较少，且在培训主题、培训时间上同样呈现出随机而非固定的特征。综合而言，清镇市政府所采取的管理策略能够在第三方环境环保监督工作的展开中得到具体推进，因此，是清晰的。同时，有鉴于多主体间的互动以非正式沟通、随机联动为主，清镇市政府部门的管理策略属于基于柔性管理方向的单向策略，并由此呈现出低整合性特征。同时，在政府部门的单向管理策略之下，市生态局与贵阳环境中心形成了环境监督合力。

在镇江市海绵城市项目共建实践中，市政府部门运用了沟通机制、监管机制、考核机制等网络管理策略。在沟通机制方面，政府部门与光大海绵城市公司共同就项目运营费用问题展开再谈判，并依据谈判结果签订了补充协议。在监管机制方面，政府部门明确规定了行政监管、履约管理、公众监督这三种方式的具体操作方法。在考核机制方面，市住建局牵头制定了项目绩效考核办法。与此同时，市政府通过出台《镇江市海绵城市管理办法》来为绩效考核提供技术指导。综上，镇江市政府部门的管理策略在海绵城市项目建设中得到具体落实，故首先是清晰的。同时，项目建设过程中多元主体间的互动以正式化的沟通、监管与考核为主，由此，镇江市政府部门的管理策略属于基于刚性管理方向的单向策略，并呈现出低整合性特征。

在西海岸新区环保管家项目共治实践中，青岛市生态环境局西海岸分局综合运用了沟通机制、联动机制、监管与考核机制等网络管理策略。在沟通机制方面，生态环境分局多次与环保管家、企业共同召开正式的环保管家工作会议。在联动机制方面，主要形成联合巡察和联合培训两种工作方式。围绕联合巡察，明确形成生态环境分局指导、街镇主导、环保管家巡察的工作机制。联合培训则是由生态环境分局联合环保管家商议决定培训的时间、内容等。在监督管理方面，生态环境分局通过行政监督、公众监督、企业监督等方式来对两家项目承接方的工作情况进行管理。针对考核问题，生态环境分局在与两家企业签订的环保管家服务合同中便已列出考核内容：从企业巡查、重难点技术支持服务、培训、咨询服务四个指标对第一包服务进行考核；从企业巡查情况对第二包服务进行考核。随后，生态环境分局制定并发布了《环保管家服务管理办法》，该办法进一步明确、细化了对项目承接方的管理与考核办法。综合而言，西海岸生态环境分局的管理策略在项目开展后得到稳步推进，故是清晰的。同时，环保管家项目网络成员间的互动过程既有正式的会议沟通、固定的联合巡察模式以及明确的考核办法，也存在基于联合培训的非正式沟通。可以说，生态环境分局的管理策略表现出对刚性管理方向和柔性管理方向的整合运用。由此，西海岸生态环境分局的管理策略为组合策略，并呈现出高整合性特征。

在接下来的两个案例中，当地政府部门的管理策略都属于模糊策略。在横山桥镇污水处理厂建设项目中，政府部门虽在项目协议中规定了项目监管的形式，但相关政策规定不够细致、缺乏可操作性，这导致政府部门以及当地公众在项目监督上流于形式化。福建省某欠发达地区在开展禽畜养殖污染治理项目时，同样存在项目管理文件不够具体、明确的问题。此类不清晰、不落地的网络管理行为都属于模糊策略。[①]

比较而言，清镇市政府部门、镇江市政府部门采用的是单向策略，它具备策略的高明晰性和低整合性特征。需要说明的是，清镇市政府部门的单向策略是柔性管理方向的，而镇江市政府部门的单向策略是刚性管理方向的。湘潭市地方政府则运用组合策略来管理项目共建网络，表现出对刚性管理与柔性管理两种方向的整合运用过程。组合策略具备高明晰性和高整合性特征。横山桥镇以及福建省某欠发达地区地方政府的管理行为则属于模糊策略，呈现出低明晰性特征（见表5-3、表5-4）。

---

① 书中未对模糊策略的整合性维度进行探讨，是源于当地方政府的策略供给是模糊的，即便地方政府综合运用柔性和刚性（整合性）的管理行为，但相关制度仍因自身的模糊性特征而处于低效运作，甚至失效的状态。

表 5-3　　　　　　　　　　管理策略的明晰性和整合性

地区	属性	
	明晰性	整合性
清镇市	高	低
镇江市	高	低
西海岸生态环境分局	高	高
横山桥镇、福建省某欠发达地区	低	

表 5-4　　　　　　　　地方政府管理策略差异性的比较案例分析

地区	机制			
	沟通	联动	监管	考核
清镇市	联席会议、共同巡查中的非正式沟通	联合巡河、联合培训		
镇江市	运营费用再谈判		行政监管、履约管理、公众监督	制定绩效考核办法；出台项目管理办法
青岛市西海岸分局	环保管家工作会议、座谈会	联合巡察、联合培训	公众监督、企业监督、行政监管	环保管家管理办法

二　项目同比进展情况与治理结果

由于前述案例在水环境整治任务、水污染类型、污染企业数量等方面存在客观差异，同时，各个项目的实施进度有所不同，因此，不能简单依据项目的直接治理结果来对不同项目进行比较。对此，书中依据地方政府管理策略实施后项目自身的同比进展情况来分析治理结果，进而提升横向比较不同项目治理结果的有效性。

（一）清镇市第三方环保监督项目：完成情况较好

围绕清镇市第三方环境保护监督项目，市政府部门运用了基于柔性管理方向的单向策略。通过召开联席会议，市生态局、贵阳环境中心、相关企业以及环保监督人员共同对环境监督中的问题展开协商。通过联动机制，市生态局与贵阳环境中心形成生态环境监督与整治的合力。对于联合巡察中发现的污染企业，市政府部门在对其作出行政处罚的同时，严格要求责任企业对环境污染问题进行限期整改。这些制度供给在一定程度上缓解了地方政府的强势主导问题，并为第三方环保监督服务的有效推进提供了制度保障。

但同时，清镇市第三方环保监督项目缺乏清晰的考核机制，这导致贵阳环境中心在提供第三方环保监督服务时表现出"达标"的行动逻辑。而在监管方面，虽然市生态保护法庭对贵阳环境中心进行项目经费监督，但第三方环保监督项目缺少来自政府部门的直接监管，并由此缺乏对社会力量潜在逐利性问题的调适。总体而言，清镇市政府的单向策略主要表现为对原有网络结构中网络成员间的平等协商与地方政府的强势地位这一张力的有限调适。需要说明，经由清镇市生态局调适后的第三方环保监督实践仍属于市场主导型网络化治理模式，亦即沟通机制、联动机制都在第三方环保监督服务的落实中发挥着助推的作用。

2016年，清镇市第三方环保监督项目已经完成。在市生态局的环境整改要求下，在贵阳环境中心专家提出的企业整改计划的帮扶下，在贵阳环境中心和群众监督员的共同监督下，三大主要污染企业——贵州广铝、时光贵州、三联乳业都投入资金进行污水处理设备整改，最终，三家企业都实现了达标排放。[①]

综合而言，清镇市第三方环保监督项目完成情况较好，达到项目治理要求。但不可否认，清镇市第三方环保监督服务实践还面临着一些问题，如尚未形成开放的竞争市场、缺少具体的绩效考核标准、缺乏对第三方监督服务的过程和结果监督等。值得肯定的是，清镇市第三方环保监督服务在当地产生了良好的示范作用。在项目结束后，贵阳环境中心先后与白云区政府、乌当区政府两地政府部门签订了第三方环保监督政府购买服务项目。这在推动环境保护第三方监督实践的不断发展完善的同时，进一步促使贵阳环境中心不断强化自身的环境监督技能。

（二）镇江市海绵城市PPP项目：进展情况较好

在镇江海绵城市PPP项目建设过程中，市政府部门采用了刚性管理导向的单向策略。市住建局通过正式沟通机制对项目运营费用进行再谈判，这有助于提升共建网络成员对海绵城市项目的共同认知，并推动地方政府与其他网络成员向平等的协商互动关系发展。同时，市住建局建立了严格的监管机制和明确可操作的考核机制，这降低了项目承接方潜

---

① 《清镇市政府公众参与环保第三方监督项目》，贵阳公众环境教育中心官网，2016年8月19日，http://www.gyepchina.com/5571583/176.

在的机会主义风险，进而有助于确保海绵城市项目建设的公共性。

镇江市政府的单向策略对网络结构进行了局部调适。这表现为：刚性管理导向的单向策略更多的是对向公共服务的公共性与社会资本的逐利性这一张力的调适，缺乏对平等协商与地方政府主导张力的调适。需要明确，经由调适后的海绵城市项目共治实践仍属于市场主导型网络化治理模式。这是由于，对正式沟通机制、监管机制、考核机制的运用是为了规范项目各参与方的行为，使其严格按照合同规定履行自身职责，从而确保公共产品的生产效能。

当前，项目公司通过修建控源截污、清水通道工程，以及运用生态浮岛技术对水生态进行修复。在治理现状方面，镇江市政府的单向策略推动了海绵城市项目的规范化运作。依据《2017 年镇江市国民经济和社会发展统计公报》，截至 2017 年底，"海绵城市建设三年试点任务基本完成，建成海绵项目 104 个"。① 同时，根据财政部官方网站所列的全国 PPP 综合信息平台项目库信息，海绵城市项目现处于执行阶段。而在阶段性治理结果上，伴随改造区域海绵城市建设的推进，镇江市内涝防治和径流污染控制能力在雨季得到验证，市排水防涝能力显著提升。部分学者还依据镇江市 2015—2016 年统计年鉴数据，对海绵城市与镇江市水污染控制之间的关系进行分析。研究发现，海绵城市建设显著提升了水污染控制水平。② 此外，依据国家住房和城乡建设部、财政部发布的《城市管网及污水处理补助资金管理办法》，镇江市因其海绵城市 PPP 项目绩效突出而获得财政部 1.2 亿元奖补资金。③

总体上看，镇江海绵城市项目目前进展状态较好。但需要注意的是，刚性管理导向的单向策略因人的有限理性，而存在制度设计不完善的问题。事实上，镇江市政府部门也关注到这一问题。2018 年 12 月，市住建局与项目公司签订的项目补充协议第九项便提出，关于污水处理厂进出水指标问题双方再行协商确定。对此，政府部门需要在下一轮的网络管

---

① 《2017 年镇江市国民经济和社会发展统计公报》，镇江市统计局官网，2018 年 5 月 4 日，http：//tjj. zhenjiang. gov. cn/tjzl/tjgb/201805/t20180504_1967486. htm.

② 张彬、黄萍、杜道林等：《镇江市水污染控制与海绵城市建设现状》，《环境保护前沿》2018 年第 1 期。

③ 《镇江荣膺国家海绵城市建设优秀试点城市》，镇江市政府办公室，2019 年 9 月 17 日，http：//www. jiangsu. gov. cn/art/2019/9/17/art_33718_8718719. html.

理中做出改进，这将有利于缓解平等协商与地方政府的强势地位这一张力。

（三）西海岸生态环境分局环保管家项目：进展情况好

在西海岸环保管家项目开展过程中，西海岸生态环境分局采用了组合管理策略。生态环境分局通过召开环保管家工作会议，加强了政府部门与环保管家、环保管家与企业之间的协商互动，并推动项目网络成员对环保管家工作形成共同认知。通过建立联合监督机制，确保环保巡查过程中发现的污染问题得到有效解决。通过开展环保知识与技能培训，提升企业对环境污染问题的认知水平。通过完善监管与考核机制，提升了环保管家的工作动力，并缓冲了环保管家潜在的机会主义行为。

西海岸新区生态环境分局通过综合运用沟通、联动、监管、考核等机制，对原有网络结构做出较大程度的调适。这表现为，既缓解了项目共治网络中的平等协商与地方政府的强势地位张力，同时也在一定程度上改善了公共服务的公共性与社会资本的逐利性问题。需要说明的是，西海岸生态环境分局运用组合策略为环保管家项目的有效开展提供配套机制。由此，经由生态环境分局调适后的环保管家项目治理实践仍属于市场主导型网络化治理模式。

当前，西海岸环保管家项目处于运作状态，故依据地方政府网络管理策略实施后的同步治理情况来作出评价。西海岸环保管家项目工作开展3个月以来，环保管家已经建成占地1200平方米的现代化环境监测中心，并在各街镇安装了106个大气监测微站，在8处重点水库建设了水质监测浮标站。[1] 项目开展半年以来，环保管家完成计划内对"487家重点排污企业的巡查，发现环境问题及隐患3442个，已初步完成了对6个镇街和4个特殊行业的环境治理分析报告"。[2] 同时，环保管家协助处理2869件信访投诉，使重点区域的信访数量极大下降。[3] 2020年10月，西海岸生态环境分局在对165家企业的问卷调查中发现，95%的企业肯定了

---

① 《西海岸生态环境分局召开"述理论、述政策、述典型"暨2020年述职廉评会》，"西海岸新区环保"微信公众号，2020年11月29日。

② 《西海岸新区完善网格化环境监管体系，提升环境监管精细化水平》，"西海岸新区环保"微信公众号，2020年11月25日。

③ 《青岛西海岸新区全市率先开展"环保管家"试点工作》，中国山东网，2021年1月20日，https：baijiahao.baidu.com/s？id=1689373662885362659&wfr=spider&for=pc。

环保管家在帮扶其提升污染治理的专业性和实效性上的作用。① 总之，环保管家项目已经形成对重点企业的常态化监督。同时，依托环保管家制定的企业污染改造方案，政府部门实现了由过程监管向事前指导服务的转变。比较而言，西海岸新区环保管家项目的进展状态更好。

（四）模糊策略之下的项目失败

横山桥镇、福建省某欠发达地区地方政府采用模糊策略来管理水环境治理项目。模糊策略因其自身的低可操作性问题而导致制度机制处于低效甚至是失效的状态。此时，初始网络结构中公共服务的公共性与社会资本的逐利性、平等协商与地方政府的强势地位这两个张力依然存在。

在横山桥镇污水处理厂建设项目运作过程中，因缺乏对项目承接方的监管，导致项目运营阶段出现河流污染问题。面对这一问题，经南京仲裁委判定，由当地政府强制接管污水处理厂项目。福建省某欠发达地区的禽畜养殖污染治理项目在运作过程中，由于地方政府并未对该项目形成清晰、详细的监管政策，导致监管机制所产生的制度效力十分有限。加之，项目承接方在后期开始转向追求企业利润，该项目最终提前结束。

比较而言，清镇市政府部门的单向策略（柔性导向）对原有网络结构中的张力作出局部调适，项目完成情况较好。镇江市政府部门的单向策略（刚性导向）同样对原有的网络张力作出局部调适，目前项目进展状况较好。相较于这两个案例，青岛市西海岸分局的组合策略对初始网络结构做出较大幅度的调适，项目进展情况相较于前两个案例更好。而在横山桥镇以及福建省某欠发达地区政府部门的模糊策略之下，原有网络结构中的张力依然存在，并由此导致共建项目失效的治理结果（见图5-5）。

综上所述，可以得出以下结论：第一，在水环境项目治理网络（市场主导型网络化治理模式）中，相较于模糊策略，地方政府越是采取单向策略或组合策略，越会取得更好的治理结果。第二，在水环境项目治理网络（市场主导型网络化治理模式）中，相较于单向策略，地方政府越是采用组合策略，越会带来更好的治理结果。同样需要说明的是，组合策略并不是一种绝对完美的管理策略，还需要政府部门在下一轮网络

① 《青岛西海岸新区全市率先开展"环保管家"试点工作》，中国山东网，2021年1月20日，https：baijiahao. baidu. com/s？id=1689373662885362659&wfr=spider&for=pc.

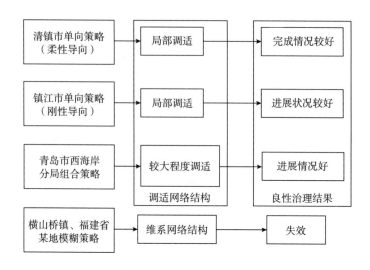

图 5-5 多地地方政府的管理策略与治理结果比较

管理过程中进行优化。事实上，本章所述的西海岸生态环境分局环保管家项目可以借鉴镇江海绵城市项目的监管机制，从而进一步加强政府部门对环保管家项目承接企业的监管。

第四节 小结

本章对水环境领域的政府购买服务、政府和社会资本合作的多个案例进行比较分析，详细阐释了网络结构、管理策略影响治理结果的具体路径。当前，地方政府通过市场机制来提供水环境保护或整治服务，既是面对环保治理技术专业化、治理设施复杂化的现实选择，又是提高公共财政利用效率并缓解地方政府财政压力的重要方式。但也要看到，市场主导型网络化治理模式在具备低成本且专业化供给优势的同时，也面临着公共服务的公共性与社会力量潜在的逐利性、平等协商与地方政府的强势地位这两个张力。对此，地方政府与社会力量间的低对称性资源相互依赖关系与低对等性核心边缘关系，使得政府部门的管理策略表现出个人认知之下的自主选择过程。在清镇市第三方环保监督服务的开展中，当地政府部门通过单向策略对原有网络结构做出局部调适，最终项目完成情况较好。在镇江市海绵城市项目的建设中，当地政府部门采用单向策略对原有的网络张力作出局部调适，项目目前运作状况较好。在环保管家项目的实施中，西海岸生态环境分局运用组合策略对初始网络结构做出较大程度调适，项目目前进展情况好。而在横山桥镇以及福建省某欠发达地区政府部门的模糊策略之下，项目共治实践中的网络张力依然存在，项目可能最终走向失效或是以提前结束告终。

第六章　协商合作、积极策略与
水环境协商共治

协商主导型的网络化治理模式注重网络行动者间的互动沟通，并致力于通过相互协商达成解决问题的共同方案。近年来，中共中央和国务院多次对地方政府协商的重要性与必要性作出强调，并通过发布相关文件对提升地方政府协商能力的路径做出指导。在与非政府行动者的协商方面，相较于公众或企业，地方政府与部分社会组织形成了更为普遍的协商关系。而地方政府与社会组织互动形成的协商主导型网络化治理实践亦面临着自身的张力。对此，在明确自身对社会组织存在资源依赖关系的情况下，地方政府通常会做出积极的网络管理行为，并由此产生良好的治理结果。然而，这些良好的治理结果也存在一定的差距。本章以政府部门与社会组织合作开展水环境保护为例，运用"网络结构—管理过程"分析框架来对协商主导型网络化治理的过程与结果做出解释分析。

第一节　协商主导型结构与协商共治

社会组织协商是中国民主政治建设的基本要求。当前，各地地方政府有序推进社会组织参与协商工作。其中，部分地区地方政府充分认识到环保类社会组织在水环境保护与整治方面的专业性，他们通过与环保组织的多次沟通与互动形成了水环境治理网络，即协商主导型网络化治理模式。

一　社会组织协商与协商主导型模式

（一）社会组织协商根植于中国民主政治建设进程之中

社会组织协商既是促进社会安定有序的必然选择，也是实现国家治理体系和治理能力现代化的重要方面。党的十八大以来，党和国家围绕社会组织（参与）协商发布了一系列指导性文件。2013 年，依据党的十八大精神，国务院公布了《国务院机构改革和职能转变的方案》。在社会组织登记管理方面，该方案提出"行业协会商会类、科技类、公益慈善类、城乡社区服务类"四类组织"可以直接向民政部门依法申请登记"。① 这意味着，通过改革原有的社会组织双重管理体制，推动地方政府进一步落实在社会组织管理方面的简政放权工作，进而为社会组织的健康发展营造良好的制度环境。2013 年，党的十八届三中全会提出，要拓宽国家政权机关、政协组织、党派团体、基层组织、社会组织的协商渠道。② 2014 年，党的十八届四中全会进一步指出，要"充分发挥政协委员、民主党派、工商联、无党派人士、人民团体、社会组织在立法协商中的作用，探索建立有关国家机关、社会团体、专家学者等对立法中涉及的重大利益调整论证咨询机制"。③

　　2015 年 1 月 5 日，中共中央出台了《中共中央关于加强社会主义协商民主建设的意见》，该意见将社会组织协商列入稳步推进基层协商一节，明确提出"探索开展社会组织协商。坚持党的领导和政府依法管理，健全与相关社会组织联系的工作机制和沟通渠道，引导社会组织有序开展协商，更好为社会服务"。④ 2016 年 8 月 21 日，中共中央办公厅、国务院办公厅印发了《关于改革社会组织管理制度促进社会组织健康有序发展的意见》。该意见提出了"到 2020 年，政社分开、权责明确、依法自治的社会组织制度基本建立，结构合理、功能完善、竞争有序、诚信自律、充满活力的社会组织发展格局基本形成"的总体目标，并从社会组织培育、扶持、登记审查、管理监督、自身建设、党的领导等方面做出了详细规定。⑤ 可以说，前者明确了社会组织协商的重要性，后者则为促

---

① 《国务院机构改革和职能转变方案》，新华社，2013 年 3 月 15 日，http：//www. moe. gov. cn/jyb_ xwfb/xw_ zt/moe_ 357/s7093/s7193/s7236/201303/t20130315_ 148639. html.

② 《中共中央关于全面深化改革若干重大问题的决定》，新华社，2013 年 11 月 15 日，http：//www. scio. gov. cn/zxbd/nd/2013/Document/1374228/1374228. htm.

③ 《中共中央关于全面推进依法治国若干重大问题的决定》，新华社，2014 年 10 月 28 日，http：//www. gov. cn/zhengce/2014 - 10/28/content_ 2771946_ 7. htm. http：//www. cppcc. gov. cn/zxww/2015/02/10/ARTI1423538164765733. shtml？ from=timeline.

④ 《中共中央印发〈关于加强社会主义协商民主建设的意见〉》，《人民政协报》2015 年 2 月 10 日。

⑤ 《关于改革社会组织管理制度促进社会组织健康有序发展的意见》，新华社，2016 年 9 月 1 日，http：//www. npc. gov. cn/npc/c30280/201609/5a8325a3b75443a489c982cb62e560a5. shtml.

成社会组织的健康发展与协商提供了具体的路径。2017 年，党的十九大报告强调，要将社会组织纳入社区治理、环境治理、基层党建等多个领域。2022 年，党的二十大报告明确指出要"统筹推进政党协商、人大协商、政府协商、政协协商、人民团体协商、基层协商以及社会组织协商"。① 如此，社会组织协商同其他协商方式共同组成了中国七大协商路径。

通过梳理社会组织协商领域的政策文件发现，社会组织参与协商的机制和路径有待于进一步具体化。这主要表现在两个方面：一方面，《中共中央关于加强社会主义协商民主建设的意见》（以下简称《意见》）中虽然首次提出社会组织协商一词，但该意见并未对社会组织协商做出详细具体的规定。杨卫敏（2015）在社会组织协商研究中便提到"《意见》对社会组织协商是什么、包括哪些内容等都没有详细的表述……相比于其他 6 种协商渠道，中国社会组织协商理论研究和实践探索的空间都很大"。② 另一方面，各地方政府在《关于改革社会组织管理制度促进社会组织健康有序发展的意见》指导下，制定并发布了本地区社会组织管理制度改革的实施意见，如广东省委办公厅广东省人民政府办公厅印发了《关于改革社会组织管理制度促进社会组织健康有序发展的实施意见》。但仅有为数不多的地方政府在社会组织协商领域形成专门的政策文件，如广西壮族自治区民政厅印发的《关于加强社会组织内部协商民主建设的指导意见》，包头市委办公厅、市政府办公厅印发的《包头市社会组织协商实施意见》。

此外，当前学者们共同认可，中国社会组织协商表现为社会组织参与或组织的协商，但在社会组织协商的具体内涵上存有争议。部分学者从广义视角将社会组织协商区分为社会组织与党政部门、社会组织与社会组织、社会组织与企业以及社会组织内部的协商四类。③ 一些学者则从狭义视角将社会组织协商界定为"社会组织在公共事务和决策中的协商

---

① 《高举中国特色社会主义伟大旗帜 为全面建设社会主义现代化国家而团结奋斗——在中国共产党第二十次全国代表大会上的报告》，新华社，2022 年 10 月 25 日，http://www.gov.cn/xinwen/2022-10/25/content_5721685.htm.

② 杨卫敏：《关于社会组织协商的探索研究》，《重庆社会主义学院学报》2015 年第 4 期。

③ 参考以下文献：张毅：《中国社会组织协商探析》，《辽宁省社会主义学院学报》2015 年第 3 期；康晓强：《协商民主建设：社会组织的独特优势与引导路径》，《教学与研究》2015 年第 9 期；杨卫敏：《关于社会组织协商的探索研究》，《重庆社会主义学院学报》2015 年第 4 期。

参与，包括作为协商主体参与由各级党委、人大、政府、政协等发起的协商，以及作为平台吸纳社会主体参与各级党委、人大、政府部门的协商"。①

本书立足于地方政府与社会组织互动的视角来开展社会组织协商研究，故从狭义视角来理解社会组织协商的概念。在社会组织与地方政府协商的类型方面，现有建议型协商和附带表决权的协商两类。② 二者都可以发生在政策制定或政策执行环节，前者诸如地方政府与社会组织就某一议题开展协商的活动，后者类如地方政府与社会组织围绕某一类公共服务的供给方式进行协商的行为。建议型协商强调社会组织在政策过程中的提出意见和建议的作用；附带表决权的协商在允许社会组织发表意见与建议的同时，更进一步地赋予其表决权，因此，在对决策的影响程度上，附带表决权的协商要显著大于建议型协商。但需要注意的是，现实中，附带表决权的协商实践明显少于建议型协商。

事实上，社会组织与地方政府的协商活动不仅需要国家提供协商空间，更需要社会组织不断强化自身在相应政策领域的专业知识与协商能力。然而，当前中国多数社会组织参与协商能力相对不足，这也是相较于水环境网络化治理的前两种模式，政府与社会组织协商类治理实践数量有限的原因之一。蓝煜昕等（2016）在分析中国社会组织机制时发现，"参与协商比较多的社会组织大多是经济发达的省份，尤其是民营资本或是外资较为活跃的地方，比如广东、浙江、上海等。而其他省份的实践相对较少，尤其是欠发达地区如新疆、甘肃等地几乎不存在社会组织参与协商的案例报道"。③

（二）水环境协商共治与协商主导型模式

当前，中国协商主导型水环境网络化治理实践总量并不多，但仍有部分地区地方政府在与社会组织的协商互动之中形成了水环境协商共治模式，并在此过程中推动社会治理创新。需要强调的是，虽然协商主导

---

① 蓝煜昕、李朔严、张潮：《社会组织协商民主机制构建研究》，载于廖鸿主编《2016 年中国社会组织理论研究文集》，中国社会出版社 2016 年版。

② 蓝煜昕、李朔严、张潮：《社会组织协商民主机制构建研究》，《中国社会组织公共服务平台理论研究文集》，2016 年。

③ 蓝煜昕、李朔严、张潮：《社会组织协商民主机制构建研究》，《中国社会组织公共服务平台理论研究文集》，2016 年。

型网络化治理模式中地方政府仍是治理网络形成的关键行动者与合法的网络管理者，但协商主导型网络并不总是由地方政府发起，社会组织的策略行为也发挥着重要的推动作用。通过对相对有限的案例的分析发现，水环境协商共治活动体现出对行政机制、协商机制或行政机制、市场机制、协商机制的综合运用过程。

第一，在行政机制方面，地方政府与社会组织的协商共治行为往往肇始于地方政府内部的行政决策。部分地区地方政府还会通过行政命令的方式，要求下级地方政府及其相关部门积极参与并配合落实自身与社会组织的商议内容。

第二，在市场机制方面，政策执行阶段的水环境协商共治可以通过地方政府购买公共服务的方式来加以落实。

第三，在协商机制方面，地方政府与社会组织需要就某一议题或是某项公共服务的供给方式进行协商互动。

协商主导型网络化治理实践中，行政机制为协商机制的作用发挥提供合规的前提和保障，市场机制是落实地方政府与社会组织协商内容所依托的机制。对行政机制、市场机制的运用都是服务于协商机制，即更好地发挥协商机制的制度效能。此外，在制度环境方面，协商主导型模式下的制度环境是在国家和地方的政策规定下，由地方政府与社会组织协商互动形成。

二 专业化供给优势与协商的有限性问题

水环境协商共治是指地方政府与社会组织共同对水环境问题展开协商的过程，其协商内容既可以是关于某一水环境问题的解决方案，也可以是水环境整治方案的执行方式。但无论是在哪一环节进行协商互动，地方政府与社会组织在水环境问题上的沟通过程都体现出社会组织参与公共政策的过程。

在参与效果上，水环境协商共治有助于发挥社会组织在水环境领域的专业知识和能力，这具体体现在以下两个方面。

第一，政策制定中的知识供给。参与到协商主导型网络化治理实践中的社会组织通常具备专业的水环境保护、水生态整治的知识与技能。这是因为，水治理领域专家或学者通常是此类社会组织中的重要成员。同时，社会组织在长期开展水环境治理实践中，获得了该领域的一手资料或数据。基于此，社会组织参与水环境治理协商有利于发挥其自身的专业技能优势，并进一步推动地方政府决策的科学性和民主性。

第二，政策执行中的服务供给。社会组织的专业化服务供给能力与其自身所拥有的专业环保知识和技能紧密相连。同时，社会组织尤其是成立时间较久的社会组织往往具备一定的社会影响力，这意味着社会组织通常能够与服务对象如当地公众建立良好的对话关系，进而有助于推动公共服务需求与供给之间的平衡，并在此过程中提高服务对象及利益相关者的配合程度。

水环境协商共治有助于民主地、科学地解决水环境问题，但在实践中也面临着自身的张力，制约着其自身效能的发挥。这一张力集中体现为协商共治的平等关系与地方政府的强势主导惯习。水环境协商共治需要构建地方政府与社会组织间的平等协商、对话、合作关系，但是现实中，真正达到这一状态的治理实践较为有限。事实上，不只是在国内，西方环保组织与地方政府之间也多是一种不尽平等甚至是不平等的关系。以英国为例，在对英国南安普敦市的环境治理网络成员进行访谈时发现，参与到环境治理网络中的多家环保组织都强调其自身在影响政府行为上的有限性。

> 这个行动网络成立时，它的确做了很多的工作，比如邀请了许多企业和社区团体来分享这项运动的目标。但此后，基本没有什么实质的活动。由于议会是网络的主导者，我们这些网络成员通常需要推动（push）他们去做出一些行为。但目前看，网络成员的声音并没有得到议会的重视，这个环境治理网络更像是议会维持公共关系的一种手段。①

平等协商与地方政府的强势地位这一张力可能会带来水环境协商的有限性问题。当前，在协商主导型网络化治理模式中，地方政府或是就水环境治理服务的执行方式与社会组织展开协商，或是就水环境问题的解决方案征求社会组织意见，而在双方的协商互动中赋予社会组织表决权的情景却相对有限。这意味着，社会组织通常在政策执行环节发挥作用，难以或无法进入决策环节。而协商共治关系能否产生、形成并带来

---

① 访谈笔记，2019 年 6 月 28 日。

良好的治理结果，关键取决于地方政府能否对其在治理网络中身份与地位，以及社会组织的作用形成正确认知。

三 高对称性相互依赖、高对等性核心边缘关系与积极管理策略

（一）环保组织影响下的策略选择

与前两种网络化治理模式相比，水环境协商共治网络中的地方政府与其他网络成员（环保组织）间呈现出高对称性相互依赖关系。

一方面，地方政府与环保组织间存在相互依赖关系。为解决复杂的水环境问题，地方政府依赖于环保组织的专业技能和人力资源来提升政策设计的科学性，以及政策方案的落实效能。与此同时，环保组织通常依赖于地方政府所提供的财政资源来维系组织的长期发展，进而有效缓解环保组织在运转中面临的资金压力。此外，环保组织还需要凭借地方政府的权威资源、合法性资源来提升自身在水环境治理领域的声望，并由此为组织发展增加隐形的财产。

另一方面，地方政府与环保组织间的资源相互依赖关系是高对称性的。对于环保组织而言，地方政府拥有的部分资源，如权威资源和合法资源，是不可替代的。在水环境协商共治中，来自政府部门的权威认可是环保组织参与公共决策或提供公共服务的前提。同时，环保组织的日常运转与长期发展离不开地方政府的认可和支持。以社会组织评估为例，民政部在《社会组织评估管理办法》中明确指出"获得 3A 以上评估等级的社会组织，可以优先接受政府职能转移，可以优先获得政府购买服务，可以优先获得政府奖励"。[①] 由此，环保组织评估的级别越高越能够优先获得来自政府部门的资源支持。此外，协商共治网络中的环保组织通常拥有多种收入来源，如基金会支持、企业捐款、公众捐款等。在此情景下，协商主导型网络化治理模式中环保组织对地方政府财政资源的依赖程度较低。对于地方政府而言，协商共治网络中环保组织所拥有的资源的可替代程度低。这是因为，与其他环保组织相比，协商共治网络中的环保组织通常拥有更为专业的环保技能与数据、治理经验，并在当地具有广泛的社会影响力。这一情形客观催生了地方政府对此类环保组织的两方面需求：环境治理专业技能与维护社会环境稳定。值得关注的是，

---

① 《社会组织评估管理办法》，民政部门户网站，2011 年 1 月 13 日，http://www.mca.gov.cn/article/gk/fg/shzzgl/201507/20150715849650.shtml.

当前中国各地正逐步推进社会组织孵化基地建设工作，这也是对兼顾维护社会稳定和环境整治两方面需求的客观选择。然而，经由地方政府主导孵化而成的环保组织在短时期内往往面临着环保专业技能不足的困境。由此，地方政府仍依赖于自发而成的专业环保组织来开展水环境协商共治实践。

　　协商共治网络中，地方政府与环保组织间是高对等性核心边缘关系。协商共治网络或是由政府部门主动联系环保组织形成，或是在环保组织的积极推动下形成。但这两种情景中的协商共治网络都呈现出地方政府与环保组织间的深入互动过程，表现为政府部门主动邀请或被动吸纳环保组织进入决策环节。诚然，地方政府仍是协商共治网络的核心决策者，但出于对环保组织的专业环保技能和维护社会稳定需求的双重考量，环保组织往往被地方政府吸纳进专业网络之中。① 此时，靠近核心决策者的环保组织能够对地方政府的决策过程产生较大影响，其活动层次相应地表现为规则和政策制定层。因此，地方政府与环保组织间虽未实现理论意义上的完全对等，但已处于高对等性这一状态。

　　综上所述，相较于行政主导型、市场主导型网络化治理实践，协商共治网络中地方政府与环保组织间存在高对称性的资源相互依赖关系。这意味着，在面对治理网络中的张力时，政府部门通常具备较强的内在驱动力来对网络结构进行调适。同样地，相较于行政主导型、市场主导型网络化治理实践，协商共治网络中地方政府与环保组织间具备高对等性核心边缘关系。这意味着，环保组织能够通过自身策略行为直接或间接促使地方政府做出积极的网络管理行为。在此情景下，协商共治网络中的政府部门通常从"公共人"逻辑出发，运用积极的网络管理策略来调适原有网络结构中的张力。

　　（二）积极的管理策略

　　在水环境协商共治实践中，地方政府通常运用单向策略、组合策略这类清晰且积极的管理策略。在策略组成上，主要包括赋权、沟通、联动和考核等机制。鉴于本书已在第四章和第五章对沟通、联动、考核三种机制的概念作出界定，在此不再重复说明。但需要指出的是，相较于

----

　　① "专业网络"一词源自英国政策网络理论学家罗茨对五种政策网络类型的划分，他提出，专业网络是某个群体依托自身的专业性而进入政策决定环节的网络。

双河长网络、项目化网络，协商共治网络中地方政府的沟通策略通常具备更强的主观动力。在此情景下，环保组织能够通过更加顺畅的沟通渠道进入政策制定环节。

对于赋权的概念，因研究领域的不同而有所差异。在社会工作领域，赋权被理解为向个人赋予权力[①]或权利[②]的过程。在公共管理领域，赋权体现为纵向和横向两个层面。纵向层面的赋权关注地方政府与下级政府之间的动态关系，如连云港市政府在推进"放管服"改革工作中颁发了《市政府关于公布一批权力事项赋权清单的决定》，其中指出"按照强区放权工作部署……经市委、市政府研究，决定公布一批权力事项赋权清单，其中赋权海州区 262 项，赋权连云区 269 项，赋权海州经济开发区92 项"[③]；再如北京市在推进"街乡吹哨、部门报到"管理机制创新工作中，通过出台《关于党建引领街乡管理体制机制创新实现"街乡吹哨、部门报到"的实施方案》来保障这一机制的落实。其中，在赋权方面，该方案提出"街道乡镇被赋予对相关重大事项提出意见建议权、对辖区需多部门协调解决的综合性事项统筹协调和督办权、对政府职能部门派出机构工作情况考核评价权"。[④]

横向层面的赋权发生在地方政府与社会之间。如 2019 年北京市朝阳区政府在推进党建引领物业服务企业和业主委员会参与基层治理的试点工作中，通过支持小区构建议事平台来向社区赋权，其目的在于借助该平台吸纳基层治理相关主体以推进共商共治。[⑤] 在地方政府向社会组织赋权方面，政府购买公共服务是实现赋权过程的一种工具。如苏州市社会组织服务中心"与不同层级的政府部门之间形成了基于购买服务的合作伙伴关系，在社会组织培育、资源配置等方面更多体现了社会组织的需求和偏好"。[⑥] 立足于水环境网络化治理领域，参考敬乂嘉（2016）在中

---

① 陈树强：《增权：社会工作理论与实践的新视角》，《社会学研究》2003 年第 5 期。
② 苏颂兴：《青年发展指标与青年充权》，《中国青年研究》2006 年第 11 期。
③ 《市政府关于公布一批权力事项赋权清单的决定》，连云港市政府办公室，2018 年 6 月14 日，http://www.lyg.gov.cn/zglygzfmhwz/xzspzdgg/content/shizdlysf_59766.html.
④ 《本市出台街乡吹哨、部门报到实施方案》，《北京日报》2018 年 3 月 15 日。
⑤ 杨宏山：《社区赋权视角下的基层治理能力建设——基于北京市朝阳区社区治理的案例分析》，《国家治理》2020 年第 18 期。
⑥ 郁建兴、滕红燕：《政府培育社会组织的模式选择：一个分析框架》，《政治学研究》2018 年第 6 期。

国社会组织发展策略研究中所提出的赋权概念，本书将向社会组织赋权界定为地方政府依法向社会组织转移职能的过程，其目的在于更好地发挥社会组织参与社会治理的作用。①

需要说明的是，水环境协商共治网络中并非只存在地方政府、环保组织两方，而是囊括了企业、当前公众等其他行动者。这是因为，地方政府与环保组织的协商互动通常是围绕企业排污行为、公众环保意识培育与环境监督等多项事宜展开。实践中，企业、公众主要是通过与环保组织的互动来获得进入协商共治网络的路径。接下来，本书以绿色江南公众环境关注中心为例，分析该环保组织与不同地区政府部门的协商互动过程。

第二节　积极管理行为、网络结构与治理走向

一　绿色江南公众环境关注中心的影响力

绿色江南公众环境关注中心（以下简称"绿色江南"）是 2012 年 3 月在苏州工业园区国土环保局注册的非营利环保组织。绿色江南从事空气、土壤、水环境方面的治理研究，并以监督工业污染源排放、开展企业环境责任研究为重点。绿色江南通过与地方环保部门的合作来共同监督企业排污行为，通过对公众进行环保宣传来提升公众在生态环境保护与工业污染举报方面的意识，通过对企业进行监督与合作来推动企业开展节能减排和清洁生产活动。在与多元主体的互动过程中，绿色江南逐步建立一种多元共治、社会共享、人人支持、人人参与的环境保护大格局。当前，绿色江南通过多年实践探讨打造形成多个专业化的工作板块，这些板块共同塑造了绿色江南在专业环保技能、环保联合行动等方面的影响力。

（一）专业环保技能

绿色江南在专业环保技能方面的影响力与其自身长期开展的工业污染源调研、公益诉讼、政策倡导以及发展绿色供应链等多方面的实践活动紧密相关。

---

① 敬乂嘉：《控制与赋权：中国政府的社会组织发展策略》，《学海》2016 年第 1 期。

在工业污染源调研方面，绿色江南依据污染事实材料展开持续性实地调研。而后，将调研报告递交给当地的政府部门，促使地方政府对污染企业做出整顿。工业污染源调研是通过线下举报与线上监测两种方式进行的。基于线下举报的工业污染源调研如 2015 年初，绿色江南针对盛泽镇居民举报的污水处理厂排污情况展开为期半年的调查，随后撰写形成《最后一道防线真的牢固吗?》报告，并将该报告递交吴江环保部门。2016 年 3 月，在接收到礼嘉镇政平村村民的举报后，绿色江南对政平村与石子坝村间的河道水污染情况展开调研。依据调研资料，形成《常州武进区礼嘉政平村、石子坝村河道污染调研报告》，并递交给两地环保主管部门。依据线上监测开展的污染源调研是指在发现企业存在连续三天超标排放行为时，绿色江南会通过微博向辖区政府环保部门举报污染实况。如 2019 年 9 月，绿色江南向德州市环保部门提示德州太阳岛污水处理有限公司废水总磷总氮日均值超标。在接到举报后，德州市环保局做出调研，并对该公司处以 20 万元罚款。据绿色江南年报统计，2012—2020 年，绿色江南共向各地环保部门递交 200 多份工业污染源调研报告，这些报告带来了累计超过 5 亿元的企业整改资金。①

在公益诉讼方面，绿色江南或是作为原告对污染企业提起环境公益诉求，或是作为支持诉讼单位参与到环保公益诉讼案件中。相关案件如洪泽湖跨省污染事件、"常州毒地案"二审宣判和夏化学（太仓）有限公司环境污染案、常州金坛盘固采石有限公司超采修复案等。其中，2018 年 5 月，绿色江南对苏州毅嘉电子（苏州）有限公司涉嫌偷排强酸性含超标百倍重金属铜废水的违法行为提起公益诉讼。该诉讼案以苏州毅嘉电子赔偿 622 万元，并对自身造成的环境污染进行生态修复结束。值得关注的是，这一诉讼案被生态环境部提名为"生态环境损害赔偿磋商十大典型案例"。

在政策倡导方面，绿色江南依据长期实地调研形成的资料撰写环境政策倡议书，并将其提交地方政府。水环境领域的政策倡议书包括《太湖流域电镀行业急需强化管理》《江苏省国控污水处理厂信息公开数据》《江苏省太湖水污染防治条例修改建议书》等；土壤环境领域的政策倡议书有《有毒有害土地的有效防范建议》《"土十条"落地后如何有效防范

---

① 郭雪萍:《环保组织在环境治理中如何做"助手"?》,《中华环境》2019 年第 10 期。

有毒有害土地》等。

所谓绿色供应链是指"将环境保护和资源节约的理念贯穿于整个产业价值链，使企业的经济活动与环境保护相协调的上下游供应关系，其中，核心企业在绿色供应链中扮演着主体的角色"。① 绿色江南通过向品牌方宣传绿色供应链理念，促使各品牌对其供应链提出清净生产的要求。当前，三元、富士康、三星、亚瑟士、六丰等多个品牌已经加入绿色供应链体系。此外，绿色江南还积极参与绿色供应链领域的系列论坛。作为参会方，绿色江南自 2015 年开始连续参加《可持续发展与商业实践—绿色供应链论坛》。通过参加这些大型专业论坛，绿色江南主动分享绿色供应链的相关知识，为更多的品牌开展绿色供应链工作提供指导。此外，自 2017 年开始，绿色江南还积极参与到绿色供应链的审核工作中，以此助力于"长三角地区品牌供应链管理"活动。②

（二）环保联合行动能力

环保联合行动能力主要体现在，绿色江南与国内具有影响力的环保组织共同开展环境保护系列调研活动。在水环境治理方面，2013—2016年，绿色江南联合公众环境研究中心先后发布了《水泥业责任投资之路尚远》《谁在污染太湖流域?》《新标准考验品牌责任》《谁来守住污水处理的责任底线》《绿色消费，还是消费绿色》等系列报告。2017 年，绿色江南联合公众环境研究中心、绿行齐鲁环保公益服务中心、青赣环境交流中心共同撰写并发布了《华东地区国控污染源信息公开报告》；2018年，绿色江南独立发布《圣象地板："绿色产业链"是否名副其实?》《宿州工业园污水处理厂空转！谁来为洪泽湖鱼蟹死亡担责?》等报告；2019 年，绿色江南独立发布《2018 年重控污染源信息公开——污水处理厂或成为致污源头》《污染不应成为纺织印染行业的新标签——2018 纺织印染行业环境信息公开调研报告》。

此外，自 2016 年起，绿色江南联合公众环境研究中心对江苏省宿迁、泰州和淮安的污染源信息公开情况进行评价。该评价体系是通过综合环境信息监管、污染源自行公开、互动回应、企业排放数据、环评信息公

① 《2018 绿色江南年度工作报告》，绿色江南公众环境关注中心，2019 年 5 月 21 日，https：//www. pecc. cc/section/8/1803.

② 《2018 绿色江南年度工作报告》，绿色江南公众环境关注中心，2019 年 5 月 21 日，https：//www. pecc. cc/section/8/1803.

开五个方面，得出前述三个城市的污染源监管信息公开指数。值得关注的是，绿色江南还对浙江省污染源监管信息公开指数作出年度评价，并向公众公开评价情况。绿色江南通过发布环境污染系列报告，为公众直接了解当地环境现状，以及监督举报环境污染行为奠定基础。

（三）地方政府对高对称性相互依赖关系的认知

从地方政府的行为角度看，部分地区地方政府在对绿色江南的认知是动态化的，表现出从不依赖到依赖的转变。这既与党和国家把生态环境保护提高到国家战略层面密切相关，又离不开绿色江南在污染防控领域专业性的不断增强，以及自身社会影响力的不断提升。

当前，绿色江南拥有专业的环保团队和多元化的组织资金来源，这降低了其在日常运作中对地方政府的依赖，进而呈现出相对独立的特征。2017 年，绿色江南共拥有 8 名全职工作人员、6 名公益专家以及数量众多的志愿者。在 8 名全职人员中，6 名拥有诸如环境工程、环境管理、环境规划与管理等专业背景，并且 4 名人员为研究生学历。此外，绿色江南注重联合其他环保组织共同开办工业污染调研工作坊、培训会，以此提升团队能力建设。至今，绿色江南已经打造了一支专业化的环境监督调研团队，并掌握形成了一套成熟的污染源防控工作模式。在资金来源方面，据绿色江南年度财务报告统计，捐赠收入占据了绿色江南总收入的95%。值得关注的是，2016—2018 年绿色江南并未获得任何政府补助收入。2019 年，共获得 1 万元的政府补助，且不足当年收入的 0.3%。①

但也要看到，绿色江南仍对地方政府存在资源依赖关系。以污染源防控为例，这一工作的推进程度在很大程度上依赖于地方政府的支持和帮助。当前，地方政府对绿色江南举报的环境污染问题的处置率较高，但在某些年份，也存在回复率较低的情况。据绿色江南 2016 年度报告统计，当年地方政府对绿色江南监督举报问题的回应率仅为 23%。

鉴于前一节已对协商共治网络中，地方政府对环保组织的资源依赖关系作出阐释，故不再赘述。总体上看，地方政府与绿色江南环保组织间的资源相互依赖关系具有高对称性特征。

---

① 绿色江南 2019 年度财务报告列出，2019 年绿色江南总收入为 3106352. 82 元。其中，捐赠收入 2951428. 4 元，提供服务收入 135922. 34 元，政府补助收入 10000 元，其他收入 9002. 08元。信息来源：《2019 年度财务报告》，绿色江南公众环境关注中心，2020 年 1 月 15 日，https：//www. pecc. cc/section/49/2962.

（四）地方政府回应力的提升

绿色江南通过开展工业污染源调查、环境诉讼、联合调研等多项业务板块，逐步提升了自身的影响力。在此过程中，部分地区政府部门逐步从对绿色江南的不回应、冷漠等消极态度，走向做出回应与要求责任主体限期整改等积极管理行为。

从绿色江南向地方政府依法申请环境信息公开数据看，多地政府部门在 10 个工作日内给予其回复。自 2013 年以来，绿色江南先后向浙江省、甘肃省、辽宁省、连云港市、无锡市、盐城市、南通市、泰州市、宿迁市等地方政府申请环境信息公开。其依法申请公开的内容涉及农药企业名单、国控企业排污数据、企业环境影响评价书、建设项目环评听证会和环境违法案件的数量、本市工业污染物排放量，工业氮氧化物、工业二氧化硫、工业化学需氧量、工业氨氮排放量、重控企业自行监测平台上存在的问题、企业行政处罚及环评报告等。当然，也有部分地方政府，如无锡市惠山区和宜兴环保部门，并未对绿色江南提起的信息公开申请作出回应。

从绿色江南对超标排放企业的举报效果看，部分地区政府部门的回复率有所提升。2016 年，绿色江南共举报 668 家超标排放企业。其中，各地政府部门累计回复了 176 家企业污染举报事项。2018 年，绿色江南共举报 1579 家污染企业，这当中 1133 家企业的污染举报事件得到当地政府部门的回复。2019 年，这一数据又有所回落。在 5064 家被举报企业中，有针对 1800 家污染企业的举报事件得到当地政府部门的回复。虽然近期部分地区政府部门对绿色江南举报事项的回复率有所下降，但多地地方政府已经对绿色江南的影响力形成一定认知。

综上所述，绿色江南在强化自身环保专业与联合行动能力的同时，通过递交污染报告主动向政府部门"靠拢"，试图推动协商互动网络的形成。在此背景之下，部分地区的政府部门开始主动与绿色江协商讨论环境整治工作。

二　单向策略与第三方环保巡察实践

地方政府与绿色江南协商共治网络的形成以地方政府对绿色江南所递交的污染源调研报告的回应为起点，以地方政府主动与绿色江南协商问题解决方案并积极推进方案落实为标志。可以说，地方政府与绿色江南都在协商共治网络的形成中扮演着积极的推动者角色。接下来，本节将对绿色江南与苏州工业园区环保局的协商共治实践展开分析。

（一）绿色江南与苏州工业园区环保局的协商共治网络的形成

2016年8月，绿色江南收到来自居民的投诉信。信中提到，亿滋食品公司（以下简称"亿滋"）周边充斥着浓香异味，并严重影响到居民的正常生活。随后，绿色江南在开展实地调研后，将撰写完成的《亿滋食品（苏州）有限公司环境污染调研报告》递交给苏州市环保局、苏州工业园区环保局。2016年9月，在园区环保局的组织下，监察大队牵头举办了关于亿滋环境污染问题的圆桌会议。① 圆桌会议共有四方人员参会：园区环境监察大队、园区环保办、园区信访办相关负责人，绿色江南，亿滋公共事务部、EHS②、生产部等负责人，社区居委会，湖西社工委代表等。

在会上，亿滋公司负责人对绿色江南和居委会代表提出的浓香异味问题作出回应，提到"针对烘焙过程中产生的异味，公司曾做过焚烧、生化、光催化氧化、静电等离子吸附等技术方法的探索尝试，但一直没有找到最合适的技术路线"。③ 对此，环保部门表态，早在2015年便因异味问题对亿滋处以5万元罚款。然而，当前该公司仍面临着同样的问题，这意味着亿滋公司一直没有整改到位。环保部门人员进一步要求，亿滋必须寻找到合适的处理工艺，并尽快拿出整改方案。同时，建议亿滋及时公开异味处理进度，并主动做好环境信息公开工作，积极承担社会责任。绿色江南、与会公众对环保部门的要求表示赞同，同时建议亿滋尽快形成整改方案并付诸落实。最终，在多方的协商互动下，亿滋承诺"在接下来的3个月将采取以下计划：安装初期研发所需要的数据收集系统，以确保技术方案的有效性；对生产产品结构进行调整；邀请居民代表和环保组织代表参观加工流程；及时公布后期工作方案和技术路线"。④

会上，园区环保部门对绿色江南在监督工业污染源上所做的努力表示肯定和感谢，并希望与绿色江南保持畅通的沟通渠道。绿色江南也提

---

① 圆桌会议是指政府部门、企业、公众、环保组织等利益相关者集合到一起，共同协商讨论解决环境污染问题的过程。

② EHS（Environment Health Safety）是从欧美企业引进的一项现代化的企业内部管理工作体系。EHS工作人员的职责包括：组建企业的环保、健康、安全一体化管理体系，帮助企业实现自身设定的环境、职业健康和安全管理水平（李倩倩、陈亢利，2016）。

③ 《探索：圆桌会议解决环境污染》，"绿色江南"微信公众号，2016年9月14日。

④ 《探索：圆桌会议解决环境污染》，"绿色江南"微信公众号，2016年9月14日。

出，希望充分发挥在政府和社会之间的桥梁和纽带作用，为公众和社会提供反映环境问题的渠道，并积极推动环境问题的解决。

（二）协商主导型网络化治理模式

亿滋环境污染事件的处理过程体现出多元主体之间的协商互动特征。其中，园区环保部门与绿色江南通过协商机制达成关于亿滋环境污染问题的解决方案；园区环保部门运用行政机制来督察和约束亿滋企业的排污行为，并通过协商机制指出亿滋企业应提升其自身的环境保护社会责任感。由此，可以将此次针对亿滋环境污染问题形成的协商共治网络界定为协商主导型网络化治理实践。

（三）建立赋权机制

在早期，绿色江南与苏州工业园区环保部门之间的协作共治体现了对协商机制、行政机制的综合运用，但缺乏对市场机制的运用。

2017 年 7 月，绿色江南环境中心主任在访谈中便提到"绿色江南没有承接政府购买服务……主要是因为政府购买社会组织服务没有公益污染源监督这一类"。[①]

而近年来，伴随"放管服"改革的深入推进，地方政府已经将部分职能交由社会来承担，以期实现公共服务供给的专业化，并逐步提升社会治理水平。苏州工业园区环保部门对绿色江南的赋权便是在这样的大环境下作出的。2018 年，苏州工业园区环保局以政府购买服务的方式向绿色江南购买为期一年的第三方环境巡察服务。第三方环境巡察服务的具体内容为定期对全园区的环境情况进行巡查。需要说明的是，虽然地方政府通过政府购买服务的方式将环境巡察服务交由绿色江南，但赋权情景下的购买服务与第五章提及的政府购买服务机制存在一定的差别。相较于一般意义上的政府购买服务活动，赋权情景下社会组织能够进入公共服务供给的决策环节，并就公共服务的提供方式与地方政府展开沟通。由此，赋权情景之下的政府购买服务体现出更深层次的协商互动关系。

在将第三方环境巡察职责赋权给绿色江南之后，园区环保局出台了相关文件来进一步确保第三方环境巡察工作落到实处。一方面，就第三

---

① 马超峰、薛美琴：《绿水青山就是金山银山：环保 NGO 的成长和治理——专访绿色江南公众环境关注中心主任方应君》，《中国第三部门研究》2017 年第 2 期。

方环境巡察的工作流程展开沟通。绿色江南通过线上监督与线下举报两种方式开展园区环境监督工作。在线上方面，绿色江南依托蔚蓝地图这一在线排放数据统计平台实现对污染数据的实时监测。蔚蓝地图"全面收录了31省、338地级市政府发布的环境质量、环境排放和污染源监管记录，以及企业基于相关法规和企业社会责任要求所做的强制或自愿披露"信息。① 绿色江南将蔚蓝地图上的企业污染排放数据与各地企事业单位自主监测数据进行比对。如若发现企业存在超标排放问题，绿色江南便以电话或微博等方式向园区环保局进行举报。在线下方面，绿色江南或是通过居民的环境污染举报信息对水环境污染情况进行实地调研，或是在独立调研中发现相关污染行为。绿色江南在发现环境污染问题后需要立即向园区"263"汇报，园区"263"再将污染问题交办给责任单位进行处理。对于尚未在7天规定时间内解决环境污染问题的责任单位，园区"263"办将通过下发督办单的方式督促责任单位整改到位。② 另一方面，通过出台《第三方明察暗访反映问题处理流程》《关于进一步规范"263"园区内曝光及热线问题办理流程的通知》来提升政府内部对绿色江南举报问题的反馈力度，从而确保举报信息得到有效处理。

（四）建立考核机制

园区环保部门出台了绩效考核方面的相关制度规定，包括《公益组织巡察工作绩效考核暂行办法》《公益组织季度综合考评实施细则》。两项规定旨在增强绿色江南的环境保护巡察动力，从而提升第三方巡察工作的效能。

（五）刚性管理导向的单向策略

总体上看，苏州工业园区环保局通过赋权机制，将环境保护第三方巡察职责以政府购买服务的形式赋予绿色江南。同时，通过完善工作流程、绩效考核等方面的政策规定来保障绿色江南第三方环境巡察职能产生实际效能。在此过程中，绿色江南也进入了政策制定环节，这体现为：

---

① 《愿景与使命：推动信息公开，服务绿色发展，找回碧水蓝天》，公众环境研究中心，http://www.ipe.org.cn/about/about.html.

② "263"源自2016年底江苏省所部署的"263"专项行动，即两减六治三提升。两减是指减少煤炭消费总量和减少落后化工产能；六治是指治理太湖及长江流域水环境、生活垃圾、黑臭水体、畜禽养殖污染、挥发性有机物和环境隐患；三提升是指提升生态保护水平、环境经济政策调控水平和环境执法监管水平。绿色江南与园区"263"办之间的协商互动便是围绕六治展开的。

园区"263"办与绿色江南协商决定第三方巡察的运作方式；绿色江南自主决定第三方巡察信息的收集方式。总体上看，园区环保局采用的管理策略在实践中得到具体落实，故是清晰的。同时，也是低整合性的，体现为基于刚性管理导向的单向策略。刚性管理导向的单向策略通过明确的政策文本规定了地方政府与绿色江南的沟通与协作方式，缓解了网络结构中地方政府的强势主导惯习，推动地方政府与绿色江南之间的平等协商，实现了双方在第三方环保巡察工作上的制度化互动。

三　组合策略与生态环境协同共治实践

（一）绿色江南与张家港市生态环境局的协商共治网络的形成

2015年5月，绿色江南收到张家港乘航镇钱家塘居民的投诉。当地居民称所在村存在严重的水污染问题。对此，绿色江南通过查询公众环境研究中心提供的环境信息数据库发现，该村四家纺织印染企业存在环境处罚记录。针对这一情况，绿色江南带领团队成员开展了为期7个月的水污染调研。在汇总相关一手数据和材料的基础上，绿色江南撰写完成了《张家港市杨舍镇纺织印染污水调研》，并在同年12月22日将报告递交给张家港市环保局，寄希望以此打开合作解决钱家塘水污染问题的新局面。

12月24日，张家港市环保部门邀约绿色江南到访，共同对调研报告中反映的水污染问题进行协商。张家港环保局监察大队大队长、法宣科科长共同与绿色江南团队对报告中提及的工业污染等问题进行沟通。作为政府工作人员，张家港环保局监察大队大队长对报告所列出的问题进行一一回应，他提到"对河道周边企业、厂区已开展深入调查工作，对部分企业将进行处罚，对于污染严重者则进行关停处理"。① 法宣科科长进一步向绿色江南介绍了2016年张家港环保局将重点开展的截污纳管工程，这包括"将印染企业的工业污水统一接入污水处理厂进行处理；对豆制品厂进行集中整治，并关停不符合规定的工厂；对全市黑臭河进行摸排与整治"。② 绿色江南对张家港环保部门工作人员的回应表示肯定，提出会持续关注杨舍镇的纺织污水处理情况，并期待与张家港环保局形成协力，共同推进环境保护与整治工作。环保局监察大队大队长也表示，

---

① 《到张家港环保局坐坐》，"绿色江南"微信公众号，2015年12月24日。
② 《到张家港环保局坐坐》，"绿色江南"微信公众号，2015年12月24日。

将依据调研报告进行深入摸排调查，并及时将调查结果反馈给绿色江南。最后，双方达成共识并约定再次召开环保部门、绿色江南、涉事企业三方共同参加的会议。

12月29日，绿色江南应邀参加了张家港杨舍镇召开的四家纺织印染企业负责人环保情况通报会（即圆桌会议）。① 张家港环保局副局长、环境监察队两位队长、绿色江南以及报告中提到的四家企业共同参加了这一会议。会上，绿色江南首先表明自身与环保部门的合作意愿，希望做好环保部门的"第三只眼"。而后，就杨舍镇水污染问题向企业发起保护水环境的号召，并提议加大对企业 EHS 部门工作人员的培训力度。最后，向张家港环保局提议尽快推进企业"阳光排放口"标识工作，以鼓励企业主动向社会公开环境信息。四家企业负责人在肯定绿色江南环境监督工作的同时，承诺抓紧对水污染问题进行整改，并严格按照国家标准进行合法排放。环保局副局长则表示将从提升企业环保理念、严格制度管理，用环境法律法规管理企业，设置"阳光排放口"，让公众来监督以及引导企业自主公开环境信息四个方面开展下一步工作。2016 年 1 月，绿色江南在回访钱家塘村河道时发现，该村河流已经恢复清澈。

（二）协商主导型网络化治理模式

一方面，张家港环保部门通过协商机制与绿色江南就杨舍镇纺织印染污水问题进行沟通，并形成双方共同认可的解决方案。另一方面，张家港环保部门运用行政机制强制要求四家污染企业进行限期整改。本案例中，对协商机制与行政机制的共同运用，是为了推动经由多方协商而达成的水污染解决方案的落实，换言之，行政机制是作为辅助性政策工具来促成协商机制稳步推进。由此，绿色江南与张家港环保部门的互动实践属于协商主导型网络化治理模式。

（三）完善沟通机制

在管理策略方面，张家港环保局首先进一步完善与绿色江南之间的沟通机制。这体现在两个方面：第一，协商合作内容。自 2015 年张家港环保局与绿色江南达成生态环境协商共治意愿后，环保局多次与绿色江南商议在企业监管、企业环境信息公开以及提升企业社会责任感等领域

---

① 虽然名称有别，但绿色江南在《绿色江南五年报》中将杨舍镇水污染事件列为圆桌会议的一个代表性案例。

开展深入合作的具体路径。2016 年 1 月，环保局与绿色江南召开合作意向会。会上，双方达成对企业进行环境责任培训的合作意向。环保局表示对"接受绿色江南的建议，开通微信公众号与公众进行沟通……同时对绿色江南工业污染源监督的工作方式非常认可……并非常希望与绿色江南开展深度、高效、务实的合作，能够通过产业链撬动的方式帮助张家港企业进行提升"。① 绿色江南中心主任则提到"非常愿意和环保部门开展合作，从而推动企业环境责任感的提升"。② 2017 年 3 月，张家港市环保局副局长、市固废和放射源管理中心主任、市环保局法制宣传科科长等到访绿色江南。双方共同就该年度污染源监督合作任务进行交流，并在公众参与污染源监督、公众环保培训等方面达成共识。

　　第二，对水污染举报事件进行协商。2017 年 5 月，绿色江南接到张家港市塘桥镇的居民举报，称长浜河被张家港俊峰玻璃有限公司污染。在调研中，绿色江南发现两处污染源。5 月 31 日，绿色江南将《张家港市塘桥镇水污染调研报告》递交给环保部华东环境保护督查中心、江苏省环境保护厅、江苏省 263 专项行动领导小组办公室、江苏省太湖水污染防治办公室、苏州市环境保护局和张家港市环保局。6 月 9 日，张家港市环保局副局长、张家港市塘桥镇副镇长到访绿色江南，共同就水污染调研报告反映的问题展开对话。最终，多方共同就水污染问题形成一致的解决方案。

　　6 月 13 日，绿色江南在观察长浜河、广泾梢时发现，相关河道已经开展截污清淤工作，涉事工厂也被责令停止排污与开展环保整顿。7 月，绿色江南分别到广泾梢河道、张家港俊锋玻璃污染河道处跟进污水整改处理进度。9 月 29 日，张家港市环保局工作人员再次与绿色江南召开会议。会上，市环保局对水污染处理情况作出书面回复，即《关于〈张家港市塘桥镇水环境污染调研报告〉的回复》。该报告详细列出了对俊峰公司的整改要求，并提出由俊峰公司承担此次广泾梢整治费用的 53.5%。同时，报告提出，要"按照分流截污、疏河清淤、生态修复的原则，分

---

① 《张家港环保局与绿色江南再次携手共襄治污大计》，"绿色江南"微信公众号，2016 年 1 月 27 日。

② 《张家港环保局与绿色江南再次携手共襄治污大计》，"绿色江南"微信公众号，2016 年 1 月 27 日。

批、分类别整体推进广泾梢、长浜河的环境治理"。① 同年 10 月，绿色江南再次来到现场查实发现，河道已恢复正常，治理工作已全面结束。②

相较于 2015 年绿色江南与张家港市环保局的首次协商共治实践，此次在对塘桥镇水污染问题的协商过程中，政府部门表现出更大的积极性和主动性。这可以通过市环保局在确认塘桥镇水污染问题、提出水污染整治方案以及监督整治过程等重要环节，都主动、及时地与绿色江南进行协商加以体现。而这种转变也体现在后期市环保局与绿色江南对工业污染源问题的多次协商互动中。

（四）建立联动机制

对联动机制的运用是通过两方面的工作具体呈现。

一方面，结合绿色江南的公益沙龙工作板块来共同推进地方政府发起的污染防治培训工作。自 2017 年以来，绿色江南与张家港市政府部门多次联合开展企业环境保护责任方面的沙龙和培训。2017 年 10 月，由绿色江南主办，张家港环保局、塘桥镇政府承办的绿色江南第一期环保公益沙龙在塘桥镇胡同社区，沙龙主题为"多元共治、社会共享"。绿色江南通过邀请上海格林曼环境技术有限公司技术总监、苏州大学政治与公共管理学院副教授、西交利物浦大学环境系副教授等主讲嘉宾，对企业环境治理主体责任、第三方专业支持、环境生态修复的国际经验、蔚蓝地图软件应用、环保公益诉讼等内容做出详细说明。张家港市十多位企业家代表和周边的环保志愿者共同参会。2018 年 2 月，绿色江南与张家港市环保局联合开展"张家港企业环境保护主体责任教育"专题会议，市环保系统主要负责人和分管负责人、市 400 名重点排污企业家参加了本次讲座，各企业负责人现场递交了《环境保护承诺书》。2018 年 5 月，绿色江南主办、张家港市环保局、保税区安环局承办了主题为"大气、水环境治理"的环保公益沙龙。市环保系统、保税区环保系统负责人、保税区 150 多家重点排污单位企业家参加了此次讲座。绿色江南中心主任对《太湖水污染防治条例》以及企业环境主体责任作出解读。中国化工集团中蓝连海设计研究院顾问、同济大学环境科学与工程学院博士还对企业

---

① 《2017 绿色江南年度工作报告》，绿色江南公众环境关注中心，2018 年 8 月 26 日，https：//www.pecc.cc/section/8/1251.

② 《2017 绿色江南年度工作报告》，绿色江南公众环境关注中心，2018 年 8 月 26 日，https：//www.pecc.cc/section/8/1251.

环境管理风险以及新形势下的企业环境法律责任做出专业介绍。2019 年 5 月，主题为"安全生产与环境保护"公益沙龙由绿色江南主办，张家港市环境保护局、张家港保税区管委会承办。张家港市环保局、保税区管委会相关领导，保税区 338 家重点排污单位企业家共同参会。

另一方面，依托圆桌会议，对绿色江南举报的污染事件展开联合行动。自张家港环保局与绿色江南形成协商共治网络后，双方多次对新发现的工业污染源问题进行协商，并就污染问题的处理情况展开联合调查与追踪。如 2016 年 1 月，骏马纺织印染公司排放的红色废水问题；2016 年 5 月，对江苏申洲毛纺公司的河道污染问题；2017 年，塘桥镇水污染事件；2018 年 1 月，张家港市塘桥镇长浜河的水污染治理问题；2018 年 4 月，张家港金港镇长山村高峰宕口工业废料偷倒问题；2019 年 12 月，张家港市大新镇污水处理有限公司的污水超标排放问题，等等。

（五）组合管理策略

张家港市环保局是运用沟通机制、联动机制来改善其与绿色江南间的协商共治关系。在沟通机制方面，市环保局多次主动联系绿色江南召开座谈会，并就二者间的合作方向展开协商。同时，依托绿色江南的工业污染源调研板块，市环保局积极与绿色江南商议解决涉事企业水污染问题的具体措施。在联动机制方面，市环保局、政府相关部门多次联合绿色江南开展环保主题培训工作。相关培训对象包括政府部门工作人员、当地的排污企业责任人、当地公民以及环保志愿者。总体上看，市环保局的管理策略能够在实践中得到落实，因而是清晰的。同时，市环保局与绿色江南之间既存在正式沟通（召开圆桌会议），也存在非正式沟通（追踪污染问题的处理情况）；既有固定联动行为（落实圆桌会议决定），也有随机联动活动（开展环保培训）。由此，市环保局的管理策略属于组合策略，并具备高整合性特征。

第三节　治理结果及治理网络的可持续性比较

一　共性：治理结果良好

苏州工业园区、张家港市环保部门都是在接收到绿色江南所递交的水环境污染报告后，联合绿色江南共同召开涵盖涉事企业、周边公众、属地环保部门等利益相关者的圆桌会议，来处理水污染问题。在互动过程中，政府部门与绿色江南形成协商共治网络。值得关注的是，绿色江南自身所拥有的环保专业技能以及社会影响力在共治网络的形成方面发挥了推动作用。

协商共治网络形成后，两地政府部门分别采用了不同的管理策略来调适网络结构中的张力。苏州工业园区环保部门的管理行为属于刚性导向的单向管理策略，表现为对赋权机制、考核机制的运用。从治理结果看，"2018 年，绿色江南开展工业污染源调研 150 多次，向各地环保局递交 42 份调研报告，报告涉及环境问题全部得到落实整改，直接撬动约 1.22 亿资金用于污染治理和整改"。① 此外，伴随绿色江南与园区环保局之间的协商合作所产生的良好的治理效果，"一些政府部门也开始购买绿色江南的服务，并在推动环境问题解决的过程中逐步建立畅通的对话机制"。②

比较来说，张家港市环保局是运用沟通机制、联动机制来改善其与绿色江南间的协商共治关系，其管理策略属于组合策略。市环保局的积极管理行为在很大程度上畅通了绿色江南参与协商的渠道，并缓解了协商主导型网络化治理模式中潜在的地方政府强势主导问题。在此过程中，市环保局与绿色江南之间的关系逐步出从被动回应举报问题向主动建构合作关系的转变；从单次互动向多次互动的转变；从单一的水污染源监督向水污染监督与水环保培训多领域合作转变。

值得关注的是，在与多地地方政府的互动中，绿色江南形成了一套专业化的工作体系，即发现污染或收到污染线索—赶赴现场调研—撰写调研报告递交至环保部门—召开多方圆桌会议，实现环境污染治理—与环保部门合作推动污染源得到治理。实践证明，这一工作体系极大提升了地方政府对环境污染问题的回复率，越来越多的政府部门对绿色江南所举报的环境问题做出实质处理。

综合而言，相较于最初基于圆桌会议的协商互动，苏州工业园区环保部门与张家港市环保部门通过采用积极的管理策略，在与绿色江南的

---

① 《2018 绿色江南年度工作报告》，绿色江南公众环境关注中心，2019 年 5 月 21 日，https://www.pecc.cc/section/8/1803.

② 郭雪萍：《民间环保组织在环境治理中如何当好"助手"》，《中华环境》2019 年第 10 期。

协商互动方面展现出更多的行动力。这提高了工业污染源调研的处理进度，产生了良好的治理效果。需要说明的是，虽然苏州工业园区环保部门在原初的圆桌会议网络中，以政府购买服务方式融入对市场机制的运用，但园区环保部门采用市场机制是服务于这一目的，即实现其机构与绿色江南对环境污染治理问题的更好的协商与合作。由此，经由政府部门管理后的协商共治网络仍属于协商主导型模式。同样的，张家港市环保部门采用沟通机制、联动机制来对原有网络结构局部调适，调适后的协商共治网络仍属于协商主导型网络化治理模式。

二　差异：治理网络可持续性的强与弱

与前述行政主导型、市场主导型网络化治理实践不同，协商主导型网络化治理活动具有长期性特征。一方面，协商主导型治理网络通常面对的是多元而非单一的问题。当治理网络的成员共同对某一水污染问题进行协商处理后，协商共治网络仍需对责任区域内的其他水污染事件进行处理。换言之，协商共治网络通常不因某一个水环境问题的解决而结束。另一方面，水环境问题具有反复性，当下治理状况良好无法确保水环境质量持续良好。事实上，企业反复出现水污染问题的情况依然存在。对此，便需要协商共治网络对水环境问题做出持续的监督与管理。由此，在分析苏州工业园区、张家港市环保部门与绿色江南的协商共治网络时，不仅要关注当下直接的治理结果，还要比较其协商共治网络的可持续性程度。

在开展政府购买服务之前，苏州工业园区环保局与绿色江南之间已形成基于圆桌会议的协商共治网络。而双方在达成政府购买服务合作事项后，关于环保第三方巡察的共治网络开始形成。同时，园区环保局在建立与完善赋权机制、考核机制的基础上，推动了第三方环保巡察的制度化运作，并由此确保绿色江南举报的环境污染问题得到有效反馈。然而，当第三方环保巡察服务到期时，园区环保部门并未采用其他管理策略来持续推进双方所搭建的协商共治网络。此时，园区环保局与绿色江南之间回到最初的基于污染信息举报和工业污染源调研报告的协商互动状态。而通过观察 2019—2020 年园区环保部门对绿色江南网络举报的辖区企业污染问题的回应发现，园区环保部门对举报事件存在选择性回应行为。这意味着，苏州工业园区与绿色江南的协商共治并未实现常态化运作，二者间的协商共治网络的可持续性低。针对这一情景，绿色江南还需要通过策略行为促使地方政府强化双方间的协商共治关系，并使之可持续化。

张家港市环保局与绿色江南的协商共治网络亦是通过圆桌会议发展而来。市环保局在与绿色江南的多次沟通后，共同对环境污染源监督工作的落实达成一致看法。在沟通方面，近期双方还对庄信万丰（张家港）环保科技有限公司的雨水排放口化学需氧量疑似超标事件进行协商。在联合行动方面，面向政府官员、企业以及公众的环保培训仍在继续开展中。相较而言，张家港市环保局与绿色江南的协商共治网络的可持续性更高。但不可否认，市环保局与绿色江南间的协商互动实践还在很多方面有待于完善，比如市场机制的引入、协商互动领域的拓宽等。这也需要绿色江南在不断提升其环保知识与技能专业化的同时，通过策略行为推动市环保局采用新的管理策略来扩大协商共治网络的作用范围，以进一步提升协商共治效果。

总体而言，苏州工业园区环保局采用单向策略推动第三方巡察取得良好的治理结果。但在第三方巡察合同到期后，园区环保局与绿色江南之间的制度化互动关系并未有效延续下去，二者间回到原初的"举报—反馈"的松散互动状态。而张家港市环保局采取的组合策略推动了企业污染监管、环保知识培训等工作的有效落实。与此同时，双方之间的协商共治网络呈现持续运作状态。综上，张家港市协商共治网络的可持续性相较于苏州工业园区的协商共治网络更强。

第四节　小结

本章运用水环境领域地方政府与环保组织协商共治的两个案例，阐释了网络结构、管理策略相互作用并共同影响网络化治理结果的过程机理。地方政府与环保组织协商共治是在党和国家提出的社会组织参与协商这一制度背景下进行的。通常而言，参与到协商共治过程的环保组织拥有水环境领域的专业知识、技术，并具备机构资金来源的多样性以及广泛的社会影响力，这使得环保组织具备一定程度的自主性。在水环境协商共治实践中，地方政府与环保组织的协商共治网络面临着协商共治的平等关系与地方政府的先天强势地位之间的张力。作为网络管理者，地方政府在认识到其与环保组织之间存在高对称性相互依赖关系以及高对等性核心边缘关系后，通常会运用积极的管理策略来调适原有的网络结构。在绿色江南与苏州工业园区环保局的协商共治中，区环保局通过建立赋权机制、考核机制，推动第三方环保巡察产生良好的治理结果。在绿色江南与张家港市生态环境局的协商共治中，市生态环境局通过完善沟通机制、联动机制，亦形成良好的治理结果。但值得关注的是，相较于绿色江南与苏州工业园区环保局形成的协商共治，其与张家港市生态环境局形成的协商共治网络更具可持续性。

第七章 总结与讨论

党的十九届四中全会提出，"完善党委领导、政府负责、民主协商、社会协同、公众参与、法治保障、科技支撑的社会治理体系，建设人人有责、人人尽责、人人享有的社会治理共同体"。在生态环境领域，社会治理共同体的理念与网络化治理的运作机理是一致的，共同强调通过整合政府部门以外的多元行动者，如社会组织、企业、公众等，形成环境治理合力。本书从这一社会情景出发，通过构建"网络结构—管理过程"整体分析框架来对中国水环境网络化治理的多个案例进行比较分析，以系统理解中国水环境网络化治理的运作逻辑。在完善前述解释研究的基础上，本章进一步对中国水环境领域的三种网络化治理实践作出横向比较。继而，总结归纳本书的研究结论与启示，创新与不足之处。最后，结合本领域相关文献，提出下一步研究的多个方向。

第一节 对三种网络化治理模式的比较

为形成对中国水环境网络化治理实践的全面认知，本书依次对双河长实践、水环境项目、水环境协商整治这三种治理活动作出分析。接下来，本节在"网络结构—管理过程"分析框架之下对水环境网络化治理的三种实践进一步作出横向比较。

一 运行机制方面的同与异

（一）运行机制的组成

网络化治理的学理研究主张，协商机制是网络化治理运作过程的重要机制。但与此同时，网络化治理实践并非只存在单一的协商机制。越来越多的学者通过实证分析发现，行政机制、市场机制也是网络化治理的重要组成机制。这一研究发现同样适用于中国。本书在对中国水环境网络化治理实践的观察与分析中提出，水环境网络化治理过程表现出对行政机制、市场机制、协商机制的组合运用特征，这也是行政主导型、市场主导型以及协商主导型网络化治理模式的共性。

在中国水环境网络化治理实践中，协商机制、行政机制、市场机制分别以不同的形式加以呈现。首先，对协商机制的运用表现为地方政府与政府部门以外的行动者共同就水环境问题进行不同程度的协商互动的过程。其次，地方政府对行政机制的运用过程，依作用对象的差异而各有不同。对于政府内部机构而言，行政机制的运用体现在，地方政府通过行政命令来确保下级地方政府（或基层政府）严格执行水环境领域的政策要求。对于参与服务生产的非政府行动者而言，地方政府对行政机制的运用表现为，发布水环境治理的规范性文件和政府购买服务的相关公告。对于污染企业或个人而言，地方政府对行政机制的运用主要表现为行政处罚，如罚款、责令停产停业。最后，市场机制是地方政府与非政府行动者建立合作生产网络的一种契约机制，它表现为签订水环境治理领域的政府购买服务项目、政府和社会资本合作项目。

通过对中国水环境网络化治理实践的进一步分析发现，协商机制和行政机制是必然存在的机制，市场机制则是地方政府主动开展或非政府行动者的推动下出现。可以说，中国水环境网络化治理实践表现出协商机制与行政机制组合发挥作用，或是行政机制、市场机制、协商机制共同发挥作用的两种情形。需要说明的是，在市场主导型网络化治理模式中，只存在行政、市场、协商三种机制共同发挥作用这一情景。而这是行政主导型、市场主导型、协商主导型三种网络化治理模式在组成机制方面的差异。

（二）主导型机制的差异

行政主导型、市场主导型、协商主导型三种网络化治理模式对应着三类不同种类的实践活动。行政主导型网络化治理模式的典型特征在于，对协商机制或是协商机制与市场机制的运用与完善，是为了更好地推动行政机制发挥作用。行政主导型网络化治理模式以双河长实践为代表，即官方河长与民间河长共同对河流、湖泊、水库等水环境情况开展监督的过程。当前，各地地方政府在推进河长制工作中面临着一定的困境。其中，有限的监督资源与广阔的流域范围之间的矛盾约束着河长制效能发挥。在此情境下，来自社会的广大民间河长发挥了重要的补充作用。

在认识到民间河长制的治理优势后，由官方河长与民间河长组成的双河长模式成为多地地方政府开展水环境监督工作的现实选择。本书通过对全国多地双河长实践的观察发现，双河长治理实践具备以下特征：第一，民间河长的功能定位于监督举报水环境问题，即将自身发现的水环境问题直接或间接地反馈给当地的官方河长，由官方河长责令相关责任主体做出整改。第二，民间河长需按照双河长的制度规定来履行其职责。

市场主导型网络化治理模式的典型特征在于，对行政机制和协商机制的运用与改进，是为了更好地推动市场机制发挥作用。实践中，该模式以政府购买水环境服务、水环境 PPP 项目为代表。当前，市场主导型的网络化治理实践已经在全国各地全面铺开。总结实践活动发现：第一，在项目化合作中，企业或社会组织的功能被定位为与地方政府共同生产公共服务，以提升公共服务的供给效率与质量。第二，公共服务承接主体主要参与到服务生产的操作与执行层次，且执行方式需严格按照与政府部门间的有限协商所达成的合同进行。

协商主导型网络化治理实践的特点在于，对行政机制或是行政机制与市场机制的运用和改善，是为了更好地辅助协商机制发挥作用。协商主导型实践以地方政府与社会组织或公众合作开展小范围的水环境整治工作为主。与前述两种模式不同，协商主导型网络化治理实践数量总体比较有限。同时，参与到协商共治过程中的环保组织往往具备组织财务来源的独立性、水环境治理的专业性特征。此外，环保组织能够凭借自身的专业技能优势与社会影响力进入规则和政策制定环节，与地方政府就水环境问题共同商议解决方案。

综上，中国水环境治理的行政主导型、市场主导型、协商主导型网络化治理实践在非政府行动者的功能定位、参与层次方面存有差异。

二 网络结构方面的同与异

（一）网络结构中的张力

在网络张力方面，行政主导型、市场主导型、协商主导型网络化治理模式的共性在于都在治理过程中面临网络张力的问题。而差异性体现在，网络结构中的张力在不同的网络化治理模式中有所不同。

水环境治理的多元行动网络形成后，并非总是走向令人满意的结果。相反，三种网络化治理模式也面临着各自的张力。具体而言，以双河长模式为代表的行政主导型网络化治理具备快速整合资源的优势，但也面临着民间河长的志愿性与行为动力不足的问题、官方河长的决策主导性与选择性反馈水污染问题这两个张力，这通常会导致双河长治理网络面临着发展的低可持续性问题。

以政府购买服务、政府和社会资本合作为代表的市场主导型网络化治理模式，通常具备低成本、专业化公共服务供给优势，但该模式也存在公共服务的公共性与社会力量的逐利性、平等协商与地方政府的强势地位两大张力。这可能会增加地方政府与社会力量的互不信任风险，继而导致合作项目走向失败。

以地方政府与环保组织协商整治水环境为代表的协商主导型网络化治理模式具有专业化供给优势，但也面对着协商共治的平等关系与地方政府先天的强势地位张力。这可能会带来协商的有限性问题，并由此限制着环保组织水环境整治专业技能的发挥空间。

（二）资源相互依赖关系

行政主导型网络化治理模式中，民间河长与官方河长间是非对称性资源相互依赖关系，表现为民间河长对官方河长的资源依赖程度要显著大于官方河长对民间河长的依赖。市场主导型网络化治理模式中，社会力量与地方政府之间是低对称性资源相互依赖关系，体现为社会力量对地方政府的资源依赖大于地方政府对社会力量的依赖。协商主导型网络化治理模式中，环保组织与地方政府间是高对称性资源依赖关系，呈现出环保组织与地方政府间在资源相互依赖上的相对对称特征。

综上所示，行政主导型、市场主导型、协商主导型网络化治理模式中，地方政府与其他网络行动者间的资源相互依赖关系都不是完全对称的。但在非对称的程度上，行政主导型、市场主导型、协商主导型三种模式依次呈递减的趋势。

（三）核心边缘关系

行政主导型网络化治理模式中，民间河长与官方河长间是非对等核心边缘关系，表现为民间河长尚未进入关于双河长治理的决策程序。市场主导型网络化治理模式中，社会力量与地方政府之间是低对等性核心边缘关系，体现为社会力量可以就合作项目中的部分条款与地方政府进行有限范围的协商。协商主导型网络化治理模式中，环保组织与地方政府间是高对等性资源依赖关系，表现为环保组织能够进入关于水环境整治问题的决策环节，与政府部门共同商议具体的行动方案。

综上所示，行政主导型、市场主导型、协商主导型网络化治理模式中，地方政府与其他网络行动者间的核心边缘关系都不是完全对等的。但在非对等的程度上，行政主导型、市场主导型、协商主导型三种模式依次呈递减的趋势。

三 管理策略方面的同与异

网络结构与管理过程是相互影响的关系。一方面，网络结构是通过网络行动者间的资源依赖关系、核心边缘关系影响了地方政府的网络管理策略与行为；另一方面，地方政府在运用不同的管理策略过程中，或是调适或是维系了原有的网络结构。

在行政主导型网络结构（模式）中，官方河长与民间河长之间存在非对称性资源依赖关系和非对等性核心边缘关系。资源相互依赖的非对称性意味着，地方政府在双河长网络中占据了主导地位。此时，在面对潜在的网络张力时，地方政府实施管理行为的内在动力不足。核心边缘关系的非对等性同样意味着地方政府占据绝对的主导地位。在此情景下，双河长的制度规定通常是由地方政府依据当地河长制工作的推进情况进行制定与完善，而多数地区的民间河长并未进入关于双河长的决策之中。这也反映出，虽然是双河长网络中的组成部分，但远离核心区域的民间河长难以对地方政府的网络管理行为施加影响。此时，地方政府在应对网络管理问题时，普遍面临内生动力有限、外推力不足的情况。那么，作为反思理性的复杂人，地方政府的网络管理过程体现为个人认知下的自主选择。由此，部分地方政府运用了积极的单向策略、组合策略来回应治理网络中的问题，部分地方政府则采用了模糊策略。

市场主导型网络化治理模式中，地方政府与项目承接主体之间属于低对称性相互依赖关系、低对等性核心边缘关系。资源相互依赖的低对称性意味着，地方政府在项目化网络中占据了主导地位。此时，在面对潜在的网络张力时，地方政府实施网络管理行为的内在动力相对不足。核心边缘关系的低对等性同样意味着地方政府占据主导地位。虽然项目化网络中，项目承接主体可以与地方政府就合作生产合同的有限条款进行协商，但其对地方政府实施网络管理行为的影响仍相对有限。此时，地方政府在网络管理问题上存在内生动力和外推力不足的情况。作为反思理性的复杂人，地方政府的网络管理过程同样体现为个人认知下的自主选择。由此，部分地方政府运用了积极的单向策略、组合策略来回应治理网络中的问题，部分地方政府则采用了模糊策略。

相较而言，协商主导型网络化治理模式中，地方政府与环保组织间存在高对称性相互依赖、高对等性核心边缘关系。此时，地方政府与环保组织之间表现出相对平等的协商互动状态。同时，环保组织通过参与到政策制定过程之中，进而对地方政府的网络管理行为选择产生较大影响。由此，在较高的内驱力和较强的外推力的作用下，地方政府通常采用积极的管理策略如单向策略、组合策略，来调适原有的网络结构。

综上所述，行政主导型（双河长网络）和市场主导型（项目化网络）网络化治理实践中，既存在积极的单向管理策略、组合管理策略，也存在消极的模糊策略。协商主导型网络化治理实践中，地方政府则偏好运用积极的管理策略。值得关注的是，水环境网络化治理的三种模式都存在地方政府对积极管理策略的运用情景。在此过程中，三种模式共同呈现出对原有网络结构的有限调适而非变更过程。同时，调适后的网络结构和网络化治理类型并未发生变化。这侧面反映出"公共人"逻辑下的地方政府，在采取积极单向策略或组合策略时，或多或少地将维护社会稳定的需求融入其行为考量之中，从而使其网络管理过程表现出渐进调适的特征。

四　治理结果方面的同与异

依据实践发现，治理结果是在网络结构和管理过程的相互作用下形成的。这表现为，在同一种网络化治理模式中，地方政府采用不同的管理策略来回应治理网络中的问题，进而在调适或维系最初的网络张力（结构）过程中，形成了差异化的治理结果。当地方政府采用单向策略或组合策略这类积极的管理策略时，网络结构得到调适，其张力也得到不同程度的缓解，进而带来较好的治理结果。当地方政府采用模糊策略时，网络结构并未发生变化，其自身张力依然存在，并由此往往产生较差的治理结果。

在共性层面，三种网络化治理模式都存在差异化的治理结果。在行政主导型模式中，河源市、远安县两地地方政府的单向策略、湘潭市政府的组合策略都带来正向的治理结果；而都斛镇、山东省两镇的模糊策略则产生负面的治理现状。在市场主导型模式中，清镇市政府、镇江市两地地方政府的单向策略以及西海岸生态环境分局的组合策略都带来正向的治理结果；横山桥镇、福建某地的模糊策略则产生治理失败的后果；在协商主导型模式中，苏州工业园区环保部门采取的单向策略与张家港市生态环境部门运用的组合策略都带来较好的治理结果，但在协商共治网络的可持续性方面存有差异。

从差异看，尽管三种网络化治理模式的治理结果都存在差异，但其差异的大小程度有所不同。比较而言，行政主导型和市场主导型模式的治理结果存在明显的不同，既存在较好的治理成果，也存在治理失败的情景。而协商主导型网络化治理实践的治理结果通常是良性的，且治理结果的差异性相对较小。

表 7-1 中国水环境网络化治理实践：比较案例分析

特征	模式		
	行政主导型网络化治理	市场主导型网络化治理	协商主导型网络化治理
实践类型	双河长实践	政府购买水环境治理的服务、水环境 PPP 项目	政府部门与环保组织共商水污染监督、整治工作
协商范围	双河长执行方式的有限协商	合作生产合同的有限条款；合作生产的操作方式	合作监管水污染的决策与执行方式；合作开展企业环保培训的决策与执行方式
张力	民间河长的志愿性与行为动力问题；官方河长的主导性与选择性回应	公共服务的公共性与社会力量的逐利性；平等协商与地方政府的强势地位	协商共治的平等关系与地方政府的先天强势地位
资源依赖	非对称性	低对称性	高对称性
核心边缘	非对等性	低对等性	高对等性
地方政府管理策略	单向策略：河源市双河长实践	单向策略：清镇市第三方监督项目	单向策略：绿色江南与苏州工业园区国土环保局的协商共治
	单向策略：远安县双河长实践	单向策略：镇江海绵城市建设 PPP 项目	
	组合策略：湘潭市双河长实践	组合策略：西海岸生态环境分局环保管家项目	组合策略：绿色江南与张家港市生态环境局的协商共治
	模糊策略：部分地区的实践	模糊策略：部分地区的实践	
治理结果	单向策略或组合策略之下，网络张力得以调适，进而促成双河长实践的良性运转	单向策略或组合策略下，网络张力得到缓解，进而形成较好、良好或好的治理结果	单向或组合策略之下，网络结构中的张力得到不同程度缓解，形成较好的治理结果，但在协商网络的可持续性上存在差异
	模糊策略下，网络结构中的张力没有发生改变，由此带来治理低效问题	模糊策略下，网络结构中固有的张力没有发生改变，由此产生项目失败问题	

第二节　研究结论

本项研究立足于中国水环境领域的网络化治理实践，关注两个研究问题：第一，中国水环境网络化治理实践可以细分为哪几种？第二，同一水环境网络化治理实践为何产生不尽相同的治理结果？其中，对第二个问题的探讨是建立在回答第一个问题之上，即水环境网络化治理模式的类型学分析。本书依据主导机制的差异性，区分了行政主导型、市场主导型、协商主导型等三种网络化治理实践。通过综合运用政策网络、网络管理、"以行动者为中心的制度主义"等理论框架，形成理解中国水环境网络化治理实践的"网络结构—管理过程"分析框架。继而，基于这一分析框架，对三种网络化治理的实践过程做出比较分析。

通过对双河长治理网络、项目化网络、协商共治网络的多案例比较，验证了"网络结构—管理过程"这一分析框架的合理性。中国水环境网络化治理实践呈现出这一运作逻辑：网络结构与管理过程相互影响，共同塑造了治理结果。在此过程中，验证了本书所提出的三个研究假设。

第一，网络行动者间的资源相互依赖关系越趋向于对称，核心边缘关系越趋向于对等，地方政府实施网络管理行为的动力则越强。地方政府网络管理动力越强，则越容易采用单向或组合这类积极的管理策略。通过比较发现，协商主导型网络化治理实践中，苏州工业园区国土环保局、张家港市生态环境局与绿色江南之间是高对称性相互依赖、高对等性核心边缘关系。相较于行政主导型、市场主导型网络化治理模式，苏州工业园区国土环保局、张家港市生态环境局在实施网络管理行为上具有更强的内驱力。同时，绿色江南环保组织对地方政府管理行为的影响也更强。由此，在内驱力和外推力的共同作用下，这两地地方政府的网络管理行为都表现为积极的单向策略。

第二，同一种网络化治理模式中，相较于模糊策略，地方政府越是采取单向策略或组合策略，越会取得更好的治理结果。通过对行政主导型网络化治理模式中的代表——双河长实践的多案例比较分析发现，广东省都斛镇、山东省夏格庄镇与云山镇等地方政府的模糊管理策略导致当地的双河长网络面临走向"沉寂"的风险。而河源市、远安县以及湘潭市的积极管理行为则带来良好的治理结果。通过对市场主导型网络化治理模式的代表——项目化治理的多案例比较分析发现，江苏省横山桥镇、福建省某欠发达地区地方政府的模糊策略导致合作项目走向失败或是被提前终止。而清镇市、镇江市、青岛市西海岸分局的积极管理行为，使得项目取得较好的治理结果，或是处于良性运作状态。

第三，同一种网络化治理模式中，相较于单向策略，地方政府越是采用组合策略，越会带来更好的治理结果。在双河长实践中，河源市政府部门的单向策略（柔性导向）对原有的网络张力作出细微调适。在此情景下，该市民间河长主要开展独立巡河以及公众环保宣传教育活动。河源市双河长网络呈现出良性但缓慢发展的特征。远安县政府部门的单向策略（刚性导向）对原有的网络张力作出局部调适。该县民间河长主要从事独立或联合巡河以及对接官方河长解决举报问题等活动。远安县双河长网络呈现出良性但同样缓慢发展的特征。湘潭市政府部门的组合策略较大程度上调适了原有的网络张力。在此过程中，民间河长主要开展独立或联合巡河、联合暗访以及对接官方河长解决举报问题等活动。由此，湘潭市双河长网络表现出良性运作且较快发展的特征。

在项目共治理网络中，清镇市政府部门通过单向策略（柔性导向）对第三方环保监督网络中的张力作出局部调适，最终项目完成情况良好。在镇江市海绵城市项目建设中，当地政府通过单向策略（刚性导向）对原有的网络张力作出局部调适，项目当下运作状况良好。在环保管家项目实施过程中，青岛市西海岸生态环境分局采用组合策略在较大程度上调适了原有的网络张力，相较而言，项目运转状态更好。在协商共治实践中，张家港市生态环境部门与苏州工业园区环保部门分别采用的积极管理策略都产生了良好的治理结果。但同时，经由组合策略调适后的张家港市生态环境部门与绿色江南间的共治网络相对更加可持续。综上所述，通过对行政主导型、市场主导型、协商主导型网络化治理实践的观察发现，组合策略所产生的效果要优于单向策略。

第三节 研究启示

通过对中国水环境网络化治理实践的比较分析发现，相对于其他策略，组合策略往往带来更好的治理效果。但这并不意味着，应在全国范围内一刀切地将组合策略作为水环境网络管理的优先策略。这是因为，组合策略是地方政府管理动力和管理能力有机结合的产物。组合策略首先体现了地方政府在追求更好治理结果上的动机，还体现了地方政府设计整合性管理机制的能力。从现有的案例分析发现，组合策略具有明显的地域性特征。它更容易出现在财力资源比较充足的地区，发生在管理思路灵活且负责的地方官员身上。而在那些财力资源有限、官员思路相对固化的地区，盲目强推组合策略可能会带来较高的行政成本问题，反而不利于当地水污染问题的有序解决。

值得肯定的是，本项研究发现地方政府的网络管理能力影响着治理结果。由此，为提升社会治理效果，需要关注地方政府网络管理能力的培养与建设，并从以下几方面做出改进。

一　要正确看待网络化治理的功能与作用

网络化治理有助于应对 21 世纪公共服务需求日益多元化、复杂化的社会现实，但其不应被过分推崇为一种万能治理模式。网络化治理抑或奥斯本提出的新公共治理理论都是一种规范性理论。这意味着，现实的治理实践与网络化治理理论之间还存在一定差距。而这种差距通常会因应用情景如国体国情、地方发展水平、社会资本存量等的不同而有所不同。例如，中国部分西部地区面临着地方政府财力有限、社会组织发育水平落后、公民环保养相对较低的大环境，此时，这类地区往往缺乏开展网络化治理的前提基础。[①]

同时，网络化治理的弊端因模式（或类型）的不同而各有差异，其协调成本或改善成本也存在一定的不同。对于其中部分问题，地方政府可以以较低的成本，运用具体的管理策略来改进，如行政主导型网络化治理模式中民间河长的行为动力问题。而对于有些问题，则需要地方政府付出较大的成本来进行调解。如市场主导型网络化治理实践中，社会力量潜在的逐利行为。

此外，与网络化治理展开理论对话，且发展相对成熟的研究以网络管理理论为主，与之相关的理论发展仍有待推进。加之，就网络化治理

---

① 需要说明的是，发生在"先天发育不足"的情景之下的网络化治理实践并不必然走向失败，其效果在很大程度上取决于地方政府的管理能力。

的弊端展开实证分析的研究尚有不足，这加剧了部分学者对网络化治理理论的过度自信，导致有些学者在尚未客观公正地认识网络化治理理论的基础下盲目推崇该理论，甚至主观提出网络化治理模式已取代传统的官僚机制等有待证实的言论。这便提醒研究者，需要正确看待网络化治理的作用，明确其弊端及功能作用边界。

二　要推动地方政府对其角色形成正确的认知

在网络化治理中，地方政府因其权力中心地位而在绝大程度上影响着治理网络的走向和发展。这意味着，地方政府是否具备正确的自我角色认知是成功网络化治理实践的必要前提之一。反观实践，本书在总结行政主导型、市场主导型、协商主导型三种水环境网络化治理模式各自面临的张力时发现，地方政府的强势主导习惯是一个普遍的、共性的现象。这反映出水环境网络化治理过程中，地方政府通常面临着角色定位问题。具体而言，在行政主导型网络化治理实践中，地方政府会有选择性地回应民间河长所反映的环境污染问题；在市场主导型网络化治理实践中，地方政府在面对社会组织、企业等环境保护服务承接主体时，存有主导多主体间的协商过程这一惯习；在协商主导型网络化治理实践中，地方政府倾向于弱化环保组织参与协商的层次。而地方政府的此类强势主导行为往往导致治理网络走向形式化，甚至是不可持续的后果。

事实上，地方政府在部分领域应扮演主导角色。如在公共政策程序的合法性、公共服务的公共性等方面，地方政府应发挥主导作用，从而确保公共利益免受不法侵害。此时，地方政府需加强对公共服务承接方的全过程监督和综合考核，同时注重完善来自社会公众的外部监督机制。

在主导行为之外，地方政府还需关注和发挥好引导的作用。如在环保组织开展环境监督、参与环境治理决策等领域，地方政府应通过有序引导来提升社会组织参与环境治理的热情与实效。对此，地方政府需完善对社会组织发展的政策支持，推动环保组织不断强化环境治理的专业性。综上，在网络化治理中，地方政府应首先明确其角色的多样性，如主导者、引导者。在此基础上，进一步明确不同角色的应用情景，实现自身角色与应用情景相匹配。

三　要正视网络化治理中社会组织的作用

从实践中看，协商主导型网络化治理实践数量最少。究其原因，地方政府尚未正确看待政府部门以外的网络行动者，尤其是环保组织的作用。在中国，环保组织通常对地方政府存在多重资源依赖关系，如合法性、资金等。加之部分地方政府在环保共治实践中通常将环保组织看作其下属部门，而非平等的协商对象。这既不利于协商共治实践活动的开展，也阻碍了环保组织的正常发展。对此，地方政府要正视环保组织的功能与作用，主动为双方的平等协商创造条件。值得肯定的是，伴随党和国家对生态文明建设的逐步有序推进，部分地区地方政府已经主动加强与专业环保组织的协商互动，而这将促成更多的水环境协商共治实践。

以绿行齐鲁为例，绿行齐鲁是 2012 年在济南成立的一家环保组织，其组织目标是通过推动政府环境信息公开和社会公众参与，形成山东省民间环境监督的新模式。自成立以来，绿行齐鲁自主或联合其他环保组织开展了联合护水行动网络、环境政务信息公开以及环境公益诉讼等多个项目。其中，在推动政府环境信息公开方面，绿行齐鲁自 2014 年开始每年发布山东省 17 城市污染源信息公开指数评价报告，并对当年数据超标的企业进行举报。同时，绿行齐鲁依托"守护小清河"项目，多次开展小清河水质调查、流域环境调查、倡导公众参与监督等工作，并依据调研内容形成了《守护小清河环境现状观察报告》《小清河流域企业环境信用观察报告》等多份专业性报告。此外，绿行齐鲁还积极对《山东省水污染防治条例（修订草案征求意见稿）》提出 5 条意见，并就山东省企业环境信用评价平台的使用完善提出具体的建议。据统计，截至 2019 年底，绿行齐鲁已开展了 33 次政策建议。①

相较于绿行齐鲁在环境监督与调查、政策倡议等方面专业能力和影响力的快速提升，地方政府与绿行齐鲁的协商合作进展相对缓慢。近年来，地方政府与绿行齐鲁间的互动实践主要集中在联合开展环境保护调研工作。如 2018 年 8 月，绿行齐鲁联合聊城环协先后对莘县化工产业园、聊城化工产业园开展环境调查。但值得肯定的是，地方政府自 2020 年以来开始主动联系绿行齐鲁，共同寻求开展环境治理方面的合作。2020 年 9 月，山东省生态环境厅执法局与绿行齐鲁举行了座谈会，就激励企业治污、加强政府与环保组织合作等议题展开讨论。② 在会上，厅执法局行政处罚室在详细介绍企业环境信用评价记分方法后，就今年的评价办法修

---

① 《绿行齐鲁 2019 年年报》，"绿行齐鲁"微信公众号，2020 年 7 月 20 日。
② 《山东省生态环境厅执法局和绿行齐鲁举行座谈会》，"绿行齐鲁"微信公众号，2020 年 9 月 21 日。

订工作征求了绿行齐鲁工作人员的意见，并对绿行齐鲁反映的个别企业环境信用评价信息的准确性问题进行一一回应。

> 绿行齐鲁作为一家民间环保组织，一直是致力于环境污染监督、环境政策倡导等活动。目前，通过与当地政府部门的座谈会，初步在环境污染监督上建立了与地方环保部门的联系。未来，我们希望能够与联合更多的政府部门，充分发挥民间环境监督的力量。①

当前，山东省环保部门、市环保部门已就生态环境保护问题，与绿行齐鲁进行了多次沟通。在此过程中，地方政府已经从被动应对污染信息举报、回应政策建议转变为主动联系绿行齐鲁商议办法修订工作，这标志着山东省生态环境厅与绿行齐鲁的协商共治网络初步形成。

四 要加强对地方政府网络管理能力的长期培育

网络化治理是一个复杂的多元主体互动过程，它在具备降低治理成本、提高服务质量优势的同时，面临着多重治理挑战，如责任划分、监管困境、道德风险等。面对这些问题，本书通过分析不同地区地方政府的网络管理策略，发现地方政府的网络管理能力直接影响着治理过程，塑造着治理结果。由此，加强对地方政府网络管理策略的培育具有重要的现实意义。

地方政府网络管理能力是地方政府治理能力现代化的重要组成部分，它强调正确处理政府与市场、政府与社会之间的关系，并最终通过具体的制度效率加以呈现。② 当前，地方政府治理能力现代化是实现国家治理现代化的基础，是对党的十八届三中全会提出的"推进国家治理体系和治理能力现代化"与党的十九届四中全会通过的《中共中央关于坚持和完善中国特色社会主义制度 推进国家治理体系和治理能力现代化若干重大问题的决定》精神的贯彻落实。

作为一项重要的时代课题，地方政府治理能力现代化工作在环境治理领域、基层治理层次得到重视与推进。2020 年 3 月，中共中央办公厅、国务院办公厅印发了《关于构建现代环境治理体系的指导意见》，该意见

---

① 访谈笔记，2020 年 6 月 15 日。
② 毛寿龙：《现代治道与治道变革》，《江苏行政学院学报》2003 年第 2 期。

指出"要明晰政府、企业、公众等各类主体权责，畅通参与渠道，形成全社会共同推进环境治理的良好格局"。在该文件的指导下，中国各地地方政府先后制定并发布了当地的实施意见。2020 年 4 月，中共中央办公厅印发了《关于持续解决困扰基层的形式主义问题为决胜全面建成小康社会提供坚强作风保证的通知》。该通知的第七条明确提出"研究制定加强基层治理体系和治理能力现代化建设的政策文件，构建党的领导、人民当家作主和依法治理有机统一的基层治理体制机制"。同时，这一文件对基层放权赋能、责任清单、社区服务和管理等内容作出明确规定。事实上，在中办出台该文件前，部分地方政府已经对基层治理现代化做出先行探索。2020 年 2 月，广东省民政厅发布了《关于推进我省民政领域基层社会治理体系和治理能力现代化的若干措施（征求意见稿）》，并就该意见稿的内容向社会公开征求建议。

综上所述，在国家与社会的共同关注下，地方政府治理能力现代化建设正稳步推进。在此过程中，地方政府的网络管理能力建设也得到相应的提升。本书在明确地方政府网络管理能力重要性的同时，进一步提出，地方政府在面对环境治理议题时，需更加关注对自身网络管理能力的长期培养。以协商主导型网络化治理为例，目前中国水环境领域的协商主导型网络化治理实践数量相对有限，且此类实践中的多数协商共治网络是一次性的。这意味着，地方政府与环保组织形成的协商互动关系通常伴随单一问题的解决而走向终结。然而，水环境问题具有反复性，水环境治理任务具备长期性。由此，水环境整治需要一个持续、稳定、良性的协商互动网络作为支撑。本书中，绿色江南在与张家港市环保局共同解决广泾梢、长浜河的环境整治后，绿色江南在次年再次发现长浜河面存在油污污染问题。面对这一现实情境，地方政府应与环保组织形成长期互动网络，并注重通过持续的网络管理工具来解决治理网络运作中出现的新问题，以此推动协商共治网络走向制度化、规范化、常态化、长效化。

第四节　研究的创新之处

本项研究聚焦中国水环境网络化治理实践，试图在厘清当下水环境网络化治理类型的基础上，回答同一网络化治理实践存在不同治理结果的原因。围绕这些问题，本书在对西方政策网络、网络管理以及"以行动者为中心的制度主义"等理论进行本土化改造的基础上，形成"网络结构—管理过程"分析框架，并据此对中国水环境领域的网络化治理实践进行多案例比较分析。在研究的创新方面，主要体现在以下三个方面。

第一，分析视角的整合性。本项研究试图克服以往将传统的结构分析与行为分析对立起来的做法，而着力将二者整合形成分析中国治理实践的结构与过程视角，以凸显分析视角的整合性。长久以来，结构分析与过程分析是社会分析的两种不同路径。中国学者在沿袭两种分析路径的基础上，进一步形成以张静为代表的"结构—制度"分析方法[1]和以孙立平为代表的"过程—事件"分析方法。[2] 然而，这两种视角都存在一定的局限性。"结构—制度"分析过于强调制度的约束性作用而忽略了人的行为的能动性。"过程—事件"分析则缺少对行为发生环境的具体分析。对此，谢立中则强调，两种分析方法都是研究者"建构社会现实"的不同话语路径。[3] 换言之，二者间并非冲突的，而是可以进行有机结合的。由此，本书结合国内外环境网络化治理的最新文献资料，并在对政策网络、网络管理，以及"以行动者为中心的制度主义"等理论进行本土化修正的基础上，初步形成了解释中国水环境网络化治理实践的"网络结构—管理过程"整合性分析框架。

第二，分析过程的动态性。本项研究尝试突破既有研究对水环境网络化治理的静态化描述，以突出过程分析的动态性。为深刻揭示网络结构与地方政府管理策略的关系，本书既充分关注网络结构中成员间的资源相互依赖关系、核心边缘关系，以阐明其对地方政府管理策略的影响；同时，也十分注重发现地方政府管理策略对网络结构的反作用，亦即调适或维系网络结构的过程，以彰显对中国水环境网络化治理过程的动态化分析。通过这两个方面，形成对中国水环境网络化治理过程的动态化分析。

---

① 张静：《基层政权：乡村制度诸问题》，上海人民出版社 2007 年版，第 13—15 页。
② 孙立平：《"过程—事件分析"与当代中国农村国家农民关系的实践形态》，载谢立中主编《结构—制度分析，还是过程事件分析？》，社会科学文献出版社 2010 年版，第 140 页。
③ 谢立中：《结构—制度分析，还是过程—事件分析？——从多元话语分析的视角看》，《中国农业大学学报》（社会科学版）2007 年第 4 期。

第三，研究结论适用范围的可推广性。本项研究通过分析水环境领域的网络化治理实践，验证了前述三项基本假设，并据此强调地方政府网络里管理动力与管理能力培育的重要性。这些研究结论与研究启示具有可推广性，同样适用于土壤这类流动性相对较弱的生态环境治理领域。由此，本书便超越了水环境网络化治理实践研究的单一性，能够为低流动性的环境污染治理活动提供可资借鉴的经验研究。

第五节　不足之处与展望

一　研究中的不足之处

本项研究弥补了原有的单一"结构观""行为观"，抑或是静态化的"整合观"分析的有限性，形成了理解中国水环境网络化治理实践的动态化的、综合的分析视角。但同时还面临着以下三方面的不足之处。

第一，分析单元的问题。本书将研究对象界定为同一行政区划下的水环境网络化治理实践，但现实中，超越单一行政辖区的河流、湖泊是广泛存在的。而此时，网络化治理过程不仅涉及地方政府与企业、非营利组织、公众之间的协商互动过程，还包括分属不同行政区划的地方政府之间、社会组织之间、企业之间的协调过程。这项研究所涉及的对象更为复杂，需要付出更多时间、掌握更多的一手材料，从而做出比较深入的探究。

第二，研究方法的问题。本项研究主要采用多案例分析与比较研究方法，通过收集水环境领域的网络化治理案例来对研究问题进行比较分析与论证。其中部分案例材料，主要是通过地方政府的官方网站、新闻媒体报道、学术论文来收集，故对一手资料的掌握与分析有待进一步完善。

第三，对治理结果的测量。本项研究依据短期的水环境数据来评价某一政策目标是否达成，这种方式能够直观地显现治理效果。但水环境治理具有阶段性特征，这表现为短期水环境质量的改善并不意味着长期水环境质量的绝对提升。鉴于此，水环境治理的效果还需增加长期性这一测量维度，这便需要对研究对象做好数据收集上的长期追踪。与此同时，市场主导型网络化治理模式中，政府和社会力量共同生产公共服务的过程不仅复杂而且项目共建周期较长，部分 PPP 项目的运作周期甚至在 10 年以上。而考虑到企业内部材料难以获取，本项研究对政企合作开展生态环境整治项目的过程分析还有待深化。

二 下一步的研究方向

针对（水）环境网络化治理研究，可以从以下四个方面继续做出探索。

第一，同一网络化治理模式中，地方政府采用层次有别管理策略的微观情景要素分析。本项研究依据管理策略的清晰性、整合性，区分了中国水环境网络化治理中地方政府的三种管理策略，即模糊策略、单向策略、组合策略。而后，通过对行政主导型、市场主导型、协商主导型三种网络化治理模式的案例分析发现，模糊、单向或组合等策略不同程度地存在于三种网络化治理实践之中，且其具体表现形态存在一定差异。本项研究在关注影响地方政府网络管理策略选择的内在动力与外在推力两个维度的同时，还需进一步从水污染的类型、水环境问题的复杂程度、当地经济发展水平等微观情景要素角度作出探究，从而扩展地方政府网络管理行为的微观情境要素研究。

第二，地方政府网络管理策略与行为的动态过程研究。国外学者在分析网络管理行为对治理绩效的影响时发现，网络管理行为存在边际收益递减的规律[1]，"即一些优秀的管理者似乎已经意识到网络化管理行为的局限性，他们在经历边际效益递减之前，就开始对自己的网络管理努力进行控制"。[2] 那么，中国地方政府在开展网络管理过程中，其网络管理策略是否发生变化，以及哪些要素影响地方政府网络管理策略的维持或变迁是一项重要的研究课题。

第三，三种水环境网络化治理模式的适用情景分析。本项研究依照主导机制的差异性，区分了行政主导型、市场主导型、协商主导型网络化治理模式，并分别对每一模式的优势和张力做出分析。在此基础上，

---

[1] Klijn Erik-Hans, "Trust in Governance Networks: Looking for Conditions for Innovative Solutions and Outcomes", in: S. P. Osborne, eds, *The New Public Governance? : Emerging Perspectives on the Theory and Practice of Public Governance*, New York: Routledge, 2010, pp. 303–336.

[2] Hicklin Alisa, Laurence J. O' Toole Jr, and Kenneth J. Meier, "Serpents in the Sand: Managerial Networking and Nonlinear Influences on Organizational Performance", *Journal of Public Administration Research & Theory*, Vol. 8, No. 30, 2008, pp. 253–273.

下一步可以通过收集大量案例来对水环境网络化治理不同模式的适用情景进行大样本分析，从而为水环境治理相关议题的科学决策提供现实依据。

第四，跨域生态环境网络化治理研究。当前，跨域生态环境治理研究主要集中在地方政府协作层面，涉及地方政府的合作类型[1]、合作机制[2]、合作模式的建构路径[3]等内容。而在跨域生态环境网络化治理分析方面，现有研究仍相对不足。事实上，部分相邻辖区的环保组织已经组织开展环境保护联合行动，并尝试通过策略行为加入相邻地区的地方政府间合作网络，以推动更大范围的生态环境治理网络的形成。

总之，水环境网络化治理是一项复杂的系统工程，需要对地方政府与多元主体的共同行动做出持续探索。而本书对水环境网络化治理模式的比较研究既回应了水环境治理问题日益复杂化与公众美好环境追求之间的现实矛盾，也为环境治理共同体的构建，以及环境治理体系与治理能力现代化建设提供了可资借鉴的实践路径。

---

① 杨妍、孙涛：《跨区域环境治理与地方政府合作机制研究》，《中国行政管理》2009 年第 1 期。

② 范永茂、殷玉敏：《跨界环境问题的合作治理模式选择——理论讨论和三个案例》，《公共管理学报》2016 年第 2 期。

③ 崔晶：《生态治理中的地方政府协作：自京津冀都市圈观察》，《改革》2013 年第 9 期。

参考文献

一 中文文献

［美］埃莉诺·奥斯特罗姆：《公共事物的治理之道：集体行动制度的演进》，余逊达、陈旭东译，上海译文出版社 2012 年版。

［美］埃莉诺·奥斯特罗姆、拉里·施罗德、苏珊·温：《制度激励与可持续发展——基础设施政策透视》，陈幽泓、谢明、任睿译，毛寿龙校，上海三联书店 2000 年版。

安慧、郑寒露、郑传军：《不完全契约视角下 PPP 项目合作剩余分配的博弈分析》，《土木工程与管理学报》2014 年第 5 期。

［英］奥斯本：《新公共治理？——公共治理理论和实践方面的新观点》，包国宪、赵晓军等译，科学出版社 2016 年版。

拜茹、尤光付：《自主性与行政吸纳合作：乡村振兴中基层社会治理模式的机制分析》，《青海社会科学》2019 年第 1 期。

［美］保罗·A. 萨巴蒂尔：《政策过程理论》，彭宗超译，生活·读书·新知三联书店 2004 年版。

操小娟、龙新梅：《从地方分治到协同共治：流域治理的经验及思考——以湘渝黔交界地区清水江水污染治理为例》，《广西社会科学》2020 年第 1 期。

曹芳、肖建华：《社会组织参与流域水污染共治机制创新》，《江西社会科学》2016 年第 3 期。

陈敬良、匡霞：《西方政策网络理论研究的最新进展及其评价》，《上海行政学院学报》2009 年第 3 期。

陈剩勇、于兰兰：《网络化治理：一种新的公共治理模式》，《政治学研究》2012 年第 2 期。

陈树强：《增权：社会工作理论与实践的新视角》，《社会学研究》2003 年第 5 期。

陈振明：《公共管理学：一种不同于传统行政学的研究途径》（第 2 版），中国人民大学出版社 2003 年版。

陈振明：《公共管理学》，中国人民大学出版社 2005 年版。

崔晶：《生态治理中的地方政府协作：自京津冀都市圈观察》，《改革》2013 年第 9 期。

戴胜利、云泽宇：《跨域水环境污染"协力—网络"治理模型研究——基于太湖治理经验分析》，《中国人口·资源与环境》2017 年第 S2 期。

戴维·科利尔、章远：《比较研究方法》，《比较政治学前沿》2013 年第 1 期。

丁煌、杨代福：《政策网络、博弈与政策执行：以中国房价宏观调控政策为例》，《学海》2008 年第 6 期。

董珍：《生态治理中的多元协同：湖北省长江流域治理个案》，《湖北社会科学》2018 年第 3 期。

杜焱强、刘平养、吴娜伟：《政府和社会资本合作会成为中国农村环境治理的新模式吗？——基于全国若干案例的现实检验》，《中国农村经济》2018 年第 12 期。

杜焱强、苏时鹏、孙小霞：《农村水环境治理的非合作博弈均衡分析》，《资源开发与市场》2015 年第 3 期。

丁琼：《PPP 模式中地方政府的角色偏差及纠正》，《人民论坛》2018 年第 22 期。

樊博、聂爽：《城市应急恢复中非政府组织的自主性研究——整体性治理视域下的解读》，《上海行政学院学报》2016 年第 2 期。

范斌、朱媛媛：《策略性自主：社会组织与国家商酌的关系》，《江西师范大学学报》（哲学社会科学版）2017 年第 3 期。

范世炜：《试析西方政策网络理论的三种研究视角》，《政治学研究》2013 年第 4 期。

范永茂、殷玉敏：《跨界环境问题的合作治理模式选择——理论讨论和三个案例》，《公共管理学报》2016 年第 2 期。

范永茂：《政策网络视角下的网约车监管：政策困境与治理策略》，《中国行政管理》2018 年第 6 期。

风笑天：《社会学研究方法》（第三版），中国人民大学出版社 2009

年版。

冯贵霞：《大气污染防治政策变迁与解释框架构建——基于政策网络的视角》，《中国行政管理》2014 年第 9 期。

冯秋婷、曾业松、郑寰、鄐爱红：《中国领导科学研究会课题组，党领导基层治理的实践探索和理论启示——北京市"街乡吹哨、部门报到"改革研究》，《中国领导科学》2019 年第 2 期。

付士成、李昂：《政府购买公共服务范围研究——基于规范性文件的分析与思考》，《行政法学研究》2016 年第 1 期。

葛忠明：《叙事分析是如何可能的》，《山东大学学报》（哲学社会科学版）2007 年第 1 期。

龚虹波：《"水资源合作伙伴关系"和"最严格水资源管理制度"——中美水资源管理政策网络的比较分析》，《公共管理学报》2015 年第 4 期。

龚虹波：《论西方第三代政策网络研究的包容性》，《南京师大学报》（社会科学版）2014 年第 6 期。

管兵：《竞争性与反向嵌入性：政府购买服务与社会组织发展》，《公共管理学报》2015 年第 3 期。

郭巍青、涂锋：《重新建构政策过程：基于政策网络的视角》，《中山大学学报》（社会科学版）2009 年第 3 期。

郭雪萍：《民间环保组织在环境治理中如何当好"助手"》，《中华环境》2019 年第 10 期。

［美］赫伯特·西蒙：《管理行为——管理组织决策过程的研究》，杨砾、韩春立、徐立译，北京经济学院出版社 1988 年版。

胡伟、石凯：《理解公共政策："政策网络"的途径》，《上海交通大学学报》（哲学社会科学版）2006 年第 4 期。

胡业飞、崔杨杨：《模糊政策的政策执行研究——以中国社会化养老政策为例》，《公共管理学报》2015 年第 2 期。

黄民锦：《PPP 风险类型及其防范提示》，《预算管理与会计》2018 年第 3 期。

黄爱宝：《"河长制"：制度形态与创新趋向》，《学海》2015 年第 4 期。

黄晓春、嵇欣：《非协同治理与策略性应对——社会组织自主性研究的一个理论框架》,《社会学研究》2014 年第 6 期。

姜晓萍、田昭:《网络化治理在中国的行政生态环境缺陷与改善途径》,《四川大学学报》(哲学社会科学版)2017 年第 4 期。

蒋硕亮:《政策网络:政策科学的理论创新》,《江汉论坛》2011 年第 4 期。

蒋永甫:《网络化治理:一种资源依赖的视角》,《学习论坛》2012 年第 8 期。

[美] 杰弗里·菲佛、杰勒尔德·R. 萨兰基克:《组织的外部控制:对组织资源依赖的分析》,闫蕊译,东方出版社 2006 年版。

敬乂嘉:《控制与赋权:中国政府的社会组织发展策略》,《学海》2016 年第 1 期。

居佳、郝生跃、任旭:《基于不同发起者的 PPP 项目再谈判博弈模型研究》,《工程管理学报》2017 年第 4 期。

康晓强:《协商民主建设:社会组织的独特优势与引导路径》,《教学与研究》2015 年第 9 期。

匡霞、陈敬良:《公共政策网络管理:机制、模式与绩效测度》,《公共管理学报》2009 年第 2 期。

匡霞、陈敬良:《政策网络的动力演化机制及其管理研究》,《内蒙古大学学报》(哲学社会科学版)2010 年第 1 期。

蓝煜昕、李朔严、张潮:《社会组织协商民主机制构建研究》,《中国社会组织公共服务平台理论研究文集》,2016 年。

李波、于水:《达标压力型体制:地方水环境河长制治理的运作逻辑研究》,《宁夏社会科学》2018 年第 2 期。

李成艾、孟祥霞:《水环境治理模式创新向长效机制演化的路径研究——基于"河长制"的思考》,《城市环境与城市生态》2015 年第 6 期。

李倩倩、陈亢:《中小企业 EHS 管理手册编写探讨》,《现代化工》2016 年第 2 期。

李强:《河长制视域下环境分权的减排效应研究》,《产业经济研究》2018 年第 3 期。

李文钊:《理解治理多样性:一种国家治理的新科学》,《北京行政学院学报》2016 年第 6 期。

李文钊：《论合作型政府：一个政府改革的新理论》，《河南社会科学》2017 年第 1 期。

李文钊：《制度多样性的政治经济学——埃莉诺·奥斯特罗姆的制度理论研究》，《学术界》2016 年第 10 期。

李元珍：《政策网络视角下的府际联动——基于重庆地票政策执行的案例分析》，《中国行政管理》2014 年第 10 期。

李志强：《网络化治理：意涵、回应性与公共价值建构》，《内蒙古大学学报》（哲学社会科学版）2013 年第 6 期。

林震：《政策网络分析》，《中国行政管理》2005 年第 9 期。

刘波、王彬、姚引良：《网络治理与地方政府社会管理创新》，《中国行政管理》2013 年第 12 期。

刘博、孙付华：《政府与社会资本合作模式下新建跨流域调水工程项目的协同机制》，《中国科技论坛》2016 年第 3 期。

刘国翰：《公共领域网络化治理的联接模式》，《东华大学学报》（社会科学版）2011 年第 4 期。

刘卫平：《社会协同治理：现实困境与路径选择——基于社会资本理论视角》，《湘潭大学学报》（哲学社会科学版）2013 年第 4 期。

龙翠红：《政府向社会组织购买服务：嵌入性视角中的困境与超越》，《南京社会科学》2018 年第 8 期。

龙献忠、蒲文芳：《基于网络治理视角的社会管理创新》，《湖南社会科学》2013 年第 6 期。

［美］罗伯特·K. 殷：《案例研究：设计与方法》（第 2 版），周海涛译，重庆大学出版社 2010 年版。

罗茨：《理解"治理"：二十年回眸》，《领导科学论坛》2016 年第 17 期。

罗志高、杨继瑞：《长江经济带生态环境网络化治理框架构建》，《改革》2019 年第 1 期。

马超峰、薛美琴：《绿水青山就是金山银山：环保 NGO 的成长和治理——专访绿色江南公众环境关注中心主任方应君》，《中国第三部门研究》2017 年第 2 期。

马捷、锁利铭：《区域水资源共享冲突的网络治理模式创新》，《公共管理学报》2010 年第 2 期。

马军：《"蔚蓝地图"助力美丽中国行动》，《环境保护》2020年第10期。

马君：《PPP模式在中国基础设施建设中的应用前景研究》，《宁夏社会科学》2011年第3期。

马万里、李齐云：《从"援助之手"到"攫取之手"地方政府行为差异的政治经济学分析》，《财政研究》2017年第1期。

毛寿龙：《现代治道与治道变革》，《江苏行政学院学报》2003年第2期。

毛寿龙：《公共事物的治理之道》，《江苏行政学院学报》2010年第1期。

明燕飞、谭水平：《公共服务外包中委托代理关系链面临的风险及其防范》，《财经理论与实践》2012年第2期。

潘松挺、金桂生、李孝将：《政策网络的结构与治理：以中国房地产宏观调控政策为例》，《城市发展研究》2011年第3期。

彭小兵、喻嘉：《环境群体性事件的政策网络分析——以江苏启东事件为例》，《国家行政学院学报》2017年第3期。

彭少峰、杨君：《政府购买社会服务新型模式：核心理念与策略选择——基于上海的实践反思》，《社会主义研究》2016年第1期。

亓霞、柯永建、王守清：《基于案例的中国PPP项目的主要风险因素分析》，《中国软科学》2009年第5期。

任丙强：《地方政府环境治理能力及其路径选择》，《内蒙古社会科学》（汉文版）2016年第1期。

任勇：《政策网络的两种分析途径及其影响》，《公共管理学报》2005年第3期。

荣敬本：《从压力型体制向民主合作体制的转变》，中央编译出版社1998年版。

邵颖红、韦方、褚芯阅：《PPP项目中信任对合作效率的影响研究》，《华东经济管理》2019年第4期。

申建林、姚晓强：《对治理理论的三种误读》，《湖北社会科学》2015年第2期。

沈坤荣、金刚：《中国地方政府环境治理的政策效应——基于"河长制"演进的研究中国社会科学》2018年第5期。

［美］斯蒂芬·戈德史密斯、威廉·艾格斯：《网络化治理——公共部门的新形态》，孙迎春译，北京大学出版社 2008 年版。

宋程成、蔡宁、王诗宗：《跨部门协同中非营利组织自主性的形成机制——来自政治关联的解释》，《公共管理学报》2013 年第 4 期。

宋琳琳、孙萍：《中国建筑节能政策网络分析——行动者、网络结构与网络互动》，《东北大学学报》（社会科学版）2012 年第 4 期。

宋雄伟：《政策执行网络：一种研究政策执行问题的理论探索》，《国家行政学院学报》2014 年第 3 期。

孙柏瑛、李卓青：《政策网络治理：公共治理的新途径》，《中国行政管理》2008 年第 5 期。

孙立平：《"过程—事件分析"与当代中国农村国家农民关系的实践形态》，载谢立中主编《结构—制度分析，还是过程事件分析?》，社会科学文献出版社 2010 年版。

孙蕊、孙萍、吴金希、张景奇：《中国耕地占补平衡政策主体互动模式探究——基于政策网络的视角》，《中国人口·资源与环境》2014 年第 S3 期。

孙宇、苏兰芳、罗玮琳：《基于政策网络视角的网约车政策主体关系探究》，《电子政务》2019 年第 1 期。

锁利铭、杨峰、刘俊：《跨界政策网络与区域治理：中国地方政府合作实践分析》，《中国行政管理》2013 年第 1 期。

谭江涛、蔡晶晶、张铭：《开放性公共池塘资源的多中心治理变革研究——以中国第一包江案的楠溪江为例》，《公共管理学报》2018 年第 3 期。

谭羚雁、娄成武：《保障性住房政策过程的中央与地方政府关系——政策网络理论的分析与应用》，《公共管理学报》2012 年第 1 期。

田华文、魏淑艳：《作为治理工具的政策网络——一个分析框架》，《东北大学学报》（社会科学版）2015 年第 5 期。

田家华、吴铱达、曾伟：《河流环境治理中地方政府与社会组织合作模式探析》，《中国行政管理》2018 年第 11 期。

田凯：《治理理论中的政府作用研究：基于国外文献的分析》，《中国行政管理》2016 年第 12 期。

田兆阳：《论行政首长负责制与权力制约机制》，《政治学研究》1999

年第 2 期。

王春婷：《政府购买公共服务的风险识别与防范——基于剩余控制权合理配置的不完全合同理论》，《江海学刊》2019 年第 3 期。

王晶晶：《蔚蓝地图在治霾实践中的运用和成效》，《世界环境》2016 年第 6 期。

王诗宗、宋程成：《独立抑或自主：中国社会组织特征问题重思》，《中国社会科学》2013 年第 5 期。

王树义、赵小姣：《长江流域生态环境协商共治模式初探》，《中国人口·资源与环境》2019 年第 8 期。

王伟、李巍：《河长制：流域整体性治理的样本研究》，《领导科学》2018 年第 17 期。

王勇：《水环境治理"河长制"的悖论及其化解》，《西部法学评论》2015 年第 3 期。

王园妮、曹海林：《"河长制"推行中的公众参与：何以可能与何以可为——以湘潭市"河长助手"为例》，《社会科学研究》2019 年第 5 期。

王正惠：《模糊—冲突矩阵：城乡义务教育一体化政策执行模型构建探析》，《教育发展研究》2016 年第 6 期。

温来成、刘洪芳、彭羽：《政府与社会资本合作（PPP）财政风险监管问题研究》，《中央财经大学学报》2015 年第 12 期。

吴春梅、石绍成：《文化网络、科层控制与乡政村治——以村庄治理权力模式的变迁为分析视角》，《江汉论坛》2011 年第 3 期。

吴少微、杨忠：《中国情境下的政策执行问题研究》，《管理世界》2017 年第 2 期。

吴月：《嵌入式控制：对社团行政化现象的一种阐释——基于 A 机构的个案研究》，《公共行政评论》2013 年第 6 期。

肖建华、游高端：《地方政府环境治理能力刍议》，《天津行政学院学报》2011 年第 5 期。

谢宝剑、张璇：《中国小流域网络化治理路径的探索——以福建省长汀县为例》，《北京行政学院学报》2018 年第 4 期。

谢立中：《结构—制度分析，还是过程—事件分析？——从多元话语分析的视角看》，《中国农业大学学报》（社会科学版）2007 年第 4 期。

辛方坤、孙荣：《环境治理中的公众参与——授权合作的"嘉兴模式"研究》，《上海行政学院学报》2016 年第 4 期。

徐刚、杨雪非：《区（县）政府权责清单制度象征性执行的悖向逻辑分析：以 A 市 Y 区为例》，《公共行政评论》2017 年第 4 期。

徐国冲、赵晓雯：《政府购买公共服务的"公共性拆解"风险及其规制》，《天津社会科学》2020 年第 3 期。

徐宇珊：《非对称性依赖：中国基金会与政府关系研究》，《公共管理学报》2008 年第 1 期。

薛泉：《压力型体制模式下的社会组织发展——基于温州个案的研究》，《公共管理学报》2015 年第 4 期。

阎波、武龙、陈斌、杨泽森、吴建南：《大气污染何以治理？——基于政策执行网络分析的跨案例比较研究》，《中国人口·资源与环境》2020 年第 7 期。

杨道田、王友丽：《政策网络：范畴、批判及其适用性》，《甘肃行政学院学报》2008 年第 4 期。

杨宏山：《社区赋权视角下的基层治理能力建设——基于北京市朝阳区社区治理的案例分析》，《国家治理》2020 年第 18 期。

杨宏山：《政策执行的路径—激励分析框架：以住房保障政策为例》，《政治学研究》2014 年第 1 期。

杨宏山：《政府关系论》，中国社会科学出版社 2005 年版。

杨卫敏：《关于社会组织协商的探索研究》，《重庆社会主义学院学报》2015 年第 4 期。

杨妍、孙涛：《跨区域环境治理与地方政府合作机制研究》，《中国行政管理》2009 年第 1 期。

姚天增、张再生、侯光辉、傅安国：《共享控制权：一种应对排污企业的合作治理机制》，《公共行政评论》2018 年第 6 期。

姚引良、刘波、汪应洛：《网络治理理论在地方政府公共管理实践中的运用及其对行政体制改革的启示》，《人文杂志》2010 年第 1 期。

叶敏、熊万胜：《"示范"：中国式政策执行的一种核心机制——以XZ 区的新农村建设过程为例》，《公共管理学报》2013 年第 4 期。

于刚强、蔡立辉：《中国都市群网络化治理模式研究》，《中国行政管理》2011 年第 6 期。

于潇、孙小霞、郑逸芳、苏时鹏、黄森慰：《农村水环境网络治理思路分析》，《生态经济》2015 年第 5 期。

余章宝：《政策科学中的倡导联盟框架及其哲学基础》，《马克思主义与现实》2008 年第 4 期。

郁建兴、滕红燕：《政府培育社会组织的模式选择：一个分析框架》，《政治学研究》2018 年第 6 期。

袁方成、康红军：《"张弛之间"：地方落户政策因何失效？——基于"模糊—冲突"模型的理解》，《中国行政管理》2018 年第 1 期。

曾莉、罗双双：《不完全契约视角下 PPP 项目的风险规避——以 H 市环一体化为例》，《长白学刊》2018 年第 1 期。

曾粤兴、魏思婧：《构建公众参与环境治理的"赋权—认同—合作"机制——基于计划行为理论的研究》，《福建论坛》（人文社会科学版）2017 年第 10 期。

张彬、黄萍、杜道林、杜浩、何伟杰：《镇江市水污染控制与海绵城市建设现状》，《环境保护前沿》2018 年第 1 期。

章昌平、钱杨杨：《中国科技政策网络分析：行动者、网络结构与网络互动》，《社会科学》2020 年第 2 期。

张喆、贾明、万迪昉：《不完全契约及关系契约视角下的 PPP 最优控制权配置探讨》，《外国经济与管理》2007 年第 8 期。

张静：《基层政权：乡村制度诸问题》，浙江人民出版社 2000 年版。

张康之：《论合作治理中行动者的独立性》，《学术月刊》2017 年第 7 期。

张书源、程全国、孙树林：《辽河流域污染防治 PPP 模式的适用性研究》，《环境工程》2017 年第 1 期。

张毅：《中国社会组织协商探析》，《辽宁省社会主义学院学报》2015 年第 3 期。

张羽、徐文龙、张晓芬：《不完全契约视角下的 PPP 效率影响因素分析》，《理论月刊》2012 年第 12 期。

张振洋、王哲：《有领导的合作治理：中国特色的社区合作治理及其转型——以海市 G 社区环境综合整治工作为例》，《社会主义研究》2016 年第 1 期。

张智瀛、毛志宏：《中国网络化治理研究：困境与趋势》，《才智》

2014 年第 29 期。

赵延超、李鹏、吴涛、段江飞：《基于合同柔性的 PPP 项目信任对项目绩效影响的机理》，《土木工程与管理学报》2019 年第 4 期。

郑容坤：《水资源多中心治理机制的构建——以河长制为例》，《领导科学》2018 年第 8 期。

周芬芬：《地方政府在农村中小学布局调整中的执行策略——基于模糊冲突模型的分析》，《教育与经济》2006 年第 3 期。

周建国、熊烨：《河长制：持续创新何以可能——基于政策文本和改革实践的双维度分析》，《江苏社会科学》2017 年第 4 期。

朱春奎、沈萍：《行动者、资源与行动策略：怒江水电开发的政策网络分析》，《公共行政评论》2010 年第 4 期。

朱德米：《地方政府与企业环境治理合作关系的形成——以太湖流域水污染防治为例》，《上海行政学院学报》2010 年第 1 期。

朱健刚、陈安娜：《嵌入中的专业社会工作与街区权力关系——对一个政府购买服务项目的个案分析》，《社会学研究》2013 年第 1 期。

朱喜群：《生态治理的多元协同：太湖流域个案》，《改革》2017 年第 2 期。

朱亚鹏：《公共政策研究的政策网络分析视角》，《中山大学学报》（社会科学版）2006 年第 3 期。

朱亚鹏：《西方政策网络分析：源流、发展与理论构建》，《公共管理研究》2006 年第 00 期。

二 英文文献

Agranoff Robert, "Inside Collaborative Networks: Ten Lessons for Public Managers", *Public Administration Review*, Vol. 66, No. 6, 2006.

Agranoff Robert, and Michael McGuire, "Managing in Network Settings", *Review of Policy Research*, Vol. 16, No. 1, 1999.

Agranoff Robert, and Michael McGuire, "Big Questions in Public Network Management Research", *Journal of Public Administration Research and theory*, Vol. 11, No. 3, 2001.

Agranoff Robert, and Michael McGuire. ed., *Collaborative Public Management: New Strategies for Local Governments*, Washington, DC: Georgetown University Press, 2003.

Amin Ash, "An Institutionalist Perspective on Regional Economic Development", *International Journal of Urban and Regional Research*, Vol. 23, No. 2, 1999.

Ansell Chris, and Alison Gash, "Collaborative Governance in Theory and Practice", *Journal of Public Administration Research & Theory*, Vol. 18, No. 4, 2008.

Atkinson Michael M., and William D. Coleman, "Policy Networks, Policy Communities and the Problems of Governance", *Governance*, Vol. 5, No. 2, 1992.

Atkinson Michael M., and William D. Coleman, "Strong States and Weak States: Sectoral Policy Networks in Advanced Capitalist Economies", *British Journal of Political Science*, Vol. 19, No. 1, 1989.

Benson David, Jordan Andrew, Cook Hadrian and Smith Laurence, "Collaborative Environmental Governance: Are Watershed Partnerships Swimming or Are They Sinking?", *Land Use Policy*, Vol. 30, No. 1, 2013.

Benson J. Kenneth, "A Framework for Policy Analysis", in: D. Rogers, D. Whitten, and Associates, eds., *Inter-organizational Coordination*, Lowa: Iowa State University Press, 1982.

Bentrup Gary, "Evaluation of a Collaborative Model: A Case Study Analysis of Watershed Planning in the Intermountain West", *Environmental Management*, Vol. 27, No. 5, 2001.

Berkes Fikret, "Devolution of Environment and Resources Governance: Trends and Future", *Environmental Conservation*, Vol. 37, No. 4, 2010.

Bertelli Anthony M., and Craig R. Smith, "Relational Contracting and Network Management", *Journal of Public Administration Research and Theory*, Vol. 20, No. S1, 2010.

Bidwell Ryan D., and Clare M. Ryan, "Collaborative Partnership Design: The Implications of Organizational Affiliation for Watershed Partnerships", *Society and NaturalResources*, Vol. 19, No. 9, 2006.

Bodin Örjan, and Beatrice I. Crona, "The Role of Social Networks in Natural Resource Governance: What Relational Patterns Make a Difference?", *Global Environmental Change*, Vol. 19, No. 3, 2009.

Bogason Peter, and Juliet A. Musso, "The Democratic Prospects of Network Governance", *American Review of Public Administration*, Vol. 36, No. 1, 2006.

Börzel Tanja A. , "Organizing Babylon－On the Different Conceptions of Policy Networks", *Public Administration*, Vol. 76, No. 2, 2010.

Börzel Tanja A. , and Thomas Risse, "Governance without a State: Can it Work?", *Regulation & Governance*, Vol. 4, No. 2, 2010.

Boschet Christophe, and Tina Rambonilaza, "Collaborative Environmental Governance and Transaction Costs in Partnerships: Evidence from A Social Network Approach to Water Management in France", *Journal of Environmental Planning &Management*, Vol. 61, No. 1, 2018.

Boyne George A. , "Sources of Public Services Improvement: A Critical Review and Research Agenda", *Journal of Public Administration Research and Theory*, Vol. 3, No. 3, 2003.

Bulkeley Harriet, "Discourse Coalitions and the Australian Climate Change Policy Network. Environment and Planning C", *Government and Policy*, Vol. 18, No. 6, 2000.

Camagni Roberto P. , and Carlo Salone, "Network Uurban Structure in Northern Italy: Elementsfor a Theoretical Framework", *Urban Studies*, Vol. 30, No. 6, 1993.

Capano Giliberto, Michael Howlett, and Mishra Ramesh, "Bringing Governments Back in: Governance and Governing in Comparative Policy Analysis", *Journal of Comparative Policy Analysis: Research and Practice*, Vol. 17, No. 4, 2015.

Chaffin Brian C. , Mahler Robert L. , Wulfhorst J. D. , and Shafii Bahman, "The Role of Agency Partnerships in Collaborative Watershed Groups: Lessons from the Pacific Northwest Experience", *Environmental Management*, Vol. 55, No. 1, 2015.

Cheng Antony S. , "Build it and They will Come? Mandating Collaboration in Public Lands Planning and Management", *Natural Resources Journal*, Vol. 46, No. 4, 2006.

Cheng Antony S. , Anthony S. Cheng, and Steven E. , "Getting to

'We': Examining the Relationship between Geographic Scale and Ingroup E-mergence in Collaborative Watershed Planning", *Human Ecology Review*, Vol. 12, No. 1, 2005.

Cheng Antony S., and Victoria E. Sturtevant, "A Framework for Assessing Collaborative Capacity in Community-Based Public Forest Management", *Environmental Management*, Vol. 49, No. 3, 2012.

Comfort Louise K., "Self-organization in Complex Systems", *Journal of Public Administration Research and Theory*, Vol. 4, No. 3, 1994.

Connick Sarah, and Judith E. Innes, "Outcomes of collaborative water policy making: Applying complexity thinking to evaluation", *Journal of Environmental Planning and Management*, Vol. 46, No. 2, 2003.

Considine Mark, and Jenny M. Lewis, "Bureaucracy, Network, or Enterprise? Comparing Models of Governance in Australia, Britain, the Netherlands, and New Zealand", *Public Administration Review*, Vol. 63, No. 2, 2003.

Cristofoli Daniela, Josip Markovic, and Marco Meneguzzo, "Governance, Management and Performance in Public Networks: How to be Successful in Shared-governance Networks", *Journal of Management & Governance*, Vol. 3, No. 1, 2014.

Cunningham Frances C., Ranmuthugala Geetha, Plumb Jennifer and Georgiou Andrew, Westbrook Johanna I., and Braithwaite Jeffrey, "Health Professional Networks as a Vector for Improving Healthcare Quality and Safety: A Systematic Review", *BMJ Quality & Safety*, Vol. 21, No. 3, 2012.

De Rynck Filip, and Joris Voets, "Democracy in Area-based Policy Networks: the Case of Ghent", *American Review of Public Administration*, Vol. 36, No. 1, 2006.

Diaz-Kope Luisa, and Katrina Miller-Stevens, "Rethinking a Typology of Watershed Partnerships: A Governance Perspective", *Public Works Management & Policy: Research and Practice in Transportation, Infrastructure, and the Environment*, Vol. 20, No. 1, 2015.

Dommett Katharine, and Matthew Flinders, "The Centre Strikes Back: Meta-governance, Delegation, and the Core Executive in the United Kingdom", *Public Administration*, Vol. 93, No. 1, 2015.

Dowding Keith, "Model or Metaphor? A Critical Review of the Policy Network Approach", *Political Studies*, Vol. 43, No. 1, 1995.

Eisenhardt Kathleen M., "Building Theories From Case Study Research", *Academy of Management Review*, Vol. 14, No. 4, 1989.

Eraydın Ayda Armatli, Köroglu Bilge, Erkus Öztürk Hilal, and Senem Yasar Suna, "Network Governance Competitiveness: The Role of Policy Networks in the Economic Performance of Settlements in the Izmir Region", *Urban Studies*, Vol. 45, No. 11, 2008.

Ferlie Ewan, and Andrew Pettigrew, "Managing Through Networks: Some Issues and Implications for the NHS", *British Journal of Management*, Vol. 7, No. S1, 1996.

Florida Richard, "Toward the learning region, Futures", Vol. 27, No. 5, 1995.

Forrest Joshua B., "Networks in the Policy Process: An International Perspective", *International Journal of Public Administration*, Vol. 26, No. 6, 2003.

Frahm Kathryn A., and Lawrence L. Martin, "From Government to Governance: Implications for Social Work Administration", *Administration in Social Work*, Vol. 33, No. 4, 2009.

Gerlak Andrea K., Tanya Heikkila, and Mark Lubell T., "The Promise and Performance of Collaborative Governance", in: S. Kamieniecki, M. E. Kraft, eds. *Oxford Handbook of US Environmental Policy*, New York: Oxford University Press, 2013.

Gil Olga, "Coordination Mechanism and Network Performance: The Spanish Network of Smart Cities", *HKJU-CCPA*, Vol. 76, No. 3, 2016.

Goldsmith Stephen, and William D. Eggers, ed., *Governing by Network: The New Shape of the Public Sector*, Brookings Institution Press, 2004.

Gray Barbara, "Conditions Facilitating Interorganizational Collaboration, *Human relation*", Vol. 38, No. 10, 1985.

Grix Jonathan, and Lesley Phillpots, "Revisiting the Governance Narrative: Asymmetrical Network Governance and the Deviant Case of the Sports Policy Sector", *PublicPolicy and Administration*, Vol. 26, No. 1, 2011.

Haas Peter M., "Introduction: Epistemic Communities and International

Policy Making", *International Organization*, Vol. 46, No. 1, 1992.

Blom-Hansen Jens, "A New Institutional Perspective on Policy Networks", *Public Administration*, Vol. 75, No. 4, 1997.

Hardy Scott D., and Tomas M. Koontz, "Rules for Collaboration: Institutional Analysis of Group Membership and Levels of Action in Watershed Partnerships", *Policy Studies Journal*, Vol. 37, No. 3, 2009.

Hardy Scott D., and Tomas M. Koontz, "Collaborative Watershed Partnerships in Urban and Rural Areas: Different Pathways to Success?", *Landscape and Urban Planning*, Vol. 95, No. 3, 2010.

Hasnain-Wynia Romana, Sofaer Shoshanna, Bazzoli Gloria J., Alexander Jeffrey A., Shortell Stephen M., Conrad Douglas A., Chan Benjamin, Zukoski Ann P., and Sweney Jane, "Members' Perceptions of Community Care Network Partnerships' Effectiveness", *Medical Care Research and Review*, Vol. 60, No. 4, 2003.

Hendriks Carolyn M., "On Inclusion and Network Governance:The Democratic Disconnect of Dutch Energy Transitions", *Public Administration*, Vol. 86, No. 4, 2008.

Henry Adam Douglas, "Ideology, Power, and the Structure of Policy Networks", *Policy Studies Journal*, Vol. 39, No. 3, 2011.

Herranz Jr. Joaquin, "The Multisectoral Trilemma of Network Management", *Journal of Public Administration Research & Theory*, Vol. 18, No. 1, 2008.

Hertting Nils, "Mechanisms of Governance Network Formation—A Contextual Rational Choice Perspective", in: *Theories of Democratic Network Governance*, UK: Palgrave Macmillan, 2007.

Hicklin Alisa, Laurence J. O'Toole Jr., and Kenneth J. Meier, "Serpents in the Sand: Managerial Networking and Nonlinear Influences on Organizational Performance", *Journal Of Public Administration Research & Theory J Part*, Vol. 18.

Hirschi Christian, "Strengthening Regional Cohesion: Collaborative Networks and Sustainable Development in Swiss Rural Areas", *Ecology and Society*, Vol. 15, No. 4, 2010.

Howlett Michael, Jeremy Rayner, and Chris Tollefson, "From Government to Governance in Forest Planning? Lessons from the Case of the British Columbia Great Bear Rainforest Initiative", *Forest Policy and Economics*, Vol. 11, No. 5-6, 2009.

Imperial Mark T. , "Using Collaboration as a Governance Strategy: Lessons From Six Watershed Management Programs", *Administration & Society*, Vol. 37, No. 3, 2005.

Ingold Karin, and Philip Leifeld, "Structural and Institutional Determinants of Influence Reputation: A Comparison of Collaborative and Adversarial Policy Networks in Decision Making and Implementation", *Journal of Public Administration Research and Theory*, Vol. 26, No. 1, 2016.

Innes Judith E. , David E. Booher, and Sarah Di Vittorio, "Strategies for Megaregion Governance: Collaborative Dialogue, Networks and Self Organization", *Institute of Urban &RegionalDevelopment*, Vol. 77, No. 1, 2010.

Jessop Bob, "The Rise of Governance and the Risks of Failure: The Case of Economic Development", *International Social Science Journal*, Vol. 50, No. 155, 1998.

Jessop Bob, "Interpretive Sociology and the Dialectic of Agency and Structure", *Theory, Culture and Society*, Vol. 13, No. 1, 1996.

Jones Candace, William S. Hesterly, and Stephen P. Borgatti, "A General Theory of Network Governance: Exchange Conditions and Social Mechanisms", *The Academy of Management Review*, Vol. 22, No. 4, 1997.

Jordan Grant, and Klaus Schubert, "A preliminary Ordering of Policy Network Labels", *European Journal of Political Research*, Vol. 22, No. 1-2, 1992.

Peterson John, "Policy Networks and European Union Policy Making: a Sceptical View", *West European Politics*, Vol. 17, No. 4, 1994.

Kauneckis Derek, and Mark T. Imperial, "Collaborative Watershed Governance in Lake Tahoe: An Institutional Analysis", *International Journal of Organization Theory & Behavior*, Vol. 10, No. 4, 2007.

Kellogg Wendy A. , and Aritree Samanta, "Network Structure and Adaptive Capacity in Watershed Governance", *Journal of Environmental Planning and Management*, Vol. 61, No. 3, 2017.

Kenis Patrick, and Keith G. Provan, "The Control of Public Networks", *International Public Management Journal*, Vol. 9, No. 3, 2006.

Kettl Donald F., "The Transformation of Governance: Globalization, Devolution, and the Role of Government", *Public Administration Review*, Vol. 60, No. 6, 2000.

Kettl Donald F. ed., *The Global Public Management Revolution* 2nd edn, Washington, DC: The Brookings Institution. 2005.

Kickert W. J. M., "Autopoiesis and the Science of (Public) Administration: Essence, Sense and Nonsense", *Organisation Studies*, Vol. 14, No. 2, 1993.

Kickert W. J. M., Erik-Hans Klijn, and Joop F. M. Koppenjan, "Introduction: A Management Perspective on Policy Networks", in: Kickert W. J. M., Klijn E. H. and Koppenjan J. F. M., eds., *Managing Complex Networks*, London: Sage, 1997.

Kim Sangmin, "The Workings of Collaborative Governance: Evaluating Collaborative Community – building Initiatives in Korea", *Urban Studies*, Vol. 53, No. 16, 2016.

Klijn Erik-Hans, "Trust in Governance Networks: Looking for Conditions for Innovative Solutions and Outcomes", in: S. P. Osborne, eds., *The New Public Governance?: Emerging Perspectives on the Theory and Practice of Public Governance*, New York: Routledge, 2010.

Klijn Erik-Hans, Joop Koppenjan, and Katrien Termeer, "Managing Networks in the Public Sector-a Theoretical Study of Management Strategies in Policy Networks", *Public Administration*, Vol. 73, No. 3, 1995.

Klijn Erik Hans, "Analyzing and Managing Policy Process in Compex Networks: A Theoretical Examination of the Concept Policy Networks and its Problem", *Administration and Society*, Vol. 28, No. 1, 1996.

Klijn Erik-Hans, and Joop F. M. Koppenjan, "Public Management and Policy Networks: The Foundations of a Network Approach to Governance", *Public Management Review*, Vol. 2, No. 2, 2000.

Klijn Erik-Hans, and Joop Koppenjan, "Governance Network Theory: Past, Present and Future", *Policy and Politics*, Vol. 40, No. 4, 2012.

Klijn Erik-Hans, and Joop Koppenjan, "Complexity in Governance Network Theory", *Complexity, Governance & Networks*, Vol. 1, No. 1, 2014.

Klijn Erik-Hans, and Joop Koppenjan, "Public Management and Policy Networks: Foundations of a Network Approach to Governance", *Public Management*, Vol. 2, No. 2, 2002.

Klijn Erik-Hans, "Designing and Managing Networks: Possibilities and Limitations for Network Management", *European Political Science*, Vol. 4, No. 3, 2005.

Klijn Erik-Hans, "Analyzing and Managing Policy Processes in Complex Networks: A Theoretical Examination of the Concept Policy Network and Its Problems", *Administration & Society*, Vol. 28, No. 1, 1996.

Klijn Erik-Hans, and Chris Skelcher, "Democracy and Governance Networks: Compatible or not?", *Public Administration*, Vol. 85, No. 3, 2007.

Koehler Brandi, and Tomas M. Koontz, "Citizen Participation in Collaborative Watershed Partnerships", *Environmental Management*, Vol. 41, No. 2, 2008.

Korfmacher Katrina Smith, "What's the Point of Partnering? A Case Study of Ecosystem Management in the Darby Creek Watershed", *American Behavioral Scientist*, Vol. 44, No. 4, 2000.

Kort Michiel, and Erik-Hans Klijn, "Public-Private Partnerships in Urban Renewal: Organizational form or Managerial Capacity", *Public Administration Review*, Vol. 71, No. 4, 2011.

Le Galès Patrick, "Urban Governance and Policy Networks: on the Political Boundedness of Policy Networks, the French Case Study", *Public Administration*, Vol. 79, No. 1, 2001.

Leach William D., and Neil W. Pelkey, "Making Watershed Partnerships Work: A Review of the Empirical Literature", *Journal of Water Resources Planning & Management*, Vol. 127, No. 6, 2001.

Leahy Jessica E., and Dorothy H. Anderson, "Trust Factors in Community-water Resource Management Agency Relationships", *Landscape and Urban Planning*, Vol. 87, No. 2, 2008.

Leibovitz Joseph, "Institutional Barriers to Associative City-region Governance: the Politics of Institution – building and Economic Governance in 'Canada's Technology Triangle'", *Urban Studies*, Vol. 40, No. 13, 2003.

Lin Nan, "Building a Network Theory of Social Capital", in: N. Lin, K. Cook, R. S. Burt, eds., *Social capital. Theory and Research*, New York: Aldine de Gruyter, 2001.

O' brien Kevin J., and Lianjiang Li, "Selective Policy Implementation in Rural China", *Comparative Politics*, Vol. 31, No. 2, 1999.

Lubell Mark, Schneider Mark, Scholz John T., and Mete Mihriye, "Watershed Partnerships and the Emergence of Collective Action Institutions", *American Journal of Political Science*, Vol. 46, No. 1, 2002.

Mandell Myrna P., "Collaboration Through Network Structures for Community Building Efforts", *National Civic Review*, Vol. 90, No. 3, 2001.

Mandell Myrna, and Toddi Steelman, "Understanding What Can be Accomplished through Interorganizational Innovations: The Importance of Typologies, Context and Management Strategies", *Public Management Review*, Vol. 5, No. 2, 2003.

Mandell Myrna P., "Community Collaborations: Working Through Network Structures", *Review of Policy Research*, Vol. 16, No. 1, 1999.

Marafioti Elisabetta, Laura Mariani, and Mattia Martini, "Exploring the Effect of Network Governance Models on Health – Care Systems Performance", *International Journal of Public Administration*, Vol. 37, No. 13, 2014.

Margerum Richard D., "A Typology of Collaboration Efforts in Environmental Management", *Environmental Management*, Vol. 41, No. 4, 2008.

Margerum Richard D. ed., *Beyond Consensus – Improving Collaborative Planning and Management*, Cambridge, Massachusetts: The MIT Press, 2011.

Margerum Richard D. ed., *Comparing Policy Network*, Buckingham: Open University Press, 1998.

Marsh David, and Martin Smith, "Understanding Policy Networks: Towards a Dialectical Approach", *Political Studies*, Vol. 48, No. 1, 2000.

Mattor Katherine M., and Antony S. Cheng, "Contextual Factors Influencing Collaboration Levels and Outcomes in National Forest Stewardship Contracting", *Review of Policy Research*, Vol. 32, No. 6, 2015.

McGuire Michael, "Managing Networks: Propositions on What Managers Do and Why They Do It", *Public Administration Review*, Vol. 62, No. 5, 2002.

Meier Kenneth J., and Laurence J. O' Toole Jr., "Managerial Strategies and Behavior in Networks: A Model with Evidence from U. S. Public Education", *Journal of Public Administration Research and Theory*, Vol. 11, No. 3, 2001.

Meijers Evert, "Polycentric Urban Regions and the Quest for Synergy: is A Network of Cities More Than the Sum of the Parts?", *Urban Studies*, Vol. 42, No. 4, 2005.

Meyer John W., and Brian Rowan, "Institutionalized Organizations: Formal Structure as Myth and Ceremony", *American Journal of Sociology*, Vol. 83, No. 2, 1977.

Meuleman Louis, "Metagoverning Governance Styles: Broadening the Public Manager's Action Perspective", in: Torfing, J. and Triantafillou, P, eds., *Policymaking, Metagovernance and Democracy*. ECPR: Colchester, 2011.

Mitchell Shannon M., and Stephen M. Shortell, "The Governance and Management of Effective Community Health Partnerships: A Typology for Research, Policy, and Practice", *The Milbank Quarterly*, Vol. 78, No. 2, 2000.

Moore Elizabeth A., and Tomas M., "Koontz. Research Note a Typology of Collaborative Watershed Groups: Citizen – based, Agency – based, and Mixed Partnerships", *Society & Natural Resources*, Vol. 16, No. 5, 2003.

Nederhand José, Victor Bekkers, and William Voorberg, "Self-organization and the role of government: how and why does self-organization evolves in the shadow of hierarchy?", *Public Management Review*, Vol. 18, No. 7-8, 2016.

Nunan Fiona, "Policy Network Transformation: the Implementation of the EC Directive on Packaging and Packaging Waste", *Public Administration*, Vol. 77, No. 3, 2002.

O' Toole Jr Laurence J., "Treating Networks Seriously: Practical and Research-Based Agendas in Public Administration", *Public Administration Review*, Vol. 57, No. 1, 1997.

O' Toole Jr Laurence J. , "Strategies for Intergovernmental Management: Implementing Programs in Interorganizational Networks", *International Journal of Public Administration*, Vol. 11, No. 4, 1988.

Oh Youngmin, and Carrie Blanchard Bush, "Exploring the Role of Dynamic Social Capital in Collaborative Governance", *Administration & Society*, Vol. 48, No. 2, 2016.

Ohno Tomohiko, Takuya Tanaka, and Masaji Sakagami, "Does Social Capital Encourage Participatory Watershed Management? An Analysis Using Survey Data from the Yodo River Watershed", *Society & Natural Resources*, Vol. 23, No. 4, 2010.

Orth Patricia B. , and Antony S. Cheng, "Who's in Charge? The Role of Power in Collaborative Governance and Forest Management", *Humboldt Journal of Social Relations*, Vol. 40, No. 1, 2018.

Osborne Stephen P. , "Debate: Delivering Public Services: Are we Asking the Right Questions?", *Public Money & Management*, Vol. 29, No. 1, 2009.

Osborne Stephen P. "The New Public Governance?", *Public Management Review*, Vol. 8, No. 30, 2009.

Ostrom Elinor, "An Agenda for the Study of Institutions", *Public Choice*, Vol. 48, No. 1, 1986.

Ostrom Elinor. ed. , *Understanding Institutional Diversity*, New Jersey, USA: Princeton University Press, 2005.

Fawcett, P. , Manwaring, R. , & Marsh, "Network Governance and the 2020 Summit", *Australian Journal of Political Science*, Vol. 46, No. 4, 2011.

Pedersen Anders Branth, "The Fight over Danish Nature: Explaining Policy Network Change and Policy Change", *Public Administration*, Vol. 88, No. 2, 2002.

Perrin Christy, Leon Danielson, and Suzanne Klimek, "Laying the Groundwork for Watershed Partnerships", *Proceedings of the Water Environment Federation*, No. 2, 2002.

Pfeffer Jeffrey, and Gerald R. Salancik. ed. , *The external control of organizations: A Resource Dependence Perspective*, Stanford: Stanford University

Press, 1978.

Pierre, Jon, and B. Guy Peters, *Governance, Politics and the State*, Basingstoke: Macmillan, 2000.

Pretty Jules, and Hugh Ward, "Social Capital and the Environment", *World Development*, Vol. 29, No. 2, 2001.

Provan Keith G., and Patrick Kenis, "Modes of Network Governance: Structure, Management, and Effectiveness", *Journal of Public Administration Research and Theory*, Vol. 18, No. 2, 2008.

Provan Keith G., and H. Brinton Milward, "Do Networks Really Work? A Framework for Evaluating Public – sector Organizational Networks", *Public Administration Review*, Vol. 61, No. 4, 2001.

Provan Keith G., and H. Brinton Milward, "A Preliminary Theory of Interorganizational Network Effectiveness: A Comparative Study of Four Community Mental Health Systems", *Administrative Science Quarterly*, Vol. 40, No. 1, 1995.

Provan Keith G., and Kun Huang, "Resource Tangibility and the Evolution of a Publicly Funded Health and Human Services Network", *Public Administration Review*, Vol. 2, No. 3, 2012.

Purdy Jill M., "A Framework for Assessing Power in Collaborative Governance Processes", *Public Administration Review*, Vol. 72, No. 3, 2012.

Putnam Robert D., "Bowling Alone: America's Declining Social Capital", *Journal of Democracy*, Vol. 6, No. 1, 1995.

Raab Charles D., "Understanding Policy Networks: A Comment on Marsh and Smith", *Political Studies*, Vol. 49, No. 3, 2001.

Ran Bing, and Huiting Qi, "Contingencies of Power Sharing in Collaborative Governance", *The American Review of Public Administration*, Vol. 48, No. 8, 2018.

Rhodes Rod A. W., "Policy Networks: A British Perspective, *Journal of Theoretical Politics*", Vol. 2, No. 3, 1990.

Rhodes Rod A. W. and David Marsh. ed., *Policy Networks in British Government*, Oxford: The Clarendon Press, 1992.

Rhodes Rod A. W. "The New Governance: Governing without Government", *Political Studies*, Vol. 44, No. 4, 1996.

Rhodes Rod A. W. ed. , *Beyond Westminster and Whitehall*: *The Sub-central Goverments of Britain*, Routledge, 1988.

Rhodes Rod A. W. ed. , *Understanding Governance*: *Policy Networks, Governance, Reflexivity, and Accountability*, Buckingham: Open University Press, 1997.

Rhodes Rod A. W. ed. , *Policy Network Analysis. The Oxford Handbook of Public Policy*, Oxford: Oxford University Press, 2006.

Rhodes Rod A. W. ed. , *Network Governance and the Differentiated Policy*: *Selected Essays, Volume I*, Oxford: Oxford University Press, 2017.

Rhodes Rod A. W. , and David Marsh, "New Directions in the Study of Policy Networks", *European Journal of Political Research*, Vol. 39, No. 1 - 2, 2010.

Robert Leach, Janie Percy - Smith. ed. , *Local Governance in Britain*, New York: Palgrave, 2001.

Robins Garry, Lorraine Bates, and Philippa Pattison, "Network Governance and Environmental Management: Conflict and Cooperation", *Public Administration*, Vol. 89, No. 4, 2011.

Rogers Ellen, and Edward P. Weber, "Thinking Harder about Outcomes for Collaborative Governance Arrangements", *The American Review of Public Administration*, Vol. 40, No. 5, 2009.

Sabatier Paul A. , "The Advocacy Coalition Framework: Revisions and Relevance for Europe ", *Journal of European Public Policy*, Vol. 5, No. 1, 1998.

Sabatier Paul A. , "An Advocacy Coalition Framework of Policy Change and the Role of Policy-oriented Learning Therein", *Policy Sciences*, Vol. 21, No. 2/3, 1988.

Sabatier Paul A. , Leach William D. , Lubell Mark and Pelkey Neil, "Theoretical Frameworks Explaining Partnership Success", in: P. A. Sabatier, W. Focht, M. Lubell, Z. Trachtenberg, A. Vedlitz, & M. Matlock, eds. *Swimming Upstream*: *Collaborative Approaches to Watershed Management*, Cambridge, MA: The MIT Press, 2005.

Sandström Annica ed. , *Policy Networks*: *The Relation Between Structure and Performance*, Luleå Tekniska Universitet, 2008.

Sandström Annica, and Lars Carlsson, "The Performance of Policy Networks: The Relation between Network Structure and Network Performance", *Policy Studies Journal*, Vol. 36, No. 4, 2008.

Scharpf Fritz W. , "Interorganizational Policy Studies: Issues, Concepts and Perspectives", in: Hanf, K. and Scharpf, F. W, eds. *Interorganizational Policy Making*, London: Sage, 1978.

Scharpf Fritz W. , "Games Real Actors Could Play: Positive and Negative Coordination in Embedded Negotiations", *Journal of Theoretical Politics*, Vol. 6 No. 1, 1994.

Scharpf Fritz W. ed. , *Games Real Actors Play. Actor-centered Institutionalism in Policy Research*, Oxford: Westview Press, 1997.

Schneider Mark, Scholz John, Lubell Mark, Mindruta Denisa and Edwardsen Matthew, "Building Consensual Institutions: Networks and the National Estuary Program", *American Journal of Political Science*, Vol. 47 No. 1, 2003.

Schout Adriaan, and Andrew Jordan, "Coordinated European Governance: Self - organizing or Centrally Steered?", *Public Administration*, Vol. 83 No. 1, 2005.

Schuett Michael A. , Steve W. Selin, and Deborah S. Carr. , "Making It Work: Keys to Successful Collaboration in Natural Resource Management", *Environmental Management*, Vol. 27, No. 4, 2001.

Selin Steve, and Deborah Chavez, "Developing a Collaborative Model for Environmental Planning and Management", *Environmental Management*, Vol. 19, No. 2, 1995.

Sørensen Eva, "Democratic Theory and Network Governance", *Administrative Theory & Praxis*, Vol. 24, No. 4, 2002.

Sørensen Eva, and Jacob Torfing, "Theoretical Approaches to Democratic Network Governance", in: E. Sørensen and J. Torfing, eds. *Theories of Democratic Network Governance*, London: Palgrave, 2007.

Sørensen Eva, and Jacob Torfing. ed. , *Theories of Democratic Network Governance*, Basingstoke: Palgrave, 2008.

Sørensen Eva, and Jacob Torfing, "Making Governance Networks Effective and Democratic Through Metagovernance", *Public Administration*, Vol. 87, No. 2, 2009.

Torfing, J., Peters, B. G., Pierre, J., Sørensen, E. ed., *Interactive Governance: Advancing the Paradigm*, New York: Oxford University Press, 2012.

Turrini Alex and Cristofoli, Daniela and Frosini, Francesca and Nasi, Greta, "Networking Literature about Determinants of Network Effectiveness", *Public Administration*, Vol. 88, No. 2, 2010.

Van Meerkerk Ingmar, Beitske Boonstra, and Jurian Edelenbos, "Self-organization in Urban Regeneration: A Two-Case Comparative Research", *European Planning Studies*, Vol. 21, No. 10, 2013.

Van Meerkerk Ingmar, Jurian Edelenbos, and Erik-Hans Klijn, "Connective Management and Governance Network Performance: the Mediating Role of Throughput Legitimacy. Findings from Survey Research on Complex Water Projects in the Netherlands", *Environment & Planning C: Government & Policy*, Vol. 33, No. 4, 2015.

Wang Xiaoxi, Ilona M. Otto, and Lu Yu, "How Physical and Social Factors Affect Village-level Irrigation: An Institutional Analysis of Water Governance in Northern China", *Agricultural Water Management*, Vol. 119, No. 1, 2013.

Watson Nigel, Hugh Deeming, and Raphael Treffn, "Beyond Bureaucracy? Assessing Institutional Change in the Governance of Water in England", *Water Alternatives*, Vol. 2, No. 3, 2009.

Whaley Luke, and Edward K. Weatherhead, "Power-Sharing in the English lowlands? The Political Economy of Farmer Participation and Cooperation in Water Governance", *Water Alternatives*, Vol. 8, No. 1, 2014.

Wilkins Alan L., and William G. Ouchi, "Efficient Cultures: Exploring the Relationship Between Culture and Organizational Performance", *Administrative Science Quarterly*, Vol. 28, No. 3, 1983.

Yi Hongtao, "Network Structure and Governance Performance: What Makes a Difference?", *Public Administration Review*, Vol. 78, No. 2, 2018.

Ysa Tamyko, Vicenta Sierra, and Marc Esteve, "Determinants of Network Outcomes: The Impact of Management Strategies", *Public Administration*, Vol. 92, No. 3, 2014.

Zakocs Ronda C., and Erika M. Edwards, "What Explains Community Coalition Effectiveness? A Review of the Literature", *American Journal of Preventive Medicine*, Vol. 30, No. 4, 2006.